NOUVELLE THÉORIE

DE

L'ACTION CAPILLAIRE;

PAR S. D. POISSON,

Membre de l'Institut, du Bureau des Longitudes et de l'Université de France; des Sociétés royales de Londres et d'Édimbourg; des Académies de Berlin, de Stockholm, de Saint-Pétersbourg, de Boston, et de différentes villes d'Italie; de l'Université de Wilna; des Sociétés, astronomique de Londres, philomatiques de Paris et de Varsovie, et des Sciences et Arts d'Orléans.

PARIS,

BACHELIER PÈRE ET FILS,

LIBRAIRES POUR LES MATHÉMATIQUES, LA PHYSIQUE, ETC.,

QUAI DES AUGUSTINS, N° 55.

1831

IMPRIMERIE DE ALFRED COURCIER,
Rue du Jardinet, n° 12.

TABLE DES MATIÈRES.

Pages.

Errata.

9, ligne 10 en remontant, la surface, *lisez* sa surface
18, 12, μ, *lisez* $\mu\omega$
38, 7 en remontant, *supprimez* le signe $\int_0^x$ dans le second membre de l'équatic
39, 2, $y=\infty$, *lisez* $x=\infty$
47, 13 en remontant, le filet, *lisez* le filet de B
48, 3, nº 15, *lisez* nº 13
79, 11 en remontant, P, *lisez* P_1
96, 8, qui comprend, *lisez* qui comprendrait
9, et qui s'obtient, *lisez* si on pouvait l'obtenir
10, *supprimez* par le même procédé
101, 4 en remontant, *supprimez* il ne changera pas lorsqu'on inclinera le tube (nº 3
109, 12, $\sqrt{y^2+t^2}$, *lisez* $\sqrt{y^2-t^2}$
113, 4, 9mm,9519, *lisez* 0mm,9519
121, 2 en remontant, et à cette, *lisez* et cette
125, 3, négatif, *lisez* positif
135, 12, *remplacez* les exposans 3, 5, 7, etc., de *s*, par 1, 2, 3, etc.
144, 5 en remontant, $\varpi=-q$, *lisez* $\varpi=-q_1$
152, 10 en remontant, T, T', *lisez* T, T', V
153, 15, *z*, *lisez* ζ
195, 10, la couche, *lisez* la courbe
255, 4 en remontant, [illegible] $\frac{2}{3}h^3$, *lisez* $-\frac{2}{3}h^3\sin\theta$
270, 4, ses masses, *lisez* leurs masses

NOUVELLE THÉORIE

DE

L'ACTION CAPILLAIRE.

L'élévation de l'eau et l'abaissement du mercure dans un tube de verre d'un très petit diamètre sont des phénomènes très anciennement connus, qui se présentent, au premier aspect, comme des exceptions aux lois de l'Hydrostatique, et dont on a donné pendant long-temps des explications qu'il serait inutile de rappeler. Les théories qui ne sont pas fondées sur le calcul et l'observation doivent maintenant être bannies de la Physique, comme elles le sont de l'Astronomie. Lors même que la véritable cause des phénomènes est connue, il n'y a que l'analyse mathématique qui puisse découvrir leur liaison réciproque, et les déduire les uns des autres, en employant les seules données indispensables de l'expérience. Les effets, si nombreux et si variés, qui se rapportent à l'action capillaire, en offrent l'exemple le plus remarquable; car, sans le secours de l'analyse, ils seraient restés isolés, et l'on ne serait pas parvenu à les prévoir ou à les expliquer tous avec précision, et encore moins à en déterminer la grandeur, au moyen de deux données spéciales empruntées à l'observation, l'une relative à la matière du liquide, et l'autre dépendante de cette matière et de celle du corps dont le contact donne naissance aux différens effets dont il s'agit.

Quoique l'ascension d'un liquide au-dessus de son niveau soit produite par l'action du tube dans lequel elle a lieu, on sait cependant qu'elle ne dépend pas de son épaisseur, et Jurin a fait voir que, pour un même liquide, l'ascension ou la dépression dans des tubes capillaires formés d'une même matière suit la raison inverse de leurs diamètres intérieurs. Ces deux faits importans étaient constatés par l'expérience, lorsque Clairaut essaya, le premier, de ramener les phénomènes de la capillarité aux lois de l'équilibre des fluides, dont il venait de trouver les équations générales (1). Il considère un canal infiniment étroit, situé dans l'axe du tube, et se prolongeant au-dessous de son extrémité inférieure, pour se relever ensuite en-dehors et aboutir à la surface plane et horizontale du liquide; il montre que l'action du liquide sur la partie inférieure et sur les deux branches ascendantes de ce canal se détruit en partie, et qu'il ne subsiste que l'action du ménisque qui termine le liquide dans l'intérieur du tube; et, selon Clairaut, cette force, jointe à celle qui provient de l'action directe du tube, doit faire équilibre au poids de la partie du canal élevée au-dessus du niveau extérieur. Cette conclusion est exacte; mais il aurait dû ajouter que la seconde force, qu'il regardait comme la principale, était au contraire insensible, et ne conserver, en conséquence, que la seule action du ménisque. En effet, si l'action du tube ne dépend pas de son épaisseur, il en faut conclure qu'elle n'émane que de sa couche intérieure, d'une épaisseur insensible, en sorte que les points du tube qui sont à une distance sensible du liquide n'agissent pas sur ses molécules, ni par conséquent sur les points du canal dont la distance au tube est égale à son demi-diamètre. Faute d'avoir fait cette remarque et de l'avoir étendue à l'action du liquide sur lui-même, Clairaut a seulement ouvert la route, et n'a pas pu déduire de son analyse la loi expérimentale que Jurin avait trouvée. Mais quoique

(1) *Théorie de la figure de la Terre*, première partie, chapitre X.

ces idées nous paraissent aujourd'hui très naturelles, et qu'on trouvât déjà un exemple du calcul de ce genre de forces dans la manière dont Newton avait déterminé l'action des corps sur la lumière, il s'est néanmoins écoulé un long intervalle de temps avant que nous eussions une théorie de l'action capillaire où l'action du tube et celle du liquide fussent envisagées sous ce point de vue.

Dans cette théorie, que Laplace a publiée en 1806 et 1807, il considère l'action des molécules du tube sur celles du liquide et l'action mutuelle des molécules du liquide, comme des forces attractives, décroissantes très rapidement suivant une loi inconnue, depuis le contact jusqu'à une distance insensible, où elles disparaissent entièrement. Ces forces ont lieu en même temps que l'attraction newtonienne qui suit la raison inverse du carré des distances; mais l'effet de celle-ci n'est sensible que dans des masses très grandes, qui peuvent balancer l'action de la terre entière sur le fil-à-plomb placé dans leur voisinage, ou bien encore, quand on l'oppose à une force de torsion très délicate, comme dans l'expérience de Cavendish pour mesurer l'attraction d'un globe de plomb d'une assez petite étendue. Les phénomènes de la capillarité ne dépendent donc pas de l'attraction qui s'étend à de grandes distances, et qu'il sera permis de négliger, sans aucune erreur, pour ne s'occuper que de celle dont la sphère d'activité est supposée tout-à-fait insensible, et qu'on appelle proprement l'*attraction moléculaire*. En partant de cette hypothèse, Laplace obtient l'équation de la surface d'un liquide dans son état d'équilibre, soit en considérant son action normale sur un canal infiniment étroit et prolongé indéfiniment, soit d'après l'action tangentielle qu'il exerce sur chaque molécule superficielle; méthodes qui ne sont pas essentiellement différentes, et dont l'une doit conduire à la différentielle de l'équation donnée par l'autre, ainsi que Laplace l'a fait voir *à priori*. Il regarde l'angle sous lequel la surface intérieure du tube est coupée par celle du liquide, comme ne dépendant uniquement que de la matière du liquide et de celle du tube; en sorte que cet angle est constant et donné, dans chaque cas, pour tous les points du contour de la surface capillaire; le liquide étant supposé homogène, aussi bien que la matière du tube. L'équation qui résulte de cette considération et celle qui appartient à la surface entière sont les deux équations du problème; elles renferment les deux constantes spéciales dont j'ai parlé tout à l'heure; et c'est de ces deux équations que Laplace a déduit l'explication des différens phénomènes observés par les physiciens.

Un ou deux ans avant Laplace, Th. Young s'était déjà occupé de ces questions (1). Des idées ingénieuses l'avaient conduit à reconnaître l'invariabilité de l'angle sous lequel la surface capillaire vient couper celle du tube, et le rapport qui existe entre l'élévation d'un liquide dans un tube d'un très petit diamètre et son adhésion à un disque formé de la même matière que le tube; mais il s'appuyait sur l'identité de la surface du liquide avec celle d'une membrane également tendue en tous ses points; identité qui ne peut être que la conséquence, et non le principe, de la solution du problème. Lorsque le travail de Laplace eut paru, Th. Young éleva contre sa théorie plusieurs objections, parmi lesquelles il n'y en a que deux qui soient importantes : l'une, que Laplace n'a pas eu égard à l'action de la chaleur dans le calcul des forces moléculaires (2), et l'autre, tirée de l'expérience, qui se rapporte au cas de plusieurs liquides superposés dans un même tube (3). J'examinerai celle-ci lorsqu'il sera question, dans cet ouvrage, de l'équilibre de ces liquides; quant à la nécessité de tenir compte de la répulsion calorifique, il ne peut

(1) *Transactions philosophiques*, année 1805.
(2) *Supplément à la Théorie de l'Action capillaire*, page 75.
(3) *Supplément à l'Encyclopédie britannique*, article *Cohésion des liquides*.

rester aucun doute à ce sujet : mais, pour cela, il suffit de prendre pour l'action mutuelle de deux molécules, l'excès de l'attraction de leurs matières pondérables sur la répulsion de leurs quantités de chaleur, et de considérer, en conséquence, la fonction qui l'exprime comme une quantité qui peut changer de signe dans l'étendue de ses valeurs sensibles. Mais Laplace a omis, dans ses calculs, une circonstance physique dont la considération était essentielle : je veux parler de la variation rapide de densité que le liquide éprouve près de sa surface libre et près de la paroi du tube, sans laquelle les phénomènes capillaires n'auraient pas lieu, ainsi que je l'ai déjà fait remarquer dans mon Mémoire sur l'équilibre des liquides (1).

En effet, dans l'état d'équilibre, chaque couche infiniment mince d'un liquide est comprimée également sur ses deux faces par l'action répulsive des molécules voisines, diminuée de leur force attractive, ou, ce qui est la même chose, on peut la considérer comme appuyée sur la partie du liquide située d'un côté, et comprimée par la partie située du côté opposé; et son degré de condensation est déterminé par la grandeur de la force comprimante. A une distance sensible de la superficie du liquide, cette force provient d'une couche du liquide adjacente à la couche infiniment mince, dont l'épaisseur est complète et partout la même, c'est-à-dire égale au rayon d'activité des molécules fluides; et, pour cette raison, la densité intérieure du liquide est aussi constante, abstraction faite de la petite condensation due à la pesanteur, qui varie avec la distance à la surface supérieure. Mais quand cette distance est moindre que le rayon d'activité moléculaire, l'épaisseur de la couche située au-dessus de celle que l'on considère est aussi plus petite que ce rayon : la force comprimante qui provient de cette couche supérieure décroît alors très rapide-

(1) *Mémoires de l'Académie des Sciences,* tome IX, page 76 et suivantes.

ment avec la distance à la surface, et s'évanouit entièrement à la surface même, où la couche infiniment mince n'est plus comprimée que par la pression atmosphérique. Par conséquent, la condensation du liquide décroît de même, suivant une loi inconnue, à mesure que l'on s'approche de sa surface libre, et sa densité est très différente à cette surface et à une profondeur qui excède un tant soit peu le rayon d'activité de ses molécules, ce qui suffit pour qu'elle soit égale à la densité intérieure du liquide. Or, on démontrera, dans le premier chapitre de cet ouvrage, que si l'on négligeait cette variation rapide de la densité dans l'épaisseur de la couche superficielle (1), la surface capillaire demeurerait plane et horizontale, et il n'y aurait ni élévation ni abaissement du liquide. On fera voir de même la nécessité d'avoir égard à la compression variable que le liquide éprouve près de la paroi du tube, et qui s'étend jusqu'à la limite de l'action exercée par ce corps solide.

En ayant donc égard à ces données physiques de la question, je suis parvenu à former, dans les chapitres II et III, l'équation commune à tous les points de la surface de contact de deux liquides superposés et contenus dans un tube quelconque, et l'équation particulière aux points de son contour, ce qui comprend, comme cas particulier, les équations relatives à la surface libre d'un seul liquide. Leur forme est la même que celle des équations de la *Mécanique céleste;* mais les expressions en intégrales définies des deux constantes spéciales qu'elles renferment sont très différentes, de sorte

---

(1) Cette épaisseur doit être de grandeur finie, mais absolument insensible, d'après l'hypothèse qu'on a faite sur le peu d'étendue de la sphère d'activité moléculaire. Cela est confirmé par une expérience de M. Gay-Lussac. Ayant réduit un corps en poussière très fine, il a trouvé sa pesanteur spécifique sensiblement la même avant et après cette opération; d'où il faut conclure que l'épaisseur de la couche dilatée qui termine chacune des parcelles de poussière, est insensible eu égard à leurs dimensions.

que leurs valeurs numériques le seraient également si, au lieu de les déterminer par l'expérience, on pouvait les calculer directement d'après leurs expressions analytiques, ce qui exigerait que l'on connût les lois des actions du tube sur le liquide et du liquide sur lui-même. On trouvera, dans les chapitres suivans, les applications de ces équations générales à l'équilibre des liquides dans les tubes d'un très petit diamètre et à d'autres questions analogues, et l'on y pourra remarquer l'usage que j'ai fait des tables elliptiques de M. Legendre, pour la solution rigoureuse de problèmes qui n'auraient pu, sans ce secours, être résolus que par approximation.

Depuis que cet ouvrage est écrit, j'ai eu connaissance d'un Mémoire de M. Gauss, qui paraît en ce moment sous le titre de *Principia generalia theoriæ figuræ fluidorum in statu æquilibrii* (1). Pour former les équations de cet équilibre, l'auteur a recours au principe des vitesses virtuelles, qu'il applique à la masse entière du liquide, et non pas, comme dans la *Mécanique analytique*, à un élément différentiel de cette masse. Il trouve, de cette manière, qu'une certaine intégrale sextuple, étendue à toute cette masse, doit être un *minimum*. Dans le cas d'un liquide homogène et incompressible, il réduit d'abord cette quantité à une intégrale quadruple; et en considérant spécialement le cas où les forces appliquées au liquide sont la pesanteur et l'attraction mutuelle de ses molécules, dont la sphère d'activité est insensible, il réduit de nouveau la quantité dont il s'agit, qui est ensuite composée de trois termes, savoir, le produit du poids du liquide et de l'ordonnée verticale de son centre de gravité, l'aire de sa surface libre multipliée par une constante qui ne dépend que de la matière du liquide, et l'aire des parois fixes contre lesquelles il s'appuie, multipliée par une seconde constante dépendante de la matière du liquide

(1) Gottingue, 1830.

et de celle de la partie solide du système. Par les règles connues du calcul des variations, on détermine la surface inconnue du liquide qui rend cette somme un *minimum*, et, comme on sait, on trouve à la fois l'équation générale de cette surface et l'équation particulière de son contour, ce qui est l'avantage caractéristique de la méthode que M. Gauss a suivie. Mais cet illustre géomètre étant parti des mêmes données physiques que Laplace, et n'ayant pas non plus considéré la variation de densité aux extrémités du liquide, qu'il a regardé, au contraire, comme incompressible dans toutes ses parties, les objections qui s'élèvent contre la théorie de Laplace s'appliquent également à la sienne, qui ne diffère de l'autre que par la manière de former les équations d'équilibre. On peut, à cet égard, employer différens moyens; mais, sans craindre de compliquer le calcul et d'en augmenter les difficultés, il importe de ne négliger aucune des circonstances essentielles de la question, parmi lesquelles il faut compter surtout la dilatation du liquide près de sa surface libre et la condensation qui peut être produite par l'attraction du tube.

La conséquence générale que l'on tirera de notre théorie, c'est que les phénomènes de la capillarité sont dus à l'action moléculaire, modifiée, non-seulement par la courbure des surfaces, comme Laplace l'avait dit, mais aussi par l'état particulier des liquides à leurs extrémités.

CHAPITRE PREMIER.

Discussion préliminaire.

(1). La théorie de l'action capillaire se compose de deux parties distinctes : l'une est relative à la surface du liquide contenu dans un tube, l'autre se rapporte au contour de cette surface et à l'action du tube sur le liquide. Nous allons, dans ce premier chapitre, examiner successivement les principes que Laplace a suivis dans le supplément au livre X de la *Mécanique céleste,* pour traiter ces deux parties de la question ; nous montrerons les difficultés auxquelles ils sont sujets, et en même temps nous ferons connaître ceux que nous nous proposons d'y substituer, et qui seront la base de la nouvelle théorie qui fait l'objet de cet ouvrage.

Ainsi, nous supposerons que les molécules du liquide sont soumises à une attraction mutuelle qui n'est sensible qu'à des distances insensibles, et que les points matériels du tube exercent une semblable action sur ces molécules. Comme dans la théorie de Laplace, nous ferons d'abord abstraction de la répulsion calorifique ; nous n'aurons point égard à la dilatation ou à la compression du liquide près de la surface ou près des parois du tube, c'est-à-dire que nous y regarderons la densité du liquide comme étant la même que dans son intérieur. Enfin, pour calculer les résultantes de l'attraction moléculaire, nous partagerons le volume du liquide et celui du tube en élémens infiniment petits, puis nous exprimerons ces forces par des intégrales définies relatives à ces élémens.

(2). Soit AOB (fig. 1re) la surface du liquide. Par le point quelconque O, menons le plan tangent COD ; appelons ω l'élément infiniment petit, commun à cette surface et à ce plan ; et sur ω, comme base, élevons dans l'intérieur du liquide un cylindre OE normal et

2

indéfiniment prolongé. Désignons par $N\omega$ l'action exercée par le liquide sur ce cylindre, suivant sa longueur et de dehors en dedans. On pourra diviser $N\omega$ en deux parties : l'une relative à la portion du liquide terminée par le plan COD et dont le cylindre fait partie, l'autre correspondante au ménisque compris entre ce plan et la surface AOB ; et si l'on désigne la première par $K\omega$, et la seconde par $\mu\omega$, on aura

$$N = K \pm \mu,$$

en prenant le signe supérieur ou le signe inférieur, selon que le liquide sera concave ou convexe au point O. La figure suppose que ce soit le premier cas qui ait lieu.

Pour calculer K, soit M un point du cylindre OE, et M' un point quelconque du liquide compris dans la sphère d'activité de M. Appelons r la distance MM', s et s' les perpendiculaires abaissées de ces deux points sur le plan COD, et ω' un élément de ce plan, qui sera la base d'un cylindre parallèle à OE et comprenant le point M'. Les élémens de volume qui répondent à M et M' auront pour expressions ωds et $\omega' ds'$; et si l'on représente par ρ la densité du liquide, et par φr une fonction de r qui n'ait de valeurs sensibles que pour des valeurs insensibles de cette variable, l'action mutuelle de ces deux élémens pourra s'exprimer par le produit

$$\rho^2 \varphi r . \omega\omega' ds ds'.$$

La fonction φr ne changera pas de signe dans toute l'étendue des valeurs de r, puisqu'on a seulement égard à l'attraction des molécules, et qu'on ne tient pas compte de la répulsion due à leur calorique ; et si on la regarde comme positive, la composante de la force précédente, dirigée suivant ME, s'obtiendra en multipliant cette force par le rapport $\frac{s' - s}{r}$ qui est le cosinus de l'angle M'ME.

Représentons par u la projection de r sur le plan COD, et par v l'angle que cette projection fait avec une droite fixe, menée par le point O dans ce même plan. On pourra prendre

$$\omega' = u du dv;$$

on aura en outre

$$r^2 = u^2 + (s' - s)^2;$$

et la valeur de $K\omega$ s'obtiendra par des intégrations relatives à u, v, s', s. Celle qui répond à l'angle v aura pour limites $v = 0$ et $v = 2\pi$, en désignant par π le rapport de la circonférence au diamètre; elle s'effectuera immédiatement; et si l'on supprime le facteur ω, on aura

$$K = 2\pi\rho^2 \iiint \varphi r \frac{s' - s}{r} u du ds' ds.$$

Soit O′ un point de OE, tel que l'on ait MO = MO′. Par ce point, menons un plan C′O′D′ parallèle à COD. Il est évident que l'action du liquide compris entre ces deux plans, sur le point M, se réduira à zéro, à cause que l'on n'a point égard à la variation rapide de sa densité dans la couche qui le termine. Si donc on fait

$$s' = x + 2s, \quad ds' = dx,$$

on pourra faire commencer à zéro l'intégrale relative à la nouvelle variable x, aussi bien que les intégrales relatives à u et à s. On aura d'ailleurs

$$r^2 = u^2 + (x + s)^2;$$

en sorte que pour toute valeur sensible de l'une des variables positives u, x, s, la variable r aura aussi une valeur sensible, et φr sera nulle; on pourra donc étendre ces intégrales jusqu'à l'infini, et écrire

$$K = 2\pi\rho^2 \int_0^\infty \int_0^\infty \int_0^\infty \varphi r \frac{s + x}{r} u du dx ds.$$

Soit maintenant

$$s = uz, \quad x = uy, \quad ds = udz, \quad dx = udy;$$

les limites relatives aux nouvelles variables z et y seront encore zéro et l'infini, et nous aurons

$$K = 2\pi\rho^2 \int_0^\infty \int_0^\infty \int_0^\infty \varphi r \frac{(y + z) u^3}{r} du dy dz,$$

$$r^2 = u^2[1 + (y + z)^2].$$

Si donc nous substituons r à la variable u, et que nous prenions, en conséquence,

$$u = \frac{r}{\sqrt{1+(y+z)^2}}, \quad du = \frac{dr}{\sqrt{1+(y+z)^2}},$$

les limites relatives à r seront aussi $r=0$ et $r=\infty$, et il en résultera

$$K = 2\pi\rho^2 q\int_0^\infty r^3\varphi r dr,$$

en faisant, pour abréger,

$$q = \int_0^\infty\int_0^\infty \frac{(y+z)\,dydz}{[1+(y+z)^2]^{\frac{5}{2}}}.$$

Mais on a

$$\int_0^\infty \frac{(y+z)\,dz}{[1+(y+z)^2]^{\frac{5}{2}}} = \frac{1}{3}\,\frac{1}{(1+y^2)^{\frac{3}{2}}},$$

$$q = \frac{1}{3}\int_0^\infty \frac{dy}{(1+y^2)^{\frac{3}{2}}} = \frac{1}{3};$$

on aura donc enfin

$$K = \frac{2\pi\rho^2}{3}\int_0^\infty r^3\varphi r dr. \qquad (1)$$

(3). Calculons de même la valeur de μ. Pour cela, je partage le ménisque en cylindres perpendiculaires au plan tangent COD, qui aient pour bases les élémens infiniment petits de ce plan, et se terminent à la surface AOB. Soit M'O' (fig. 2) l'un de ces cylindres. Désignons par ω' sa base, et par ζ sa hauteur; en sorte que $\omega'\zeta$ soit son volume. Pour qu'il agisse sur le cylindre OE, il faudra que la distance OM' soit très petite, et, par conséquent, que l'ordonnée ζ de la surface soit très petite du second ordre; on pourra alors, sans erreur sensible, regarder tous les points de M'O' comme exerçant des actions égales et parallèles sur le point quelconque M de OE, et prendre

$$\rho^2\varphi r.\omega'\zeta\omega ds,$$

pour l'action totale de M'O', sur l'élément ωds qui répond à ce point; les distances MO et MM' étant représentées par s et r, comme précédemment. Cette force étant dirigée de M vers M′, sa composante suivant ME sera négative, et s'obtiendra en multipliant cette force par $-\frac{s}{r}$. Si l'on appelle u la distance OM′, et v l'angle qu'elle fait avec une droite fixe, menée par le point O dans le plan tangent, on aura

$$r^2 = s^2 + u^2, \quad \omega' = udu dv,$$

et l'on en conclura

$$\mu = -\rho^2 \int_0^{\infty} \int_0^{\infty} \int_0^{2\pi} \varphi r \frac{s\zeta u}{r} du ds dv.$$

Soient n et n' les deux coordonnées de M′ relatives à des axes rectangulaires, menés par le point O dans le plan COD, de sorte qu'on ait

$$n = u \sin v, \quad n' = u \cos v.$$

La valeur de ζ sera donnée en fonction de n et n' par l'équation de la surface du liquide; on pourra la développer en série très convergente, suivant les puissances et les produits de n et n'; et comme ζ, $\frac{d\zeta}{dn}$, $\frac{d\zeta}{dn'}$, s'évanouissent en même temps que ces deux variables, on aura

$$\zeta = Qn^2 + Q'n'^2 + Q''nn',$$

en négligeant les termes du troisième ordre, et désignant par Q, Q′, Q″, des coefficiens indépendans de n et n'. Je substitue ces valeurs de ζ, n, n', dans celle de μ, et j'effectue l'intégration relative à v; il vient

$$\mu = -H(Q + Q'),$$

en faisant, pour abréger,

$$H = \pi\rho^2 \int_0^{\infty} \int_0^{\infty} \varphi r \frac{su^3}{r} du ds.$$

On réduira cette intégrale double à une intégrale simple, en faisant d'abord

$$s = ux, \quad ds = udx,$$

et ensuite

$$u = \frac{r}{\sqrt{1+x^2}}, \quad du = \frac{dr}{\sqrt{1+x^2}};$$

ce qui donne

$$H = \pi\rho^2 \int_0^\infty r^4\varphi r dr \int_0^\infty \frac{xdx}{(1+x^2)^3},$$

c'est-à-dire

$$H = \frac{1}{4}\pi\rho^2 \int_0^\infty r^4\varphi r dr. \qquad (2)$$

Prenons pour axes des coordonnées n et n' les tangentes aux sections normales de plus grande et de moindre courbure, de la surface du liquide au point O. En désignant par λ et λ' les rayons de ces deux courbures principales, nous aurons

$$\frac{1}{\lambda} = \frac{d^2\zeta}{dn^2} = 2Q, \quad \frac{1}{\lambda'} = \frac{d^2\zeta}{dn'^2} = 2Q';$$

au moyen de quoi la valeur de μ sera

$$\mu = -\frac{1}{2}H\left(\frac{1}{\lambda} + \frac{1}{\lambda'}\right).$$

(4). Les quantités K et μ étant ainsi déterminées, et la surface du liquide ayant été supposée concave au point O, on aura

$$N = K - \frac{1}{2}H\left(\frac{1}{\lambda} + \frac{1}{\lambda'}\right); \qquad (3)$$

formule dans laquelle on regardera λ et λ' comme des quantités positives. Pour l'étendre au cas de la surface convexe, il suffira d'y changer les signes de λ et λ'; et, généralement, on y considérera chacune de ces deux quantités comme positive ou comme négative, selon que la ligne de courbure à laquelle elle répond tournera sa concavité en-dehors ou en-dedans du liquide.

Les expressions des coefficiens K et H que cette formule renferme s'accordent avec celles que Laplace a trouvées, sous une autre forme, pour les mêmes quantités. En effet, on suppose, dans la *Mécanique céleste*,

$$\int \varphi r dr = c - \Pi r, \quad \int r\Pi r dr = c' - \psi r;$$

les intégrales commençant avec r, c et c' étant leurs valeurs quand r a une grandeur sensible, Πr et ψr désignant des fonctions qui s'évanouissent pour toute valeur sensible de r. D'après cela, on a

$$K = 2\pi\rho^2\int_0^h \psi r dr, \quad H = 2\pi\rho^2\int_0^h r\psi r dr,$$

en rétablissant la densité ρ que Laplace a prise pour unité, et la limite h étant une quantité de grandeur sensible, qu'on pourra, si l'on veut, remplacer par l'infini. Or, si l'on intègre par partie, il vient

$$K = 2\pi\rho^2 h\psi h - 2\pi\rho^2\int_0^h r\frac{d\psi r}{dr}dr = 2\pi\rho^2\int_0^h r^2\Pi r dr.$$

$$H = \pi\rho^2 h^2\psi h - \pi\rho^2\int_0^h r^2\frac{d\psi r}{dr}dr = \pi\rho^2\int_0^h r^3\Pi r dr;$$

intégrant de nouveau, on a

$$K = \frac{2\pi\rho^2}{3}h^3\Pi h - \frac{2\pi\rho^2}{3}\int_0^h r^3\frac{d\Pi r}{dr}dr = \frac{2\pi\rho^2}{3}\int_0^h r^4\varphi r dr,$$

$$H = \frac{\pi\rho^2}{4}h^4\Pi h - \frac{\pi\rho^2}{4}\int_0^h r^4\frac{d\Pi r}{dr}dr = \frac{\pi\rho^2}{4}\int_0^h r^5\varphi r dr;$$

ce qui coïncide avec les formules (1) et (2), en prenant $h = \infty$.

(5). Lorsque la surface du liquide sera connue, et que les valeurs des constantes K et H, dépendantes de sa nature, seront données, la formule (3) fera connaître l'action qu'il exerce sur un filet cylindrique, normal à cette surface au point où il la rencontre. Si, par exemple, la surface du liquide était celle de l'aire *minima*, on aurait

$$\frac{1}{\lambda} + \frac{1}{\lambda'} = 0,$$

et l'action dont il s'agit serait constante et la même que dans le cas d'une surface plane.

Réciproquement, on conclura de cette expression de N l'équation de la surface libre d'un liquide homogène soumis à l'attraction mutuelle de ses molécules et à d'autres forces données, telles que la pesanteur. En effet, l'action de ce liquide sur tous les points sensiblement éloignés de la surface étant égale en tous sens et se détruisant par conséquent, $N\omega$ exprimera encore cette action sur le filet OE (fig. 3), normal au point quelconque O, lors même qu'il cessera d'être droit à une profondeur sensible, pourvu que la section perpendiculaire à sa longueur ne varie pas, et soit toujours égale à ω. Supposons donc que ce filet curviligne vienne aboutir en un point fixe L de la surface du liquide, et qu'il soit aussi normal en ce point. Désignons par l et l' les valeurs de λ et λ' relatives à ce point L. Les actions du liquide sur le filet OEL seront $N\omega$ au point O, et $N'\omega$ au point L, en appelant N' ce que devient N quand on y met l et l', au lieu de λ et λ'. Si donc la pression extérieure est nulle ou la même aux deux points O et L, et si l'on suppose que la pesanteur soit la seule force donnée qui agisse sur le liquide, il faudra, pour l'équilibre du filet OEL, que l'excès de $N'\omega$ sur $N\omega$ soit balancé par la différence des actions exercées par la pesanteur sur les deux branches de ce filet, suivant leurs longueurs. En appelant donc Δ cette différence, il faudra qu'on ait

$$N'\omega - N\omega = \Delta.$$

Or, si l'on représente par g la pesanteur, par z l'ordonnée verticale d'un point quelconque du filet, et par ds l'élément de sa longueur, $g\rho\omega ds$ sera le poids de la masse correspondante à cet élément, et $g\rho\omega dz$ sa composante suivant la longueur du filet; d'où l'on conclura

$$\Delta = g\rho\omega z,$$

en prenant le point L pour origine des coordonnées, et comptant les z positives au-dessus du plan horizontal passant par ce point; et si l'on substitue cette valeur de Δ et celles de N et N' dans l'équation d'équilibre, il en résultera

$$\frac{1}{2}H\left(\frac{1}{l}+\frac{1}{l'}\right)-\frac{1}{2}H\left(\frac{1}{\lambda}+\frac{1}{\lambda'}\right)+g\rho z=0, \qquad (4)$$

pour l'équation de la surface du liquide qu'il s'agissait d'obtenir.

(6). Les points O et L peuvent être des points de la surface du liquide situés en-dehors ou en-dedans du tube. Le raisonnement qui nous a conduit à l'équation (4) subsistera toujours, pourvu que le filet OEL ne soit pas interrompu par le tube, et il suffira pour cela de le faire passer au-dessous de l'extrémité inférieure du tube lorsque l'un des deux points sera en-dedans et l'autre en-dehors. Si le point L est en-dehors, à une distance du tube assez grande pour que la surface du liquide y soit sensiblement plane et horizontale, on aura

$$l = \infty, \quad l' = \infty,$$

et l'équation précédente fera connaître l'élévation ou l'abaissement de chaque point de la surface capillaire, au-dessus ou au-dessous du niveau extérieur du liquide.

Cela étant, supposons que le tube soit formé d'une matière homogène, et que sa surface intérieure soit celle d'un cylindre à base circulaire et qui ait son axe vertical; il est évident que, dans ce cas, la surface capillaire ne pourra être qu'une surface de révolution, dont l'axe de figure sera celui du tube. Au point situé sur cet axe, les deux rayons λ et λ' seront égaux et de même signe. En désignant par b leur grandeur absolue, on aura donc

$$\lambda = \lambda' = \pm b,$$

selon que le liquide sera concave ou convexe; et si l'on représente par h la valeur de z relative au point dont il s'agit, et qu'on supprime les termes de l'équation (4) qui dépendent de l et l', on aura

$$g\rho h \mp \frac{H}{b} = 0, \qquad (5)$$

pour déterminer l'élévation ou l'abaissement du centre de la surface capillaire.

En ayant égard à la formule (2), on tire de là

$$h = \pm \frac{\pi\rho}{4gb} \int_0^\infty r^4 \varphi r dr;$$

et comme φr est constamment positive, à cause que l'on a seulement égard à l'attraction des molécules, il s'ensuit que l'ordonnée h sera positive ou négative, et, par conséquent, que le liquide s'élèvera ou s'abaissera dans le tube, selon qu'il y sera terminé par une surface concave ou convexe; ce qui serait, en effet, conforme à l'expérience. Mais, dans la supposition de φr positive pour toutes les valeurs de r, non-seulement H, mais aussi K, serait positif; or, on va voir que la force K doit au contraire être négative, pour faire équilibre à la pression extérieure; ce qui suffira pour rendre inadmissible l'hypothèse de φr constamment positive.

(7). Par un point O_1 (fig. 4) appartenant au filet normal OE, et situé à une distance quelconque du point O, menons un plan $C_1O_1D_1$ parallèle au plan tangent COD. L'action du liquide compris entre ces deux plans, sur la partie OO_1 de OE, sera évidemment nulle, puisqu'on y suppose la densité constante. Nous appellerons $K_1\omega$ l'action sur OO_1 de l'autre portion du liquide terminée par le plan $C_1O_1D_1$, laquelle action sera dirigée suivant O_1E, et s'ajoutera à l'action du ménisque qu'on a désignée précédemment par μ. Celle de la pesanteur, ou le poids de OO_1 décomposé suivant sa longueur, aura $g\rho\alpha\omega$ pour valeur, en appelant α la perpendiculaire abaissée de O sur le plan horizontal passant par O_1, ou la différence de niveau de ces deux points. Enfin, en appelant Π la pression extérieure rapportée à l'unité de surface, qui sera, si l'on veut, la pression atmosphérique, il y aura encore la force $\Pi\omega$ qui agira sur OO_1 dans le sens des forces précédentes. Pour l'équilibre de cette partie du filet OE, il faudra donc que la somme de toutes ces forces soit égale à zéro, ou qu'on ait

$$K_1 + \mu + g\rho\alpha + \Pi = 0, \qquad (6)$$

en supprimant le facteur commun ω.

Observons d'ailleurs qu'on a $K_1 = K$. En effet, soit M un point appartenant à OO_1, M_1 un point situé de l'autre côté du plan $C_1O_1D_1$, s_1 et x leurs distances à ce plan, r_1 la distance MM_1, u sa projection sur ce même plan; nous aurons

$$r_1^2 = u^2 + (x + s_1)^2.$$

Le cosinus de l'angle EMM_1 sera $\frac{x+s_1}{r_1}$; le volume d'un anneau circulaire dont tous les points agissent également sur le point M, aura pour expression $2\pi ududx$, et celui de l'élément de OO_1 qui répond à M, étant ωds_1, on en conclura, sans difficulté,

$$K_1 = 2\pi\rho^2 \int_0^\infty \int_0^\infty \int_0^\infty \varphi r_1 \frac{x+s_1}{r_1} ududxds_1,$$

en supposant que OO_1 ait une grandeur sensible, ou du moins plus grande que le rayon d'activité moléculaire, ce qui a permis d'étendre jusqu'à l'infini l'intégrale relative à s_1. Or, en y employant les lettres s et r, au lieu de s_1 et r_1, cette expression coïncide avec l'une de celles que l'on a trouvées pour K dans le n° 2.

Mettant donc K à la place de K_1, et pour μ sa valeur dans l'équation d'équilibre de OO_1, on aura

$$K = -\Pi - g\rho\alpha + \frac{1}{2}H\left(\frac{1}{\lambda} + \frac{1}{\lambda'}\right);$$

ce qui montre que K sera généralement une quantité négative, dépendante principalement de la pression extérieure et de l'enfoncement du point O_1, auquel elle répond. Si la surface du liquide est plane, et que le point O_1 n'en soit éloigné que d'une distance insensible, K sera simplement égal et contraire à la pression Π, et nul quand le liquide sera placé dans le vide.

D'après la manière dont Laplace a formé les équations (4) et (5), il n'a pas eu besoin de considérer la quantité K qui n'y est pas comprise, ni de s'occuper de sa relation avec la pression extérieure; mais, suivant ses principes, cette quantité serait positive et extrêmement grande par rapport à H, ainsi qu'il le dit lui-même en plusieurs endroits, et comme cela résulterait effectivement des formules (1) et (2). Pour que l'intégrale représentée par K puisse être négative, et que cependant l'intégrale que H représente reste positive, conformément à l'expérience, il est indispensable d'avoir égard à l'attraction des molécules et à leur répulsion calorifique; on regardera alors, dans les formules (1) et (2), la quantité $\rho^2\varphi r$ comme exprimant l'excès de la force attractive sur la force répulsive, et φr comme étant positive à toutes les distances r où la première force l'emporte sur la seconde, et négative à toutes les distances où c'est la seconde qui surpasse la première (*); mais nous allons faire voir que cette considération serait encore insuffisante, et que dans la théorie

(*) Nous devons dire que cette modification à sa théorie a été indiquée par l'Auteur dans une note qui fait partie du *Bulletin de la Société Philomatique*, année 1819, page 122.

de Laplace, ainsi modifiée, la quantité H, d'où dépend l'élévation ou l'abaissement du liquide, n'en devrait pas moins être nulle ou insensible.

(8). Supposons que le filet OE, normal à la surface du liquide, ne soit plus cylindrique, et que l'aire de la section perpendiculaire à sa longueur varie d'un point à un autre, quoiqu'elle soit toujours infiniment petite. La distance OM étant insensible et représentée par s, et ω désignant toujours l'élément de la surface du liquide au point O, on pourra représenter l'aire de la section au point M par $\omega(1+ks)$, en négligeant les puissances de s supérieures à la première, et désignant par k un coefficient indépendant de cette variable. Si nous regardons aussi la longueur de OO_1 comme insensible, l'expression $\omega(1+ks)$ aura lieu dans toute cette longueur, et nous pourrons partager le filet OO_1 en deux autres, l'un ayant une section constante et égale à ω, et l'autre une section variable et exprimée par ωks. Soient $U\omega k$ et $V\omega k$ les actions normales à la surface du liquide, et dirigées de dehors en-dedans, qui seront exercées sur la seconde partie de OO_1, par le liquide que termine le plan $C_1O_1D_1$ et par le liquide compris entre ce plan et le plan tangent COD. Observons que l'action du ménisque renfermé entre COD et AOB, sur cette partie de OO_1, est du même ordre que les quantités qu'on a négligées en calculant l'action $\mu\omega$ de ce ménisque sur la partie cylindrique de OO_1, en sorte que $\mu\omega$ exprimera encore l'action du ménisque sur le filet non cylindrique. Le poids de OO_1 n'aura pas non plus changé sensiblement, et la pression extérieure qui a lieu à son extrémité O, sera toujours $\Pi\omega$. Pour l'équilibre de OO_1, il faudra donc qu'on ait

$$K_1 + \mu + \rho g\alpha + \Pi + Uk + Vk = 0;$$

K_1 et $\rho g\alpha$ étant les mêmes quantités que dans le numéro précédent. Or, l'équilibre devant exister, soit qu'il s'agisse d'un filet cylindrique, ou soit que l'on considère un filet dont la section varie, il est nécessaire que cette équation ait lieu en même temps que l'équation (6), qui se rapportait au filet cylindrique. En retranchant l'une de l'autre, et supprimant le facteur commun k, on aura donc

$$U + V = 0.$$

Si l'on désigne par s_1 la distance MO, et par l la longueur de OO_1, et que l'on conserve toutes les autres notations du numéro précédent, on aura $s = l - s_1$, et l'expression de U sera

$$U = 2\pi\rho^2 \int_0^\infty \int_0^\infty \int_0^\infty \varphi r_1 \frac{(x+s_1)(l-s_1)}{r_1} u du dx ds_1;$$

r_1 étant toujours donné par l'équation

$$r_1^2 = u^2 + (x+s_1)^2.$$

Soit aussi s' la distance d'un point quelconque du liquide au plan COD, r' sa distance au point M, et u la projection de r' sur ce plan, en sorte qu'on ait

$$r'^2 = u^2 + (s'-s)^2,$$

et que le cosinus de l'angle que fait r' avec ME ait pour valeur $\frac{s'-s}{r'}$; nous aurons

$$V = 2\pi\rho^2 \int_0^\infty \int_0^l \int_0^l \varphi r' \frac{(s'-s)s}{r'} u du ds ds'.$$

Ici l'on ne peut pas étendre jusqu'à l'infini les intégrales relatives à s et s', lors même que l aurait une grandeur sensible, parce que r' n'a pas une valeur sensible pour toute valeur semblable de s' ou de s, mais seulement pour une pareille valeur de leur différence.

En ayant égard à ce que K_1 représente, la valeur de U pourra s'écrire ainsi :

$$U = lK_1 - 2\pi\rho^2 \int_0^\infty \int_0^\infty \int_0^\infty \varphi r_1 \frac{(x+s_1)s_1}{r_1} u du dx ds_1.$$

Je fais d'abord

$$s_1 = uy, \quad x = uz, \quad ds_1 = udy, \quad dx = udz,$$

et ensuite

$$u = \frac{r_1}{\sqrt{1+(y+z)^2}}, \qquad du = \frac{dr_1}{\sqrt{1+(y+z)^2}};$$

il en résultera

$$U = lK_1 - 2\pi\rho^2 q \int_0^\infty r_1^4 \varphi r_1 dr_1,$$

en faisant, pour abréger,

$$q=\int_0^\infty\int_0^\infty \frac{(y+z)\,y\,dy\,dz}{[1+(y+z)^2]^3}.$$

A cause de

$$\int_0^\infty \frac{(y+z)\,dz}{[1+(y+z)^2]^3}=\frac{1}{4}\,\frac{1}{(1+y^2)^2},$$

nous aurons

$$q=\frac{1}{4}\int_0^\infty \frac{y\,dy}{(1+y^2)^2}=\frac{1}{8};$$

et d'après la formule (2), la valeur précédente de U deviendra

$$U=lK_1-H.$$

L'intégrale triple que V représente se réduit également à des intégrales simples; mais cette transformation exige une attention particulière, et nous allons l'effectuer en détail dans le numéro suivant.

(9). On a identiquement

$$s=\frac{1}{2}(s+s')+\frac{1}{2}(s-s');$$

d'où il résulte

$$2\int_0^l\int_0^l \varphi r'\frac{(s'-s)s}{r'}ds\,ds'=\int_0^l\int_0^l \varphi r'\frac{s'^2-s^2}{r'}ds\,ds'-\int_0^l\int_0^l \varphi r'\frac{(s'-s)^2}{r'}ds\,ds';$$

et la première de ces deux intégrales s'évanouit, comme étant composée d'élémens qui sont deux à deux égaux et de signes contraires.

Je désigne par v une variable positive, et je fais successivement

$$s'-s=v,\qquad s-s'=v,$$

et dans les deux cas

$$r'^2=u^2+v^2.$$

En partageant la dernière intégrale en deux parties, dont l'une réponde aux valeurs de s' plus grandes que s, et l'autre aux valeurs de s plus grandes que s', nous aurons

$$2\int_0^l\int_0^l \varphi r'\frac{(s'-s)s}{r'}ds\,ds'=-\int_0^l\left(\int_0^{l-s}\varphi r'\frac{v^2}{r'}dv\right)ds-\int_0^l\left(\int_0^{l-s'}\varphi r'\frac{v^2}{r'}dv\right)ds',$$

ou, ce qui est la même chose,

$$\int_0^l \int_0^l \varphi r' \frac{(s'-s)s}{r'}\, ds ds' = -\int_0^l \left(\int_0^{l-s} \varphi r' \frac{v^2}{r'}\, dv\right) ds.$$

Soit maintenant

$$\int \varphi r' dr' = c - \Phi r';$$

l'intégrale étant prise de manière qu'elle s'évanouisse avec r', c étant une constante qui représente ce que cette intégrale devient pour une valeur sensible de r', et $\Phi r'$ une fonction qui devient insensible pour toute valeur sensible de cette variable; on aura

$$\varphi r' = -\frac{d\Phi r'}{dr'}, \quad \varphi r' \frac{v}{r'} = -\frac{d\Phi r'}{dv},$$

et, par conséquent,

$$\int_0^l \int_0^l \varphi r' \frac{(s'-s)s}{r'}\, ds ds' = \int_0^l \left(\int_0^{l-s} \frac{d\Phi r'}{dv}\, v dv\right) ds$$
$$= \int_0^l (l-s)\Phi r ds - \int_0^l \left(\int_0^{l-s} \Phi r' dv\right) ds,$$

en désignant par r la valeur de r' qui répond à $v = l - s$, en sorte qu'on ait

$$r^2 = u^2 + (l-s)^2.$$

Au moyen de cette transformation, l'expression de V devient d'abord

$$V = 2\pi\rho^2 \int_0^l \left(\int_0^\infty r\Phi r \frac{u}{r}\, du\right)(l-s)\, ds - 2\pi\rho^2 \int_0^l \left[\int_0^{l-s} \left(\int_0^\infty r'\Phi r' \frac{u}{r'}\, du\right) dv\right] ds$$

Soit encore

$$\int r'\Phi r' dr' = b - \Phi' r', \quad \int \Phi' r' dr' = a - \Phi'' r';$$

les intégrales commençant avec r', b et a désignant leurs valeurs relatives à $r' = \infty$, $\Phi' r'$ et $\Phi'' r'$ étant des fonctions qui s'évanouissent pour toute valeur de r' plus grande que le rayon d'activité moléculaire; nous aurons

$$\int_0^\infty r\Phi r \frac{u}{r}\, du = \Phi'(l-s), \quad \int_0^\infty r'\Phi r' \frac{u}{r'}\, du = \Phi' v,$$

et ensuite

$$\int_0^{l-s} \Phi' v dv = a - \Phi''(l-s).$$

Il en résultera donc

$$V = 2\pi\rho^2\left[\int_0^l (l-s)\,\Phi'(l-s)\,ds + \int_0^l \Phi''(l-s)\,ds - al\right],$$

ou, ce qui est la même chose,

$$V = 2\pi\rho^2\left(\int_0^l s\Phi'sds + \int_0^l \Phi''sds - al\right),$$

en mettant $l-s$ et $-ds$, au lieu de s et ds. En intégrant par partie, et observant que

$$\frac{d\Phi''s}{ds} = -\Phi's,$$

il vient

$$\int_0^l \Phi''sds = l\Phi''l + \int_0^l s\Phi'sds.$$

Si l'on suppose l plus grand que le rayon d'activité moléculaire, il faudra supprimer le terme compris hors du signe $\int$, et la valeur précédente de V se réduira à

$$V = 2\pi\rho^2\left(2\int_c^l s\Phi'sds - al\right).$$

J'intègre encore deux fois de suite par partie, et, à cause de

$$\frac{d\Phi's}{ds} = -s\Phi s, \quad \frac{d\Phi s}{ds} = -\varphi s, \quad \Phi'l = 0, \quad \Phi l = 0,$$

on trouve

$$2\int_0^l s\Phi'sds = \frac{1}{4}\int_0^l s^4\varphi sds = \frac{1}{4}\int_0^\infty r^4\varphi rdr,$$

en employant la lettre r au lieu de s sous le signe $\int$, et étendant l'intégrale jusqu'à $r=\infty$, ce qui est permis, puisque φr est insensible à la limite $r=l$ et au-delà. On trouvera de même

$$a = \int_0^\infty \Phi'vdv = \frac{1}{3}\int_0^\infty r^3\varphi rdr;$$

on aura donc

$$V = \frac{1}{2}\pi\rho^2\int_0^\infty r^4\varphi rdr - \frac{2\pi}{3}\rho^2 l\int_0^\infty r^3\varphi rdr;$$

expression qui est la même chose que

$$V = 2H - lK,$$

en vertu des formules (1) et (2).

(10). Je substitue cette valeur de V et celle de U dans l'équation $U + V = 0$; en observant que $K = K_{,}$, elle se réduit à $H = 0$: ce coefficient H serait donc nul, ou de l'ordre des quantités tout-à-fait insensibles qu'on a négligées dans les calculs précédens; ce qu'il s'agissait de démontrer. C'est aussi ce que j'avais déjà prouvé d'une manière différente dans le Mémoire cité au commencement de cet ouvrage, où j'exprimais les actions des différentes parties du liquide par des sommes Σ non réduites à des intégrales. Il s'ensuivrait que la surface d'un liquide contenu dans un tube capillaire resterait horizontale, et que le liquide ne s'élèverait ni ne s'abaisserait au-dessus ou au-dessous de son niveau extérieur; mais ce résultat tient à ce que nous n'avons pas eu égard à la dilatation du liquide qui a lieu près de sa surface; et quoique la loi de sa densité dans l'épaisseur de la couche superficielle dépende de celle de l'action moléculaire, et ne puisse pas être déterminée, nous ferons voir néanmoins, dans la suite de cet ouvrage, que d'après cette variation rapide de densité, l'action du liquide sur le filet $OO_{,}$ ne diffère pas sensiblement, soit qu'on le suppose cylindrique ou qu'il ne le soit pas. L'équation d'équilibre de $OO_{,}$ est identiquement la même dans les deux cas, et ne peut plus servir qu'à déterminer la valeur de $K_{,}$.

Il n'est pas inutile de remarquer que la valeur de V dont nous avons fait usage, se déduit de celle de U que l'on obtient, comme on l'a vu, beaucoup plus simplement. En effet, puisqu'on ne tient pas compte de la variation de densité du liquide, ces valeurs sont les mêmes que si $OO_{,}$ était pris dans son intérieur, et que le liquide s'étendît indéfiniment au-delà de la surface AOB. Dans cette hypothèse, désignons par F l'action du liquide terminé par le plan tangent COD sur le filet normal et extérieur $OO_{,}$, par $F_{,}$ l'action exercée en sens contraire sur ce filet par le liquide, également indéfini, que termine le plan $C_{,}O_{,}D_{,}$, et par $Vk\omega$, comme précédemment, l'action du liquide compris entre ces deux plans, sur ce même filet $OO_{,}$ et dans le même sens que $F_{,}$. Faisons abstraction de la pesanteur, ou, autrement dit, supposons $OO_{,}$

horizontal; pour l'équilibre de cette partie intérieure du liquide, il faudra qu'on ait

$$F_1 + Vk\omega = F.$$

D'après ce qu'on a vu précédemment (n° 8), et à cause de $K_1 = K$, la valeur complète de F_1 sera

$$F_1 = K\omega + (lK - H)k\omega.$$

Si l'on appelle ω_1 la section de OO_1 qui répond au point O_1, il est évident que la valeur de F se déduira de celle de F_1, en y mettant ω_1 et $-k$ au lieu de ω et k, en sorte que l'on aura

$$F = K\omega_1 - (lK - H)k\omega_1.$$

Je substitue ces deux valeurs dans l'équation précédente; il en résulte

$$Vk\omega = (H - lK)k(\omega_1 + \omega) + K(\omega_1 - \omega);$$

et, à cause de $\omega_1 = \omega(1 + lk)$, on aura

$$V = 2H - lK,$$

en négligeant l^2K et lH; quantités qui dépendent, d'après les formules (1) et (2), d'un même nombre de facteurs de grandeur insensible. Ce résultat servirait, au besoin, à confirmer l'analyse du numéro précédent, qui nous a conduit à la même valeur de V.

(11). Non-seulement il faut avoir égard à la variation rapide de densité des liquides près de leurs surfaces, pour expliquer les phénomènes capillaires, sans laquelle ils n'auraient pas lieu, mais, quelque peu compressible que l'on suppose un liquide, il faudra encore tenir compte, dans le calcul des pressions intérieures, des très petites condensations qu'il éprouve en vertu de son poids et de la pression extérieure, et aussi des variations de chaleur dont ces condensations sont accompagnées, à température égale.

Soit, en effet, M un point situé dans l'intérieur d'un liquide pesant. Par ce point, menons un plan qui divise le liquide en deux parties, que nous appellerons A et B; élevons dans B un cylindre C perpendiculaire à ce plan, dont la base comprenne le point M et soit représentée par ω; prenons les dimensions de ω, non pas infiniment petites, mais seulement très petites par rapport au rayon d'activité des molécules : si nous appelons ωp l'action exercée par A sur C suivant la direction de ce cylindre, le coefficient p sera la pression normale de A sur B, rapportée à l'unité de surface et relative au point M, ou ce qu'on appelle ordinairement *la pression intérieure*, laquelle est la même en tous sens autour de chaque point d'un fluide quelconque en équilibre.

Supposons que le plan mené par M soit horizontal, et que le cylindre vertical C s'élève jusqu'à la surface libre du liquide, qui sera aussi plane et horizontale. Soit P le poids de C, et $\Pi\omega$ la pression extérieure qui a lieu à son extrémité. Pour l'équilibre de C, il faudra qu'on ait

$$p\omega = \mathrm{P} + \Pi\omega;$$

et si le liquide est homogène, et que l'on désigne par ρ sa densité, par g la gravité, par z la hauteur de C, en sorte qu'on ait $\mathrm{P} = \rho g z \omega$, il en résultera

$$p = \rho g z + \Pi;$$

ce qui montre que p variera avec la profondeur z de M et la grandeur de Π. Or, dans un liquide homogène, la force provenant des actions moléculaires que p représente ne peut varier qu'à raison de la condensation du liquide et de la quantité de chaleur de ses molécules ; quoique ces deux élémens soient très peu différens dans toute la hauteur du liquide et pour des valeurs très inégales de Π, si la température est supposée constante (*), il faudra donc néanmoins avoir égard à leurs variations dans le calcul de p.

(12). Pour mieux connaître la nature de cette quantité p, soit ♉ le

(*) La température d'un corps est l'effet de la quantité de chaleur qu'il communique ou qu'il enlève à un autre corps, appelé *thermomètre*, jusqu'à ce que celui-ci ait cessé de se dilater ou de se contracter. Pour un même thermomètre et pour deux parties différentes d'un corps homogène, cette quantité de chaleur dépendra de la chaleur propre de chacune des molécules et du nombre de celles qui seront contenues sous un volume donné. A température égale, la chaleur propre des molécules variera donc avec ce nombre ou avec le degré de condensation d'un corps homogène, et ne sera pas exactemement la même, par exemple, dans toute la hauteur d'un liquide soumis à la pesanteur.

volume d'une portion du liquide comprenant le point M, et dont les dimensions soient insensibles, mais qui renferme néanmoins un nombre immense de molécules. En représentant ce nombre par n, et faisant

$$\frac{n}{\delta} = \epsilon^3,$$

ϵ sera ce que j'ai appelé, dans différens Mémoires, l'intervalle moyen des molécules autour du point M. Le produit $p\omega$ exprimant la somme des actions de toutes les molécules de A sur toutes celles de C, décomposées suivant la longueur de ce cylindre, il est évident que, toutes choses d'ailleurs égales, la valeur de p variera avec ϵ. Si ϵ était infiniment petit, la somme dont il s'agit s'obtiendrait par des intégrations, et la valeur de p serait donnée par une intégrale quadruple, facilement réductible à une intégrale simple. Mais ϵ ayant une valeur finie et déterminée, cette intégrale ne représentera qu'une partie de la valeur de p, et il y faudra ajouter une autre partie dépendante de la grandeur de ϵ, pour avoir la valeur complète de p. Désignons par ϖ et Δ l'intégrale et la correction qu'on y doit faire, en sorte qu'on ait exactement

$$p = \varpi + \Delta.$$

Quoique ϵ soit extrêmement petit et tout-à-fait insensible, même à l'égard du rayon d'activité des molécules, cependant je dis qu'on ne pourra pas négliger Δ par rapport à ϖ, et que le premier terme de la valeur de p ne suffirait pas pour satisfaire aux conditions du numéro précédent.

En effet, soit r la distance d'un point m' de A à un point m de C. Désignons par dv et dv' les élémens de volume qui répondent à ces deux points, et par $frdvdv'$ l'action mutuelle des quantités de matière et de chaleur contenues dans ces deux élémens; en sorte que fr soit la mesure de l'action moléculaire à la distance r et rapportée aux unités de volume. Nous regarderons cette force comme positive ou comme négative, selon qu'elle sera répulsive ou attractive. En désignant par s et s' les perpendiculaires abaissées de m et m' sur le plan qui termine A, la force $frdvdv'$ appliquée au point m de C, perpendiculaire à ce plan et dirigée du dedans au dehors de A, ou tendante à augmenter s, aura pour expression

$$\frac{s+s'}{r} frdvdv'.$$

On en déduira la valeur de $\varpi\omega$ par des intégrations étendues à tous les élémens dv de C et dv' de A; mais vu la petitesse supposée de ω, l'intégration relative à tous les points d'une section de C perpendiculaire à sa longueur, se réduira à remplacer dv par ωds dans la différentielle. De plus, celle qui répond à tous les points de A situés à une même distance u de l'axe de C, consistera à remplacer dv' par $2\pi u du ds'$; et par la nature de la fonction fr, on pourra ensuite étendre depuis zéro jusqu'à l'infini, les intégrales relatives à u, s, s'; en supprimant le facteur ω, on aura donc

$$\varpi = 2\pi \int_0^\infty \int_0^\infty \int_0^\infty \frac{s+s'}{r} fr.ududsds',$$

et en même temps

$$r^2 = u^2 + (s+s')^2.$$

Pour l'objet que nous nous proposons maintenant, nous pourrions conserver la valeur de ϖ sous cette forme; mais, dans le n° 2, nous avons réduit une semblable intégrale triple à une intégrale simple, de manière qu'on a

$$\varpi = \frac{2\pi}{3} \int_0^\infty r^3 frdr.$$

Or, si l'on comprime le liquide, et que son volume soit diminué dans un rapport de $1-\delta$ à l'unité, le nombre des molécules contenues dans l'unité de volume augmentera dans le rapport inverse. A distance égale, l'attraction de molécule à molécule ne changera pas; et s'il en était de même à l'égard de la répulsion calorifique, la quantité fr augmenterait dans le rapport de l'unité au carré de $1-\delta$. Mais l'intensité de la répulsion diminuant à raison de la perte de chaleur plus ou moins sensible qui accompagne la condensation du liquide, la valeur de fr croîtra dans un rapport encore moindre que celui de l'unité à $(1-\delta)^2$; par conséquent, la nouvelle valeur de ϖ sera moindre que la précédente, divisée par $(1-\delta)^2$. De là, il résulte que si la quantité p se réduisait à son premier terme ϖ, il serait impossible qu'elle variât dans le rapport de la pression extérieure près de la surface du liquide, et qu'elle augmentât dans son intérieur proportionnellement à la distance du point M à cette surface; car, pour de très grands accroissemens de pression, δ est une fraction extrêmement petite dans les liquides, qu'on appelle, pour cette raison, *fluides incompressibles*.

Ainsi, pour remplir les conditions du numéro précédent, la somme que p représente ne peut pas être réduite à une intégrale, et il faut avoir égard aux deux termes ϖ et Δ de sa valeur complète. Malgré la petitesse de ϵ, le second terme peut effectivement devenir comparable et même supérieur au premier, lorsque les deux forces attractive et répulsive, dont fr provient, sont l'une et l'autre extrêmement grandes par rapport à leur différence. On peut voir sur ce point les développemens et les exemples que j'ai donnés dans mon Mémoire sur les équations générales de l'équilibre et du mouvement des corps solides élastiques et des fluides (*).

(13). La quantité p est la pression sur un plan; celle qui a lieu sur une surface courbe, suivant une direction perpendiculaire à son plan tangent, se composera de deux parties, l'une qui sera la même que p, et l'autre qui dépendra de la courbure de la surface. L'une et l'autre seront des sommes relatives aux distances des molécules; et si l'on représente la première par ΣR, R étant une fonction de la distance r, la seconde sera de la forme $\frac{1}{h}\Sigma rR$, en désignant par h une ligne dépendante des rayons de courbure, et ce diviseur linéaire étant compensé, pour l'homogénéité des quantités, par le facteur r contenu sous le signe Σ. Or, la variable r ne recevant que des valeurs insensibles, afin que R ne s'évanouisse pas, et la constante h ayant au contraire une grandeur donnée, le second terme serait, en général, insensible par rapport au premier; et celui-ci n'étant pas extrêmement grand, les phénomènes capillaires qui dépendent du terme relatif à la courbure seraient aussi insensibles. Mais cette nouvelle difficulté n'a plus lieu, si, comme on l'a dit tout à l'heure, l'action moléculaire provient de deux forces contraires, dont cha-

(*) *Journal de l'École Polytechnique*, 20e cahier, qui paraîtra incessamment.

cune est extrêmement grande, eu égard à leur différence; circonstance qui peut rendre la quantité $\frac{1}{h}\Sigma r\text{R}$ comparable et même supérieure à ΣR. Toutefois, la somme ΣR étant irréductible, d'après cette circonstance même, à une intégrale, il n'en faut pas conclure que la même chose aura également lieu pour la somme $\Sigma r\text{R}$. On se convaincra sans peine du contraire par des exemples auxquels on appliquera la formule d'Euler, relative à ce genre de réductions, et qui montreront que si la première somme est irréductible par la nature de la fonction R, et malgré la petitesse des différences de r, la seconde ne le sera pas en général.

Pour rendre les calculs plus commodes et plus conformes aux usages ordinaires, nous pourrons donc déterminer par des intégrales définies les parties des pressions qui répondent aux courbures des surfaces, et généralement les sommes relatives à des fonctions qui contiendront un facteur de grandeur insensible, de plus que la fonction soumise à la sommation dans le calcul de la pression normale à une surface plane; ce qui ne dispensera pas d'avoir égard à la variation rapide de la densité, quand il s'agira de la couche superficielle du liquide, ainsi qu'on en a fait voir plus haut la nécessité. Vu l'extrême petitesse de l'intervalle qu'on a désigné par ϵ, et qu'on regarde comme insensible à l'égard même du rayon d'activité des molécules, la décomposition du volume en élémens infiniment petits et le changement des sommes en intégrales, d'après la formule citée d'Euler, ne pourront donner lieu à aucune erreur sensible. Quant à la somme d'où dépend la pression sur un plan, et qui fait exception à la règle générale, c'est-à-dire qui n'est pas réductible à une intégrale, il nous suffira d'avoir expliqué comment elle peut varier, suivant un rapport quelconque, pour des variations très petites dans les intervalles moléculaires, provenant du degré de condensation du liquide. Nous n'aurons pas besoin d'en calculer *à priori* la valeur; elle dépendra de la pression extérieure, de la pesanteur et des autres forces données qui agissent sur le liquide; et son expression en fonction des coordonnées d'un point quelconque, se déduira, comme de coutume, des équations de l'Hydrostatique.

(14). Jusqu'ici nous ne nous sommes point occupés de l'action du tube sur le liquide dans lequel il est plongé. En calculant la partie de cette force qui est employée à soutenir le liquide au-dessus de son niveau, Laplace n'a point égard à l'état de compression de la couche sur laquelle elle s'exerce. Nous allons d'abord rappeler l'équation entre le poids du liquide soulevé et les actions du tube et du liquide extérieur, qu'il obtient en regardant sa densité comme constante; puis nous montrerons la nécessité de tenir compte de la variation rapide qu'elle éprouve près des parois du tube, aussi bien qu'à la surface libre du liquide.

Supposons que la surface intérieure du tube soit cylindrique et verticale, et que son extrémité inférieure ait une forme quelconque. La figure 5 représente une section verticale du tube et du liquide; la droite DE et les courbes EF et AOB sont la génératrice de la surface cylindrique et les sections de la surface inférieure du tube et de la surface libre du liquide. Dans ce plan vertical, et à une distance insensible de DE, soit OCK l'axe d'un filet fluide vertical d'une épaisseur infiniment petite et constante, et D'C'K' celui d'un semblable filet, dont la partie D'C' appartient au tube, et la partie C'K' au liquide, en sorte que C' est le point où cette droite rencontre la surface inférieure du tube. A une distance sensible au-dessous de cette surface, menons un plan horizontal GH qui coupe les deux filets en K et K', et le prolongement de DE au point L. Par les points O et C', menons deux plans parallèles à GH. Soient O' et C leurs points de rencontre avec le second et avec le premier filet. Supposons que O'D' et O'C' aient des longueurs sensibles, ou, autrement dit, supposons que les extrémités du tube soient sensiblement au-dessus ou au-dessous de la surface AOB du liquide contenu dans son intérieur.

Dans l'hypothèse d'une densité constante et de l'homogénéité du liquide, et la matière du tube étant aussi homogène, les actions verticales de O'C' sur OC et de C'K' sur CK seront nulles; car il n'y aurait aucune raison pour qu'elles fussent dirigées plutôt de bas en haut que de haut en bas. Les longueurs de D'O' et CK étant sensibles, il est aussi évident que l'action de D'O' sur OK est la même que celle de D'C' sur CK. Ainsi l'action verticale du filet entier D'K' sur le filet OK se composera de celle de C'K' sur CO et de deux fois celle de

D'C' sur CK; et la même chose aura lieu pour tous les autres filets verticaux dans lesquels on pourra décomposer le tube et le liquide.

Cela posé, appelons A le liquide contenu dans un cylindre vertical qui a sa base sur le plan GH et dont la génératrice est la droite DL tangente à la paroi du tube, et B le liquide situé autour de ce cylindre et au-dessous de GH. Il suit de ce qui précède que les actions verticales du tube et de B sur A seront indépendantes de la surface inférieure du tube, dont la section verticale est représentée par EC'F, en sorte qu'on pourra remplacer cette surface par un plan horizontal. Si l'on désigne alors par R l'action de B sur la partie de A située au-dessus de ce plan, et par R' l'action du tube sur la partie de A située au-dessous de ce même plan, et si l'on suppose que la première force s'exerce dans le sens de la pesanteur, et la seconde dans le sens contraire, l'action totale du tube et de B pour soulever A aura pour valeur $2R' - R$, d'après ce qu'on vient de démontrer. Désignons, en outre, par a l'aire de la base de A, et par α la distance du plan GH de cette base, au niveau du liquide en dehors du tube; le poids du liquide compris entre ces deux plans horizontaux sera égal à $\rho g \alpha a$; la pression exercée en sens contraire sur a, ou l'action du liquide situé au-dessous de GH sur A, sera équivalente à $\Pi a + g\rho\alpha a$, en représentant toujours par Π la pression atmosphérique rapportée à l'unité de surface. De plus, cette dernière pression s'exercera aussi normalement et de dehors en dedans, en tous les points de la surface supérieure de A; et la somme de ses composantes verticales sera, comme on sait, égale à Πa, quelle que soit cette surface. Soit enfin $g\rho\alpha a + \Delta$ le poids de A; Δ étant une quantité inconnue, positive ou négative, qui exprimera le poids du liquide soulevé ou abaissé par l'action capillaire : en ayant égard à toutes ces forces verticales, et supprimant celles qui sont égales et contraires, il faudra qu'on ait

$$2R' - R = \Delta, \qquad (7)$$

pour l'équilibre de A.

(15). Il restera maintenant à former les expressions de R et R'. Or, soit ds un élément infiniment petit du contour de a; par les deux extrémités de ds, menons des plans perpendiculaires à sa direction qui se couperont suivant une verticale passant par le centre de courbure de ce contour ; partageons le segment de A compris entre ces deux plans, en filets infiniment minces par des plans verticaux parallèles à ds ; et soit u la distance de l'un de ces filets au plan vertical passant par ds. On pourra exprimer sa base par $(1 - ku)dsdu$, en supposant ce filet compris dans la sphère d'activité de B, négligeant les puissances de u supérieures à la première, et désignant par k un coefficient constant qui dépendra de la courbure du contour de a, au point qui répond à ds. La base d'un filet extérieur, appartenant à B, qui répondra à un autre élément ds' de ce contour, sera en même temps $(1 + k'u')ds'du'$; u' étant la distance insensible de ce second filet à la surface de A, et k' ce que devient k au point correspondant à ds'. De là, on conclura sans difficulté

$$R = \rho^2 \int\int\int\int\int\int \varphi r \frac{z+z'}{r} (1 - ku)(1 + k'u')\, dzdz'dudu'dsds',$$

en faisant

$$r^2 = x^2 + (u + u')^2 + (z + z')^2,$$

désignant par φr la même fonction que précédemment (n° 2), par x la projection de l'arc compris entre ds et ds' sur le prolongement de ds, et par z et z' les perpendiculaires abaissées d'un point de A et d'un point de B sur le plan GH, de manière que r soit la distance d'un point à l'autre. Au degré d'approximation où l'on s'est arrêté dans tout ce qui précède, on devra réduire à l'unité les facteurs $1 - ku$ et $1 + k'u'$. On pourra aussi, sans erreur sensible, prendre $ds' = dx$. On pourra ensuite étendre depuis zéro jusqu'à l'infini, les intégrales relatives à u, u', z, z', et l'intégrale relative à x, depuis $x = -\infty$ jusqu'à $x = +\infty$, ou seulement depuis $x = 0$ jusqu'à $x = \infty$, en doublant le résultat. En faisant

$$2\rho^2 \int\int\int\int\int \varphi r \frac{z+z'}{r} dzdz'dudu'dx = q,$$

et prenant les cinq intégrales depuis zéro jusqu'à l'infini, on aura donc

$$R = \int q ds.$$

Cette dernière intégrale devra s'étendre à tous les points du contour de a; et comme q ne variera pas d'un point à un autre, il s'ensuit que si l'on appelle c la longueur entière de ce contour, on aura simplement

$$R = cq.$$

Si l'on désigne par $\varphi' r$ l'attraction mutuelle de la matière du tube et de celle du liquide, relative à la distance r et rapportée aux unités de masse, ou par $\rho\rho'\varphi' r$, cette attraction rapportée aux unités de volume, ρ' et ρ étant les densités des deux matières, et si l'on représente par q' ce que q devient, quand on y met $\rho\rho'\varphi' r$ au lieu de $\rho^2\varphi r$, on trouvera de même

$$R' = cq';$$

au moyen de quoi l'équation (7) deviendra

$$\Delta = (2q' - q)c. \qquad (8)$$

(16). L'intégrale quintuple que q représente se réduit facilement à une intégrale simple. En y mettant d'abord zx, $z'x$, ux, $u'x$, xdz, xdz', xdu, xdu', au lieu de z, z', u, u', et de leurs premières différentielles, les limites zéro et l'infini ne seront pas changées; et si l'on observe ensuite qu'on aura

$$x = \frac{r}{\sqrt{1 + (u + u')^2 + (z + z')^2}}, \quad dx = \frac{dr}{\sqrt{1 + (u + u')^2 + (z + z')^2}},$$

il en résultera

$$q = 2X\rho^2 \int_0^\infty r^4 \varphi r dr,$$

en faisant, pour abréger,

$$X = \iiiint \frac{(z + z')dzdz'dudu'}{[1 + (u + u')^2 + (z + z')^2]^3}.$$

L'intégration relative à l'une de ces quatre variables, à z' par exemple, s'effectue immédiatement; et à cause des limites $z' = 0$ et $z' = \infty$, on a

$$X = \frac{1}{4} \iiint \frac{dzdudu'}{[1 + (u + u')^2 + z^2]^2}.$$

Je fais

$$z = y\sqrt{1+(u+u')^2}, \quad dz = dy\sqrt{1+(u+u')^2};$$

ce qui donne

$$X = \frac{1}{4}\iint \frac{du\,du'}{[1+(u+u')^2]^{\frac{3}{2}}} \int_0^\infty \frac{dy}{(1+y^2)^2};$$

et comme cette intégrale relative à y est égale à $\frac{1}{4}\pi$, on en conclut

$$X = \frac{\pi}{16}\int_0^\infty \int_0^\infty \frac{du\,du'}{[1+(u+u')^2]^{\frac{3}{2}}},$$

ou, ce qui est la même chose,

$$X = \frac{\pi}{16}\int_0^\infty \left(1 - \frac{u}{\sqrt{1+u^2}}\right) du,$$

ou bien, enfin,

$$X = \frac{\pi}{16}, \quad q = \frac{\pi\rho^2}{8}\int_0^\infty r^4 \varphi r dr.$$

En comparant cette valeur de q à la formule (2), on voit que $q = \frac{1}{2}$H. La même réduction s'appliquera à l'expression de q'; et de cette manière, l'équation (8) coïncidera avec celle qui est désignée par (p) dans la *Mécanique céleste* (*).

(17). Pour faire voir maintenant l'inexactitude du coefficient de c dans cette équation, et la nécessité d'avoir égard à la variation de densité du liquide près de la paroi du tube, menons un plan horizontal GH (fig. 6), à une distance sensible au-dessous de la surface AOB du liquide et au-dessus de l'extrémité EF du tube, qui coupe en L la génératrice DE de sa paroi cylindrique. Supposons le point O situé à une distance insensible de cette paroi, plus grande cependant que le rayon d'activité des points du tube sur ceux du liquide. Par le point O, menons une verticale OKG qui rencontre au point K le plan GH, et que nous prendrons pour la génératrice d'une surface cylindrique parallèle à la paroi du tube, ou dont tous les points seront à une même distance KL de cette paroi. Cette surface cylindrique et le plan GH

(*) *Supplément à la Théorie de l'Action capillaire*, page 17.

partageront le liquide contenu dans le tube en quatre parties. Nous appellerons C et C′ les parties comprises entre cette surface et la paroi, la première au-dessus et la seconde au-dessous du plan GH, c'est-à-dire les parties qui répondent à OKLA et à CKLE, et nous désignerons par D et D′ les deux autres parties qui répondent respectivement à BOKH et CKH. Soient Q, Q′, P, les actions verticales et dirigées dans le sens de la pesanteur, exercées par D, D′, C′, sur C. Comme on peut négliger, par rapport à ces forces, le poids de C et la pression atmosphérique qui a lieu à son extrémité supérieure, à cause que l'épaisseur KL de cette couche liquide est insensible, et que d'ailleurs l'action verticale du tube sur chacun des points de C est évidemment nulle, il s'ensuit qu'on aura pour son équilibre l'équation

$$Q + Q' + P = 0. \qquad (9)$$

Je déterminerai la force Q par la considération de l'équilibre de D. Soit b la base de D; supposons son plan à une distance $\mathcal{C}$ au-dessous du niveau extérieur : la pression qui a lieu sur cette base en sens contraire de la pesanteur, et qui provient des actions réunies de C′ et D′, sera équivalente à $\Pi b + g\rho b\mathcal{C}$; la pression qui s'exercera sur la surface supérieure de D, décomposée dans le sens de la pesanteur, sera égale à Πb; le poids de D aura pour valeur $g\rho b\mathcal{C} + \Delta$; et l'on pourra regarder cette inconnue Δ comme étant la même que dans le n° 14, puisque la différence serait le poids d'une couche liquide d'une épaisseur insensible. La réaction étant égale et contraire à l'action, il faudra représenter par $-Q$ l'action verticale et dirigée dans le sens de la pesanteur, exercée par C sur D. En considérant ces différentes forces verticales, supprimant celles qui se détruisent, et observant que, par hypothèse, l'action du tube ne s'étend pas jusqu'à D, nous aurons

$$Q = \Delta,$$

pour l'équilibre de cette partie du liquide.

La force Q′ ne différera pas sensiblement de la force R du n° 14; car elles seraient entre elles dans le rapport du contour c de la base a à celui de la base b, que l'on peut prendre l'un pour l'autre. Ainsi l'on aura

$$Q' = R = cq.$$

Quant à la force P, son expression différera de celle de R en intégrale quintuple, par le signe de u', et par les limites relatives à u et u', c'est-à-dire que l'on aura

$$P = 2\rho^2 c \int\int\int\int\int \varphi r \frac{z+z'}{r} dz dz' du du' dx,$$

$$r^2 = x^2 + (u - u')^2 + (z + z')^2;$$

les intégrales relatives à x, z, z', étant toujours zéro et l'infini; mais celles qui répondent à u et u' ne s'étendant que depuis zéro jusqu'à l, en désignant par l la longueur de KL.

Soit Φr une fonction qui devienne insensible pour toute valeur sensible de r; faisons

$$\varphi r = -\frac{d\Phi r}{dr}, \quad \varphi r \frac{z+z'}{r} = -\frac{d\Phi r}{dz'};$$

nous aurons

$$\int_0^\infty \varphi r \frac{z+z'}{r} dz' = \Phi r';$$

r' étant ce que devient r à la limite $z' = 0$. En intégrant par partie, on aura

$$\int_0^l \Phi r' du = l\Phi r_1 + \int_0^l \varphi r' \frac{(u-u')u}{r'} du;$$

r_1 étant la valeur de r' relative à $u = l$. A cause du facteur l, on peut supprimer le terme compris en-dehors du signe $\int$; on aura donc

$$\int_0^l \int_0^\infty \varphi r \frac{z+z'}{r} du dz' = \int_0^l \int_0^\infty \varphi r' \frac{(u-u')u}{r'} du,$$

et par conséquent,

$$P = 2\rho^2 c \int\int\int\int \varphi r' \frac{(u-u')u}{r'} dz dx du du',$$

$$r'^2 = x^2 + z^2 + (u - u')^2.$$

Soit encore

$$x = y \cos v, \quad z = y \sin v.$$

Si l'on substitue ces variables y et v à x et z, il faudra prendre

$$dxdz = ydydv;$$

les limites qui répondent à $x=0$ et $z=0$, $y=\infty$ et $z=\infty$, seront $y=0$ et $v=0$, $y=\infty$ et $v=\frac{1}{2}\pi$; en effectuant l'intégration relative à v, il en résultera donc

$$P = -\pi\rho^2 c\int_0^\infty\int_0^l\int_0^l \varphi r' \frac{(u'-u)u}{r'} ydydudu',$$

$$r'^2 = y^2 + (u-u')^2.$$

Or, cette intégrale triple est la même que celle qui entre dans l'expression de V du n° 8; par l'analyse du n° 9, on en conclura donc

$$P = -\frac{1}{4}\pi\rho^2 c\int_0^\infty r^4\varphi r dr = -2cq,$$

en négligeant toujours le terme qui aurait le facteur l, et ayant égard à la valeur de q du n° 16.

Ces valeurs de Q, Q', P, réduisent l'équation (9) à

$$\Delta = cq.$$

Or, pour que cette valeur de Δ s'accordât avec celle qui est donnée par l'équation (8), il faudrait qu'on eût $q'=q$; ce qui exigerait que la matière du tube fût la même que celle du liquide. Dans ce cas, en effet, le liquide n'éprouverait aucune compression près du tube, et les calculs précédens, fondés sur l'hypothèse d'une densité constante, seraient applicables; mais, dans tout autre cas, il sera indispensable d'avoir égard à la variation rapide de densité du liquide dans l'étendue de la sphère d'activité du tube, puisqu'en en faisant abstraction, on est conduit à deux valeurs de Δ, qui ne sauraient être égales entre elles.

On peut remarquer que si l'équation $\Delta = cq$ avait réellement lieu, le poids soulevé ou abaissé par l'action capillaire ne dépendrait aucunement de la matière du tube. En ayant égard à la répulsion calorifique, aussi bien qu'à l'attraction des molécules du liquide, et supposant, en conséquence, que la fonction φr peut changer de signe dans l'étendue de ses valeurs sensibles, l'intégrale que q représente pourrait être positive ou négative. Le poids Δ serait de même signe que q ou que

H, à cause de $q = \frac{1}{2}H$, c'est-à-dire qu'il y aurait élévation du liquide quand la quantité H serait positive, et abaissement quand elle serait négative. L'ordonnée h du centre de la surface capillaire qui est déterminée par l'équation (5) devrait donc être de même signe que H; par conséquent, pour satisfaire à cette équation, il y faudrait prendre le terme ambigu avec son signe supérieur; d'où il résulterait que la surface capillaire serait toujours concave par en-haut, soit que le liquide s'élevât ou qu'il s'abaissât; ce qui est contraire à l'observation. Mais toutes ces contradictions disparaissent lorsqu'on tient compte de la variation de densité du liquide dans l'épaisseur de C et C'; ce qui rend la force P implicitement dépendante de la matière du tube, et change aussi les valeurs des forces R et R'.

(18). Au lieu de déterminer la force Q d'après la condition d'équilibre de D, on peut en obtenir la valeur par des intégrations directes, en continuant de négliger la variation de densité du liquide près de sa surface supérieure. L'expression de Q en intégrale sextuple ne différera alors de celle de R du n° 15 que par le signe de z' et par les limites relatives à z et z', de sorte qu'on aura

$$Q = \rho^2 \int\int\int\int\int\int \varphi r \frac{z - z'}{r} dz dz' du du' dx ds,$$
$$r^2 = x^2 + (u + u')^2 + (z - z')^2,$$

en conservant toutes les notations du numéro cité, et intégrant par rapport à z et z', depuis le plan GH jusqu'à la surface du liquide, ou bien, avec une approximation suffisante, jusqu'à son plan tangent. Si l'on suppose que le plan de la figure, qui est déjà vertical, soit en outre perpendiculaire à la paroi cylindrique du tube, il est évident que le plan tangent en O sera perpendiculaire à ce plan; car il n'y aurait aucune raison pour qu'il s'inclinât plutôt d'un côté que de l'autre. Cela étant, les valeurs de z et z', qui répondent aux secondes limites des intégrales, seront indépendantes de x, et de la forme

$$z = y + \theta u, \quad z' = y - \theta u',$$

en désignant par y l'ordonnée OK du point O, et par θ la tangente de l'inclinaison du plan tangent en O sur le plan horizontal passant par le même point. On prendra pour cette inclinaison l'angle K'ON compris entre le prolongement OK' de OK et la normale extérieure ON; angle que l'on regardera comme positif ou comme négatif, selon que ON tombera en-dehors ou en-dedans des deux parallèles K'K et DL. Il s'ensuit que si l'on désigne par ω l'angle NOM que fait la normale ON avec la perpendiculaire OM abaissée du point O sur la droite DE, et qui sera obtus ou aigu, selon que la courbe AOB tournera au point O, sa concavité ou sa convexité par en haut, on aura

$$\theta = -\cot\omega.$$

En appelant Z l'intégrale double relative à z et z', nous aurons donc

$$Z = \int_0^{y+\theta u} \int_0^{y-\theta u'} \varphi r \frac{z-z'}{r}\, dz dz'.$$

Soit Φr la même fonction que dans le n° 9, de sorte qu'on ait

$$\varphi r = -\frac{d\Phi r}{dr}, \quad \varphi r \frac{z'-z}{r} = -\frac{d\Phi r}{dz'};$$

il en résultera

$$Z = \int_0^{y+\theta u} \Phi r' dz - \int_0^{\infty} \Phi r_1 dz,$$

en supposant

$$r'^2 = x^2 + (u+u')^2 + (y-\theta u' - z)^2,$$
$$r_1^2 = x^2 + (u+u')^2 + z^2,$$

et observant qu'on peut remplacer la limite $z = y + \theta u$ par l'infini dans la seconde intégrale. Si nous faisons, dans la première,

$$y - \theta u' - z = \zeta, \quad dz = -d\zeta,$$

les limites relatives à ζ seront $y - \theta u'$ et $-\theta(u+u')$. On remplacera la première limite par $\zeta = \infty$, à cause que $y - \theta u'$ a une valeur sensible pour toutes les valeurs insensibles de u', lesquelles sont les seules qui ne rendent pas r' sensible; on aura donc

$$Z = -\int_{\infty}^{-\theta(u+u')} \Phi r' d\zeta - \int_0^{\infty} \Phi r_1 dz = -\int_0^{-\theta(u+u')} \Phi r' d\zeta,$$
$$r'^2 = x^2 + (u+u')^2 + \zeta^2,$$

en employant la lettre ζ au lieu de z, dans la seconde intégrale, ce qui change $r_{\prime}$ en r', et réduisant ensuite les deux intégrales à une seule ; et si l'on met $-(u+u')\zeta$ et $-(u+u')d\zeta$ à la place de ζ et $d\zeta$, on en conclura

$$Z=\int_0^\theta r'\Phi r' \frac{u+u'}{r'}d\zeta,$$

$$r'^2=x^2+(u+u')^2(1+\zeta^2).$$

Il sera permis maintenant d'étendre les intégrales relatives à u et à u' depuis zéro jusqu'à l'infini ; celle qui répond à x aura pour limites $\pm\infty$, ou seulement $x=0$ et $x=\infty$, en doublant le résultat. Nous aurons donc

$$\int\int\int Zdudu'dx=2\int_0^\infty\int_0^\infty\int_0^\infty\int_0^\theta r'\Phi r'\frac{u+u'}{r'}dudu'dxd\zeta.$$

Soit encore, comme dans le n° 9,

$$r'\Phi r'=-\frac{d\Phi' r'}{dr'};$$

il en résultera

$$r'\Phi r'\frac{u+u'}{r'}=-\frac{1}{1+\zeta^2}\frac{d\Phi' r'}{du'},$$

et par conséquent

$$\int\int\int Zdudu'dx=2\int_0^\infty\int_0^\infty\int_0^\theta \Phi' r'\frac{dudxd\zeta}{1+\zeta^2},$$

$$r'^2=x^2+u^2(1+\zeta^2),$$

à cause que $\Phi' r'$ s'évanouit à la limite $u'=\infty$. Si donc nous mettons xu et xdu au lieu de u et du, et si nous employons r au lieu de r', nous aurons

$$\int\int\int Zdudu'dx=2\int_0^\infty\int_0^\infty\int_0^\theta \Phi' r\frac{xdxdud\zeta}{1+\zeta^2},$$

$$r^2=x^2[1+u^2(1+\zeta^2)].$$

Cette dernière équation donne

$$xdx=\frac{rdr}{1+u^2(1+\zeta^2)};$$

d'où l'on conclut

$$\int\int\int Z du du' dx = 2\int_0^\infty r\Phi' r dr \int_0^\infty \int_0^\infty \frac{du d\zeta}{(1+\zeta^2)[1+u^2(1+\zeta^2)]},$$

c'est-à-dire,

$$\int\int\int Z du du' dx = \frac{\pi\theta}{\sqrt{1+\theta^2}} \int_0^\infty r\Phi' r dr,$$

en effectuant l'intégration relative à u, et ensuite celle qui répond à ζ.

D'après cette réduction de l'intégrale relative à z, z', u, u', x, et en mettant pour θ sa valeur $-\cot\omega$, l'expression de Q deviendra

$$Q = -\pi\rho^2 \int_0^\infty r\Phi' r dr . \int \cos\omega ds.$$

En intégrant par partie, il vient

$$\int_0^\infty r\Phi' r dr = \frac{1}{2}\int_0^\infty r^3 \Phi r dr = \frac{1}{8}\int_0^\infty r^4 \varphi r dr;$$

d'où l'on conclut (n° 16)

$$Q = -q \int \cos\omega ds. \qquad (10)$$

Cette intégrale relative à ds devra s'étendre au contour entier de la base de D. Or, je dis qu'il y faudra considérer $\cos\omega$ comme une quantité constante. En effet, si l'on mène par les extrémités de ds deux plans perpendiculaires à cet élément, $-q\cos\omega ds$ sera la partie de Q qui agira sur le segment de C compris entre ces deux plans; l'action verticale du surplus de C sur ce segment se composera de forces qui se détruiront deux à deux; on pourra négliger le poids de ce segment par rapport à la force $-q\cos\omega ds$, qui devra alors faire équilibre aux parties des forces Q' et P qui agissent sur ce même segment, lesquelles forces ne varient pas en passant du point K à un autre point du contour de D; il faudra donc que $\cos\omega$ ne varie pas non plus; et cela tient à ce que les quantités dépendantes de la courbure du tube, qui changent d'un point à un autre quand la base n'est pas circulaire, disparaissent de l'expression des forces que nous considérons, ainsi qu'on l'a vu dans le n° 15, à l'égard d'une autre force R de la même nature. En appelant donc c le contour entier de la base de D, nous aurons enfin

$$Q = -cq\cos\omega,$$

pour la valeur de Q qu'il s'agissait de calculer.

(19). Cette force étant égale à Δ d'après le n° 17, il faudra qu'on ait

$$\Delta = - cq \cos \omega.$$

En vertu de l'équation (8), dans laquelle c est sensiblement le même que dans celle-ci, on aura donc aussi

$$q - 2q' = q \cos \omega. \qquad (11)$$

Laplace est parvenu à cette équation par la comparaison de deux méthodes différentes ; ce qui laissait à désirer un moyen plus direct de l'obtenir ; mais il ne faut pas oublier que le premier membre est en erreur, parce qu'on a négligé la compression du liquide près du tube, et le coefficient de $\cos \omega$ dans le second, parce qu'on n'a pas tenu compte de la variation de la densité près de la surface libre.

En s'arrêtant à la formule (10), cette expression de Q et l'équation $Q = \Delta$ du n° 17, auront encore lieu, lors même que la partie D du liquide sera terminée par une surface cylindrique quelconque qui ne sera ni parallèle à la paroi du tube, ni à une distance insensible de cette paroi, pourvu qu'elle soit verticale. Quand la valeur de $\cos \omega$ sera donnée en fonction de s, d'après la courbe d'intersection de cette surface et de celle qui termine le liquide, l'équation (10) fera connaître la valeur de Q, ou du poids Δ du liquide soulevé ou abaissé par l'action capillaire et contenu dans D. Or, si la paroi cylindrique du tube est à base circulaire, il est évident que la surface supérieure du liquide sera une surface de révolution qui aura pour axe celui de la paroi. Si de plus D est terminé par une surface cylindrique ayant le même axe et dont nous représenterons le rayon par x, l'intersection de ces deux surfaces sera un cercle, et $\cos \omega$ ne variera pas d'un point à un autre de cette courbe ; sa longueur étant $2\pi x$, on aura donc

$$\Delta = - 2\pi x q \cos \omega, \qquad (12)$$

en vertu de la formule (10).

Comme cette équation aura lieu pour un point quelconque O de la courbe AOB, dont la distance à l'axe de révolution est x, on en pourra déduire l'équation de cette courbe, ou de la surface du liquide dont elle est la génératrice ; et l'on y parvient, en effet, en la différentiant par rapport à x. On a évidemment

$$d\Delta = 2\pi\rho g z x dx,$$

en appelant z l'ordonnée du point O, rapportée au niveau du liquide en-dehors du tube. La différentielle $d\omega$ est l'angle de contingence de la courbe AOB au point O; si l'on appelle λ son rayon de courbure au même point, on aura donc

$$d\omega = \frac{1}{\lambda}\sqrt{dx^2 + dz^2};$$

on aura, en outre,

$$\sin\omega\sqrt{dx^2 + dz^2} = dx;$$

et en différentiant l'équation (12) et divisant par $2\pi x dx$, il en résultera

$$g\rho z = q\left(\frac{1}{\lambda} - \frac{\cos\omega}{x}\right).$$

Soit λ' le second rayon de courbure principal de la surface de révolution au point O; sa valeur sera

$$\lambda' = -\frac{x}{\cos\omega};$$

on aura donc

$$g\rho z = q\left(\frac{1}{\lambda} + \frac{1}{\lambda'}\right);$$

ce qui s'accorde avec l'équation (4), à cause de $q = \frac{1}{2}\text{H}$, et peut servir de vérification à l'analyse du numéro précédent.

(20). Nous terminerons ce chapitre, en faisant remarquer que la compression de la couche liquide en contact avec le tube met aussi en défaut la proposition de Clairaut, suivant laquelle le liquide reste horizontal dans un tube vertical, lorsqu'à distance égale, l'action de la matière du tube sur celle du liquide est double de l'action du liquide sur lui-même.

En effet, supposons, pour un moment, que la surface supérieure du liquide soit horizontale; représentons-la par CAF (fig. 7), et par DAE celle du tube qui lui est perpendiculaire; soit M un point de la première surface, situé à une distance insensible MA de la seconde; prenons MB = MA, et tirons les verticales MM′ et BB′.

Dans le cas de l'incompressibilité du liquide, les actions horizontales et contraires, exercées sur le point M, par les parties de ce liquide qui répondent à EAMM′ et M′MBB′, seront égales et se détruiront par conséquent. Les actions horizontales des parties du tube qui répondent à CAD et CAE sur le point M sont égales entre elles; et, par hypothèse, chacune de ces forces est égale à la moitié de l'action horizontale exercée sur ce même point par la partie du liquide qui répond à B′BF. Cette dernière force sera donc aussi détruite par les actions réunies des deux parties du tube; donc toutes les forces horizontales qui agissent à chaque point M de la surface du liquide, se détruisant réciproquement, l'horizontalité subsistera dans l'état d'équilibre. Mais il est évident qu'il n'en sera plus de même, si l'on a égard à la compression du liquide près de la paroi du tube; car alors les actions contraires des deux parties EAMM′ et M′MBB′ ne seront plus égales entre elles; ce qui suffit pour que la démonstration précédente n'ait pas lieu. On voit d'ailleurs que l'action exercée sur un point donné, par une partie infiniment petite du liquide, variant avec le degré de compression, elle ne peut pas conserver un rapport constant, à égalité de distance et de volume, avec l'action d'une partie du tube sur le même point, et que celle-ci ne saurait être moitié de la première, ainsi qu'on l'a supposé.

CHAPITRE II.

Equation de la surface capillaire.

(21). Nous entendons par cette dénomination, la surface libre d'un liquide en équilibre dans un tube capillaire, ou plus généralement, la surface de séparation de deux liquides contenus dans ce tube. Avant de former l'équation d'une surface de cette nature, nous allons d'abord calculer les pressions qui ont lieu dans l'intérieur de chaque liquide et que nous aurons besoin de connaître.

Soit M un point situé à une distance sensible de la surface d'un liquide et des parois qui le contiennent; par ce point, faisons passer une surface quelconque, qui partage le liquide en deux portions que nous appellerons A et B; divisons cette surface en élémens infiniment petits, terminés par ses deux séries de lignes de courbure; par tous les points de ces lignes, élevons des normales qui formeront, comme on sait, des surfaces développables, par lesquelles A et B se trouveront décomposés en filets d'une épaisseur infiniment petite, mais variable; appelons C le filet qui répond au point M, et dont la base sur la surface menée par ce point sera représentée par ω. La résultante des actions de tous les points de A sur tous ceux de C, divisée par ω, sera la pression qui a lieu sur B, rapportée à l'unité de surface et relative au point M. Si l'on a égard, d'après le n° 11, à l'inégale compression du liquide dans l'étendue de la sphère d'activité de M, et à la différence de matière dans le cas d'un liquide hétérogène, la résultante dont il s'agit ne sera pas perpendiculaire à la surface de B. Nous désignerons en général par $N\omega$ sa composante normale et dirigée de dehors en dedans de B, et par $T\omega$ et $T'\omega$ ses composantes suivant deux droites rectangulaires, menées par le point M et comprises dans le plan tangent en ce point à la surface de B; et nous allons déterminer les valeurs de N, T, T', par des intégrations, sauf la partie de N qui ne dépend pas de la courbure de B, et que nous représenterons, comme il a été dit précédemment (n° 15), par une inconnue p, de sorte qu'en appelant N′ l'autre partie, on ait

$$N = p + N',$$

pour la valeur complète de N.

Il est à propos d'observer que, dans l'intérieur du liquide, l'action d'une partie A sur un filet cylindrique et normal compris dans la partie adjacente B, différerait, en grandeur et en direction, de la force que nous venons de définir; et que si on la prenait pour la pression sur B, ce qui paraîtrait plus simple, les pressions relatives à toute l'étendue de la surface de séparation de A et B ne représenteraient pas l'action totale de A sur B, parce qu'on ne peut pas décomposer la masse entière de B en filets cylindriques perpendiculaires à cette surface.

(22). Soit m un point de C, et m' un point de A, l'un et l'autre compris dans la sphère d'activité de M. Désignons par s et s' les perpendiculaires abaissées de m et m' sur la surface de A, et par ω' l'élément de cette surface qui répond au filet fluide dont m' fait partie. Soient aussi $(1 + ks')\,\omega'$ et $(1 - ks)\,\omega$ les aires des sections de ce filet et de C, faites par les points m' et m, et parallèles à leurs bases ω' et ω; le coefficient k dépendant de la courbure de A au point M, et étant le même pour les deux filets, en négligeant les quantités du second ordre, par rapport à leur distance mutuelle et aux variables s et s'. Les élémens de volume qui répondent aux points m et m' seront

$$(1 - ks)\,\omega ds, \qquad (1 + ks')\,\omega' ds',$$

et leur action mutuelle pourra être représentée par le produit

$$V(1 - ks)\,(1 + ks')\,\omega\omega' ds ds';$$

V étant la mesure de l'action moléculaire rapportée aux unités de volume et relative à la distance mm', que nous représenterons par r'.

Pour se former une idée précise de cette quantité V, il faut prendre autour des points m et m', des volumes v et v' dont les dimensions soient insensibles, eu égard même au rayon d'activité des molécules, et qui en comprennent néanmoins un nombre extrêmement grand. L'action mutuelle de ces deux parties du liquide, provenant de la matière et de la chaleur qu'elles renferment, aura pour expression $\mathrm{V}vv'$, en sorte que V sera le rapport de cette force au produit des deux volumes. Cela étant, V dépendra de la distance r', de la nature des molécules contenues dans v et v', de leur quantité de chaleur propre et de leur nombre; ce sera donc une fonction de r' insensible pour toute valeur sensible de r', mais qui renfermera en outre les coordonnées de m et m'.

D'après cela, représentons par x, y, z, les trois coordonnées rectangulaires de M, et supposons les axes des x et y parallèles au plan tangent à B, mené par le point M, et l'axe des z parallèle à la normale au même point. Les coordonnées de m seront x, y, $z+s$, relativement aux mêmes axes; celles de m' pourront être représentées par $x+x'$, $y+y'$, $z+z'$; on aura

$$r'^2=(s-z')^2+x'^2+y'^2,$$

et ensuite

$$\mathrm{V}=f(r', x, y, z+s, x+x', y+y', z+z').$$

Cette force V devant dépendre de la même manière, de la nature du liquide autour de chacun des deux points m et m', il faudra que la fonction f soit symétrique par rapport à x et $x+x'$, à y et $y+y'$, à $z+s$ et $z+z'$. De plus, la nature du liquide, sa quantité de chaleur et sa condensation intérieure ne variant que par degrés insensibles, on pourra développer cette fonction en série très convergente, suivant les puissances et les produits des variables s, x', y', z', qu'elle contient en-dehors de r', et qui ne peuvent être que de très petites quantités. A cause de la symétrie de f, on aura

$$\frac{d\mathrm{V}}{dx'}=\frac{1}{2}\frac{d\mathrm{V}}{dx},\quad \frac{d\mathrm{V}}{dy'}=\frac{1}{2}\frac{d\mathrm{V}}{dy},\quad \frac{d\mathrm{V}}{dz'}=\frac{d\mathrm{V}}{ds}=\frac{1}{2}\frac{d\mathrm{V}}{dz},$$

pour $x'=0$, $y'=0$, $z'=0$, $s=0$, et en ne faisant pas varier r'. Si donc on désigne par R' une fonction de r', x, y, z, et qu'on néglige les termes du second ordre par rapport à x', y', z', s, on aura

$$\mathrm{V}=\mathrm{R}'+\frac{x'}{2}\frac{d\mathrm{R}'}{dx}+\frac{y'}{2}\frac{d\mathrm{R}'}{dy}+\frac{s+z'}{2}\frac{d\mathrm{R}'}{dz}.$$

Représentons par u la perpendiculaire abaissée de ω' sur la normale en M à la surface de A, et par θ l'angle que fait le plan de ces deux droites avec un plan fixe, passant par la seconde. La projection de ω' sur le plan tangent en M pourra s'exprimer par $udud\theta$; et cette projection, au degré d'approximation où nous nous arrêtons, pouvant être prise pour l'aire de ω', nous aurons

$$\omega' = udud\theta.$$

Soient enfin α, 6, γ, les cosinus des angles que fait la droite $m'm$, prolongée au-delà de m, avec des parallèles aux axes des x, y, z, menées par ce point. Si l'on suppose les axes des x et des y parallèles aux directions des forces tangentielles T et T', et que l'on regarde la force V comme positive ou comme négative, selon qu'elle sera répulsive ou attractive, on aura

$$\left.\begin{aligned} \mathrm{T} &= \int\!\!\int\!\!\int\!\!\int \mathrm{V}[1 + k(s' - s)]\, \alpha ududsds'd\theta, \\ \mathrm{T}' &= \int\!\!\int\!\!\int\!\!\int \mathrm{V}[1 + k(s' - s)]\, 6ududsds'd\theta, \\ \mathrm{N} &= \int\!\!\int\!\!\int\!\!\int \mathrm{V}[1 + k(s' - s)]\, \gamma ududsds'd\theta, \end{aligned}\right\} \quad (1)$$

en négligeant le produit ss'. Les limites de l'intégrale relative à l'angle θ seront zéro et 2π; on pourra étendre les autres intégrales depuis zéro jusqu'à l'infini, parce que toute valeur sensible de l'une des trois variable u, s, s', rendra r' sensible, et, par conséquent, V insensible. Les valeurs de α, 6, γ, qu'on emploiera dans ces formules seront

$$\alpha = -\frac{x'}{r'}, \quad 6 = -\frac{y'}{r'}, \quad \gamma = \frac{s - z'}{r'}.$$

(23). Pour effectuer, autant qu'il sera possible, les intégrations indiquées, appelons ζ la perpendiculaire abaissée de ω' sur le plan tangent en M, et considérons cette quantité comme positive ou comme négative, selon que la partie A du liquide sera concave ou convexe au point M. Soient n et n' les coordonnées du pied de cette perpendiculaire, rapportées à des axes menés par le point M parallèlement à ceux des x et des y. En négligeant les termes du troisième ordre par rapport à n et n', nous aurons

$$\zeta = \mathrm{Q}n^2 + \mathrm{Q}'n'^2 + \mathrm{Q}''nn';$$

Q, Q', Q'', étant des coefficiens indépendans de ces deux variables. Au même degré d'approximation, et d'après la manière dont nous déterminons le signe de ζ, nous aurons aussi

$$x' = \eta + \frac{d\zeta}{d\eta}s', \quad y' = \eta' + \frac{d\zeta}{d\eta'}s', \quad z' = -s' + \zeta,$$

$$r'\alpha = -\eta - \frac{d\zeta}{d\eta}s', \; r'\beta = -\eta' - \frac{d\zeta}{d\eta'}s', \; r'\gamma = s + s' - \zeta.$$

On a d'ailleurs

$$\eta = u \cos\theta, \qquad \eta' = u \sin\theta,$$

en comptant l'angle θ à partir de l'axe des η. Si l'on fait, pour abréger,

$$r^2 = (s + s')^2 + u^2,$$

et si l'on observe que

$$\eta \frac{d\zeta}{d\eta} + \eta' \frac{d\zeta}{d\eta'} = 2\zeta,$$

on en conclura

$$r' = r + (s' - s)\frac{\zeta}{r}, \qquad R' = R + (s' - s)\frac{\zeta}{r}\frac{dR}{dr},$$

en appelant R ce que devient R', quand on y met r au lieu de r'. On a enfin

$$Q + Q' = \frac{1}{2}\left(\frac{1}{\lambda} + \frac{1}{\lambda'}\right);$$

λ et λ' étant les rayons de courbure principaux de la surface de A, dont chacun devra être regardé comme positif ou comme négatif, selon que la ligne de courbure à laquelle il appartient tournera sa concavité ou sa convexité en-dehors de A : il est évident, en effet, que cela résulte du signe de ζ que supposent les expressions de x', y', z'.

Cela posé, je substitue ces différentes valeurs et celle de V dans les équations (1); j'effectue les intégrations relatives à l'angle θ, puis je supprime la partie de N indépendante de la courbure de B, afin de réduire N à N', ainsi qu'il a été dit plus haut; il vient

$$\left.\begin{aligned} T &= -\frac{\pi}{2}\int\!\!\int\!\!\int \frac{dR}{dx}\frac{u^3}{r}\,dudsds', \\ T' &= -\frac{\pi}{2}\int\!\!\int\!\!\int \frac{dR}{dy}\frac{u^3}{r}\,dudsds', \\ N' &= -\frac{\pi}{2}\left(\frac{1}{\lambda}+\frac{1}{\lambda'}\right)\int\!\!\int\!\!\int R\frac{u^3}{r}\,dudsds', \end{aligned}\right\} \quad (2)$$

en négligeant toujours les quantités du troisième ordre, par rapport à u, s, s'. La valeur de N' devrait renfermer d'autres termes du deuxième ordre, que l'on n'a cependant point écrit, parce qu'ils contenaient le facteur $s^2 - s'^2$ sous les signes $\int$, et que, pour cette raison, les intégrations relatives à s et s' les feraient disparaître.

Si nous faisons, pour abréger,

$$-\frac{1}{2}\pi\int\!\!\int\!\!\int R\frac{u^3}{r}\,dudsds' = q,$$

et que nous transportions en-dehors des signes $\int$, les différentiations relatives à x et y dans les valeurs de T et T', elles deviendront simplement

$$T = \frac{dq}{dx}, \qquad T' = \frac{dq}{dy}.$$

En ajoutant l'inconnue p à la valeur de N', pour former celle de N, on aura en même temps

$$N = p + q\left(\frac{1}{\lambda}+\frac{1}{\lambda'}\right).$$

Dans les usages qu'on fera de ces formules, on ne devra pas perdre de vue qu'elles exigent que la surface de B ne présente ni pointe ni arète vive près du point M, afin que la valeur de ζ, en fonction de n et n', puisse se développer en série convergente, suivant les puissances et les produits de n et n', et qu'il soit permis de réduire cette série, comme nous l'avons fait, à ses termes du second ordre. Si cette condition n'était pas remplie, notre analyse serait en défaut, et ces expressions de T, T', N, n'auraient plus lieu.

(24). Afin de réduire q à une intégrale simple, j'y mets d'abord us, us', uds, uds', à la place de s, s', ds, ds'; il en résulte

$$q = -\frac{1}{2}\pi\int\!\!\int\!\!\int R\frac{u^5}{r}\,dudsds',$$

$$r^2 = u^2\left[1+(s+s')^2\right].$$

Cette seconde équation donne

$$u^5 du = \frac{r^5 dr}{[1+(s+s')^2]^3};$$

on a donc

$$q = -\frac{1}{2}\pi \int_0^\infty \mathrm{R} r^4 dr \int_0^\infty \int_0^\infty \frac{ds ds'}{[1+(s+s')^2]^3},$$

c'est-à-dire

$$q = -\frac{1}{8}\pi \int_0^\infty \mathrm{R} r^4 dr,$$

en effectuant successivement les intégrations relatives à s et s' par les règles ordinaires, ou bien en mettant d'abord ss' et sds' à la place de s' et ds', puis intégrant par rapport à s', et ensuite par rapport à s.

Dans les liquides hétérogènes, cette quantité q variera d'un point à un autre, et devra être donnée en fonction des coordonnées du point auquel elle répond; dans un liquide homogène et à très peu près incompressible, on pourra la considérer comme constante, ainsi que la densité.

(25). Si la partie A du liquide enveloppe B de toutes parts, il faudra que les pressions résultantes de l'action de A sur toute l'étendue de B fassent équilibre au poids de B et aux autres forces données qui agissent sur sa masse. Or, dans le Mémoire déjà cité (n° 12), j'ai démontré que les forces tangentielles T et T' et la partie N' de la force normale, appliquées à tous les points de la surface quelconque de B, se détruisent d'elles-mêmes; et en prenant pour B une sphère d'un très petit rayon, j'ai aussi fait voir comment la considération de l'équilibre des forces données et de la pression normale et inconnue p, conduit aux équations connues de l'Hydrostatique. Ces équations déterminent, comme on sait, la valeur de p relative à un point quelcônque de l'intérieur du liquide, en fonction de ses coordonnées x, y, z, d'après les forces données qui agissent en ce point. Si ces forces se réduisent à la pesanteur, et qu'il s'agisse d'un liquide homogène, l'expression de p est simplement

$$p = c - \rho g z,$$

en prenant les z positives, verticales et en sens contraire de la pesanteur, désignant par ρ la densité du liquide, par g la pesanteur, et par c une constante arbitraire.

Supposons qu'on ait plongé dans ce liquide un tube quelconque, et qu'ensuite on ait versé au-dessus de ce liquide, dans l'intérieur du tube, un autre liquide homogène, dont nous représenterons la densité par ρ'. La valeur de p aura lieu pour un point quelconque M du premier liquide situé en-dehors ou en-dedans du tube, mais un tant soit peu éloigné de ses parois et de la surface de séparation des deux liquides. En désignant par p' et z' ce que deviennent p et z relativement à un point M' du second liquide, situé à une distance sensible de ses deux surfaces supérieure et inférieure, et des parois du tube, on aura

$$p' = c' - \rho' g z';$$

c' étant une constante arbitraire différente de c.

Pour déterminer c, plaçons le point M en-dehors du tube, à une distance insensible de la surface du liquide, qui surpasse néanmoins le rayon d'activité moléculaire, afin que l'expression de p soit applicable. Supposons en outre le point M assez éloigné du tube pour qu'en cette partie, la surface libre du liquide soit sensiblement plane et horizontale. Par le point M, menons un plan horizontal; par ce plan, élevons un cylindre vertical, qui sera terminé par la surface horizontale du liquide, que nous appellerons C, et dont la base, comprenant le point M, sera représentée par ω. Le produit $p\omega$ exprimera l'action du liquide inférieur sur C, laquelle force sera verticale et dirigée de bas en haut; et en même temps, C sera poussé en sens contraire par une force $\Pi\omega$, en désignant par Π la pression atmosphérique rapportée à l'unité de surface. De plus, quelle que soit la variation de la densité suivant l'épaisseur de la couche superficielle dont C fait partie, l'action de cette couche sur C consistera en des forces qui seront deux à deux égales et contraires, et se réduira conséquemment à zéro. Si donc on néglige le poids de C comme insensible, il faudra, pour l'équilibre de cette petite partie du liquide, que les forces contraires $p\omega$ et $\Pi\omega$ soient égales, ou qu'on ait $p = \Pi$. D'un autre côté, si nous prenons le niveau du liquide en-dehors du tube, pour le plan des x et y, nous aurons

$z = 0$ et $p = c$ pour la position du point M qu'on vient de supposer; nous aurons donc $c = \Pi$, et par conséquent

$$p = \Pi - \rho g z,$$

pour tous les points intérieurs du premier liquide compris en-dehors ou en-dedans du tube.

La variable z sera positive pour les points situés au-dessus du niveau de ce liquide, et négative pour les points situés au-dessous. Nous supposerons que la pression atmosphérique a aussi lieu, dans l'intérieur du tube, sur la surface du second liquide, et nous compterons les ordonnées z' à partir du même plan horizontal et dans le même sens que les ordonnées z; mais nous ne pourrons pas encore déterminer la constante c' que renferme l'expression de p', et dont la valeur dépendra de cette pression et du poids du liquide supérieur.

(26). Près de la surface de séparation de deux liquides superposés, la condensation varie très rapidement, en sorte que la densité de chaque liquide peut être très différente à la surface même et à une profondeur insensible. La loi de cette variation est inconnue, comme celle de l'action moléculaire, de laquelle elle dépend; mais cela n'empêche pas qu'on ne puisse former les équations d'équilibre relatives à la couche d'une épaisseur insensible, appartenant, en partie, à chacun des deux liquides, et qu'on n'en déduise l'équation de leur surface de séparation, dont la détermination est l'objet principal de ce chapitre.

Pour cela, transportons le point M très près de la surface de contact AOB (fig. 8) des deux liquides contenus dans le tube que nous considérons. Du point M, abaissons sur cette surface une perpendiculaire qui la rencontre en un point O, et se prolonge jusqu'au point M' du second fluide, aussi très rapproché de AOB. Divisons cette surface en élémens infiniment petits, terminés par ses deux séries de lignes de courbure; par tous leurs points, élevons des normales qui formeront des surfaces développables, par lesquelles les deux liquides superposés se trouveront décomposés en filets d'une épaisseur infiniment petite et variable. Par les points M et M', traçons deux surfaces CMD et C'M'D', qui coupent aussi à angles droits toutes les normales à la surface AOB. Appelons A le liquide terminé par CMD, A' celui qui a pour limite C'M'D', B la couche liquide comprise entre ces deux surfaces, C le filet MOM′ de B, ω et ω' les bases ou les sections normales de ce filet qui répondent aux points M et M′. Quoique les distances MO et M′O de ces deux points à la surface AOB soient insensibles, on pourra cependant les supposer assez grandes pour que les actions de A et A′ sur C ne s'étendent pas jusqu'aux points où les condensations des deux liquides varient très rapidement; c'est-à-dire qu'on pourra considérer M et M′ comme des points intérieurs de ces deux liquides, et déterminer, en conséquence, les actions totales de A et A′ sur C par les formules du n° 23. Alors, les composantes de l'action de A seront

$$\left[p+q\left(\frac{1}{\lambda}+\frac{1}{\lambda'}\right)\right]\omega, \quad \frac{dq}{dx}\omega, \quad \frac{dq}{dy}\omega;$$

la première étant normale et dirigée de M vers M′, et les deux autres tangentes à la surface CMD. En désignant par q' ce que devient la quantité q relativement au liquide supérieur, et observant que les courbures de A et A′ sont sensiblement égales, mais tournées en sens contraires, on aura

$$\left[p'-q'\left(\frac{1}{\lambda}+\frac{1}{\lambda'}\right)\right]\omega', \quad \frac{dq'}{dx}\omega', \quad \frac{dq'}{dy}\omega',$$

pour les composantes de l'action de A′ sur C; la première dirigée de M′ vers M, ou en sens contraire de la force normale précédente, et les dernières parallèles aux deux autres forces. Les coordonnées x et y sont parallèles au plan tangent en M à la surface CMD, et par conséquent les mêmes pour les deux points M et M′; les quantités p et p' sont déterminées par le numéro précédent. Nous représenterons, en outre, par $P\omega$, $Q\omega$, $Q'\omega$, les composantes de l'action exercée par la couche B sur le filet C qui en fait partie; la première de ces forces étant normale et dirigée de M vers M′, et les deux dernières parallèles aux axes des x et des y, comme les autres forces tangentielles.

On pourra négliger le poids de C par rapport à ces différentes forces, à cause que sa longueur MM′ est insensible, et regarder, par la même raison, le rapport de ω' à ω comme égal à l'unité. Cela posé, pour l'équilibre de C, il faudra que la somme des forces précédentes soit nulle, suivant chaque direction, ce qui donne les trois équations :

$$\left.\begin{aligned} &Q + \frac{d(q+q')}{dx} = 0, \\ &Q' + \frac{d(q+q')}{dy} = 0, \\ &P + p - p' + (q+q')\left(\frac{1}{\lambda} + \frac{1}{\lambda'}\right) = 0. \end{aligned}\right\} \quad (3)$$

Il ne restera donc plus qu'à déterminer les valeurs de P, Q, Q', par un calcul analogue à celui des nos 22 et 23, que nous allons exposer succinctement.

(27). Soit m un point de C, et m_1 un point de B. Désignons par s et s_1 les perpendiculaires Mm et M$_1m_1$, abaissées de ces deux points sur la surface CMD. Ces deux droites tombant d'un même côté de cette surface, tandis que dans les numéros cités les perpendiculaires s et s', abaissées des points m et m', tombaient de deux côtés différens, il faudra d'abord changer s' en $-s_1$ dans les formules de ces numéros. De plus, si l'on décompose B en couches infiniment minces, qui coupent à angle droit les normales à la surface AOB, la condensation du liquide variera par degrés insensibles, dans toute l'étendue de chacune de ces couches; mais, d'une couche à une autre, elle variera très rapidement, comme il a été dit plus haut. Il s'ensuit que, relativement aux perpendiculaires s et s_1, la fonction qui exprime la loi de l'action moléculaire variera aussi très rapidement, et ne pourra plus se réduire en série convergente ordonnée suivant leurs puissances et leurs produits. Toutefois, cette fonction sera toujours symétrique par rapport à s et s_1; les intégrales relatives à ces deux variables auront les mêmes limites zéro et l, en désignant par l l'épaisseur MM' de B; par conséquent, cette double intégration fera disparaître les termes qui auront pour facteur la différence $s - s_1$; et cela étant, au lieu des formules (2), on trouvera sans difficulté celles-ci :

$$Q = \frac{dq_1}{dx}, \quad Q' = \frac{dq_1}{dy}, \quad P = q_1\left(\frac{1}{\lambda} + \frac{1}{\lambda'}\right),$$

en faisant, pour abréger,

$$q_1 = -\frac{\pi}{2}\int_0^\infty\int_0^l\int_0^l R_1 \frac{u^3}{r} du ds ds_1,$$

$$r^2 = u^2 + (s - s_1)^2,$$

et désignant par R_1 une fonction de r, s, s_1, qui deviendra insensible pour toute valeur sensible de r.

Cette fonction R_1 variera aussi très rapidement avec s et avec s_1, et de la même manière par rapport à chacune de ces deux variables; elle changera de forme dans l'étendue des intégrations relatives à s et à s_1, selon qu'elle proviendra de l'action du premier ou du second liquide sur lui-même, ou des molécules de l'un sur celles de l'autre. Ainsi, elle sera une certaine fonction S pour les valeurs de s et s_1, toutes deux moindres que MO ; une autre fonction S' pour les valeurs de s et s_1, toutes deux plus grandes que MO; et une troisième fonction S_1, quand l'une des deux variables s et s_1 sera plus grande et l'autre plus petite que MO. Mais ces trois fonctions S, S', S_1, nous étant inconnues, il faudra considérer q_1 comme une quantité dépendante de la nature des deux liquides, dont la valeur ne pourrait être donnée que par l'expérience.

(28). L'épaisseur de B, quoique insensible, pouvant être néanmoins plus ou moins grande, on pourrait croire que l'intégrale représentée par q_1 change de valeur avec l, et, par suite, que les équations (3) dépendent de cette quantité arbitraire, ce qui serait absurde. Mais il est facile de prouver que les variations dont la grandeur de l est susceptible n'influent pas sensiblement sur la valeur de q_1.

En effet, soit M'' un point de A' situé sur le prolongement de MM', et tel que M'M'' soit insensible, mais plus grand que le rayon d'activité moléculaire. Désignons M'M'' et MM'' par ε et l', en sorte qu'on ait $l' = l + \varepsilon$; à cause de la symétrie de R_1 par rapport à s et s_1, nous aurons

$$\int_0^{l'}\int_0^{l'} R_1 \frac{ds ds_1}{r} = \int_0^l\int_0^l R_1 \frac{ds ds_1}{r} + 2\int_0^l\int_l^{l+\varepsilon} R_1 \frac{ds ds_1}{r} + \int_l^{l+\varepsilon}\int_l^{l+\varepsilon} R_1 \frac{ds ds_1}{r}. \qquad (4)$$

Si nous faisons

$$s = l - x, \quad s_1 = l + x_1,$$

il en résultera

$$\int_0^l \int_l^{l+1} R_1 \frac{ds ds_1}{r} = \int_0^l \int_0^1 R_1 \frac{dx dx_1}{r},$$

$$r^2 = u^2 + (x + x_1)^2;$$

et d'après cette valeur de r^2 et l'hypothèse du n° 26, sur la grandeur de MM' ou l, les intégrales relatives à x et x_1 ne comprendront pas les valeurs de R_1 qui varient très rapidement. On y pourra donc considérer la fonction R_1 comme indépendante de x et de x_1 en-dehors de r; on pourra aussi étendre ces intégrales depuis $x = 0$ et $x_1 = 0$ jusqu'à $x = \infty$ et $x_1 = \infty$: cela étant, on aura

$$\int_0^\infty \int_0^l \int_l^{l+1} R_1 \frac{u^3}{r} du ds ds_1 = \int_0^\infty \int_0^\infty \int_0^\infty R_1 \frac{u^3}{r} du dx dx_1;$$

et, par le calcul du n° 24, on réduira cette intégrale triple à une intégrale simple; d'où il résultera

$$\int_0^\infty \int_0^l \int_l^{l+1} R_1 \frac{u^3}{r} du ds ds_1 = \frac{1}{4} \int_0^\infty R_1 r^4 dr. \qquad (5)$$

Soit encore

$$s = l + y, \qquad s_1 = l + y_1;$$

nous aurons

$$\int_l^{l+1} \int_l^{l+1} R_1 \frac{ds ds_1}{r} = \int_0^1 \int_0^1 R_1 \frac{dy dy_1}{r},$$

$$r^2 = u^2 + (y - y_1)^2;$$

et, dans ces intégrations, nous pourrons considérer R_1 comme une fonction indépendante de y et y_1 en-dehors de r. Alors, en désignant par R_2 une autre fonction de r, qui devienne aussi nulle pour toute valeur sensible de r, et supposant qu'on ait

$$R_1 = -\frac{dR_2}{dr},$$

il s'ensuivra

$$\frac{u}{r} R_1 = -\frac{dR_2}{du}, \quad \frac{y - y_1}{r} R_1 = -\frac{dR_2}{dy};$$

8..

et si l'on intègre par partie, d'abord par rapport à u, et ensuite par rapport à y, on en conclura

$$\int_0^\infty \int_0^l R_1 \frac{u^3}{r} dudy = 2\int_0^\infty \int_0^l R_1 ududy$$
$$= 2\int_0^\infty \int_0^l R_1 \frac{(y-y_1)yu}{r} dudy.$$

On aura donc

$$\int_0^\infty \int_0^l \int_0^l R_1 \frac{u^3}{r} dudydy_1 = 2\int_0^\infty \int_0^l \int_0^l R_1 \frac{(y-y_1)yu}{r} dudydy_1;$$

équation que l'on transformera, par l'analyse du n° 9, en celle-ci :

$$\int_0^\infty \int_0^l \int_0^l R_1 \frac{u^3}{r} dudydy_1 = \frac{2\iota}{3}\int_0^\infty R_1 r^3 dr - \frac{1}{2}\int_0^\infty R_1 r^4 dr. \quad (6)$$

Cela posé, au moyen des équations (4), (5) et (6), nous aurons finalement

$$\int_0^\infty \int_0^{l'} \int_0^{l'} R_1 \frac{u^3}{r} dudsds_1 = \int_0^\infty \int_0^l \int_0^l R_1 \frac{u^3}{r} dudsds_1 + \frac{2\iota}{3}\int_0^\infty R_1 r^3 dr;$$

la quantité r contenue dans les intégrales triples étant donnée par l'équation

$$r^2 = u^2 + (s - s_1)^2,$$

comme dans l'expression de q_1. Or, on voit par là que le changement de l en l' ne fait varier l'intégrale représentée par q_1 que d'une quantité insensible, ayant pour facteur ι, et de l'ordre de celles que nous avons négligées dans les équations (3) ; ce qu'il s'agissait de vérifier.

(29). Je substitue dans les deux premières équations (3), les valeurs trouvées pour Q et Q'; il vient

$$\frac{d(q+q'+q_1)}{dx} = 0, \quad \frac{d(q+q'+q_1)}{dy} = 0;$$

ce qui montre que dans l'état d'équilibre de deux liquides superposés, la quantité $q+q'+q_1$ est constante dans toute l'étendue de leur surface de contact. Nous ferons

$$q + q' + q_{,} = \frac{1}{2} G ;$$

et nous regarderons G comme une quantité dépendante de la matière et de la température de l'un et l'autre liquide, dont le signe et la valeur numérique seront donnés dans chaque cas particulier.

Si l'on applique les valeurs de p et p' du n° 25 aux points M et M' de la figure 8, on y pourra faire $z' = z$, et considérer z comme l'ordonnée verticale du point quelconque O de la surface de séparation des deux liquides. Substituant ensuite ces valeurs et celle de P dans la troisième équation (3), on aura

$$\Pi - c' - (\rho - \rho') g z + \frac{1}{2} G \left(\frac{1}{\lambda} + \frac{1}{\lambda'} \right) = 0, \quad (7)$$

pour l'équation commune à tous les points de cette surface qui ne sont pas compris dans la sphère d'activité du tube. On se souviendra que le plan des x et y est celui du niveau du liquide inférieur en-dehors du tube, que l'axe des z positives est dirigé en sens contraire de la pesanteur, et que chacun des rayons de courbure λ et λ' est regardé comme positif ou comme négatif, selon qu'au point O la ligne de courbure à laquelle il appartient tourne sa concavité ou sa convexité en-dehors du liquide inférieur, ou, ce qui revient au même, en-dedans du liquide supérieur.

D'après la théorie connue de la courbure des surfaces, on aura alors

$$\frac{1}{\lambda} + \frac{1}{\lambda'} = \frac{\left(1 + \frac{dz^2}{dy^2}\right) \frac{d^2z}{dx^2} - 2 \frac{dz}{dx} \frac{dz}{dy} \frac{d^2z}{dxdy} + \left(1 + \frac{dz^2}{dx^2}\right) \frac{d^2z}{dy^2}}{\left(1 + \frac{dz^2}{dx^2} + \frac{dz^2}{dy^2}\right)^{\frac{3}{2}}} ; \quad (8)$$

et pour déterminer le signe du dénominateur, qui est ambigu, on concevra, par le point dont les coordonnées sont x, y, z, une normale en-dehors du liquide inférieur et une verticale en sens contraire de la pesanteur : le dénominateur devra être positif ou négatif, selon que ces deux droites feront un angle aigu ou obtus. En substituant cette valeur de $\frac{1}{\lambda}+\frac{1}{\lambda'}$ dans l'équation précédente, on aura l'équation de la surface de séparation des deux liquides, dans laquelle il restera encore à déterminer la constante c'.

(30). La surface libre du liquide supérieur, qui le sépare du fluide atmosphérique, est évidemment, à l'égard de ces deux fluides, ce qu'était la surface que nous venons de considérer, relativement aux deux liquides contenus dans le tube. De plus, en passant de ceux-ci aux deux autres, les pressions p et p' se changeront respectivement en p' et Π. Si donc on désigne par H ce que G devient par rapport au liquide supérieur et au fluide atmosphérique, par μ et μ' les rayons de courbure principaux en un point quelconque de leur surface de séparation, par z' l'ordonnée verticale de ce même point, et par δ la densité de l'air, il suffira de remplacer G, λ, λ', Π, c', ρ, ρ', z, dans l'équation (7), par H, μ, μ', c', Π, ρ', δ, z', pour avoir l'équation de la surface libre du liquide supérieur. Cette équation sera donc

$$c'-\Pi-(\rho'-\delta)gz'+\tfrac{1}{2}H\left(\frac{1}{\mu}+\frac{1}{\mu'}\right)=0; \quad (9)$$

et la valeur de $\frac{1}{\mu}+\frac{1}{\mu'}$ se déduira de celle de $\frac{1}{\lambda}+\frac{1}{\lambda'}$, en y changeant z en z'.

Le volume terminé par les surfaces qui repondent aux équations (7) et (9), et par la surface intérieure du tube, sera une certaine fonction de la constante c' qui entre dans ces deux équations. En égalant cette fonction, dans chaque exemple, au volume du liquide supérieur, dont la valeur numérique sera donnée, on obtiendra l'équation qui servira à déterminer la valeur de c'.

Dans le cas particulier où les deux liquides que le tube renferme seront de la même matière et n'en formeront plus qu'un seul, on aura $\rho'=\rho$, $q'=q$; il n'y aura plus de variation rapide de densité près de leur surface de séparation, et la quantité R_1, qui entre dans l'expression de q_1, pourra être remplacée par la quantité R, d'où dépend la valeur de q : en mettant l, s, s_1, au lieu de ϵ, y, y_1, dans l'équation (6), on en conclura

$$-\frac{1}{2}\pi\int_0^\infty\int_0^l\int_0^l R_1\frac{u^3}{r}dudsds_1 = \frac{\pi}{4}\int_0^\infty Rr^4dr - \frac{\pi l}{3}\int_0^\infty Rr^3dr,$$

ou sensiblement $q_1 = -2q$, d'après les expressions de q et de q_1, des nos 24 et 27. On aura donc $G = 0$. De plus, la valeur de p du n° 25 devant alors convenir à tous les points des deux liquides, et coïncider, par conséquent, avec celle de p', il faudra qu'on ait $c' = c = \Pi$. Au moyen de ces valeurs de ρ', G et c', l'équation (7) s'évanouit ; ce qui devait effectivement arriver, puisque, dans ce cas, il n'y a plus de condition particulière d'équilibre à la surface de séparation des deux liquides, qui sont les deux parties d'un même fluide. En même temps, l'équation (9) devient

$$(\rho - \delta)gz = \frac{1}{2}H\left(\frac{1}{\lambda} + \frac{1}{\lambda'}\right), \quad (10)$$

en employant la lettre z, au lieu de z'. Ce sera l'équation de la surface libre du liquide unique contenu dans le tube.

On parvient au même résultat en faisant $\rho' = \delta$, $c' = \Pi$, $G = H$, dans l'équation (7); ce qui revient à supprimer le liquide supérieur, et à supposer que l'atmosphère presse directement sur le fluide inférieur. Si l'on supprime, au contraire, le liquide inférieur, et qu'on le remplace par le fluide atmosphérique, il faudra faire $\rho = \delta$ et $G = H$ dans l'équation (7); on aura alors

$$\Pi - c' + (\rho' - \delta)gz - \frac{1}{2}H\left(\frac{1}{\lambda} + \frac{1}{\lambda'}\right) = 0, \quad (11)$$

où l'on a changé le signe du dernier terme, afin que chacun des rayons λ et λ' soit positif ou négatif, selon que la ligne de courbure à laquelle il appartient tournera sa concavité ou sa convexité en-dehors du liquide qui subsiste, et que la valeur de $\frac{1}{\lambda} + \frac{1}{\lambda'}$ soit donnée par la formule (8), en suivant, pour le signe de son dénominateur, la règle du numéro précédent.

Les équations (9) et (11) seront celles des surfaces supérieure et inférieure d'un liquide pesant, pressé de part et d'autre par l'atmosphère, et suspendu en équilibre dans un tube de forme quelconque. La constante c' se déterminera, comme on l'a dit tout à l'heure, d'après le volume du liquide ; le plan des x et y ne sera plus déterminé, et l'on pourra le choisir arbitrairement, pourvu qu'il soit toujours horizontal. Toutefois, si la surface supérieure est un plan horizontal indéfiniment prolongé, le volume du liquide ne sera plus donné ; mais, en prenant ce plan pour celui des x et y, on aura alors $c' = c = \Pi$ (nº 25). Ce cas aura lieu lorsque le tube, au lieu d'être immergé par sa partie inférieure, sera adapté, par son autre extrémité, au bas d'un vase d'une très grande largeur, où le liquide s'élève à une hauteur quelconque. En mettant ρ au lieu de ρ', l'équation de la surface inférieure du liquide contenu dans ce tube sera donc

$$g(\rho - \delta)z = \frac{1}{2}H\left(\frac{1}{\lambda} + \frac{1}{\lambda'}\right);$$

et l'on voit qu'elle aura la même forme que l'équation (10), qui appartient à la surface supérieure du liquide dans le cas de l'immersion du tube.

(31). Quoique la considération de l'équilibre du filet fluide d'épaisseur variable, que nous avons appelé C (nº 26), soit le moyen le plus simple de former l'équation de la surface capillaire, il ne sera cependant pas inutile de montrer que l'on peut aussi la déduire de l'équilibre d'un filet cylindrique. Par là, nous ferons voir, d'une manière nouvelle, la nécessité d'avoir égard à la variation rapide de densité qui a lieu près de la surface d'un liquide, et nous mettrons en évidence la quantité que l'on néglige et l'erreur que l'on commet, lorsqu'on ne tient pas compte de cet élément essentiel de la question. Pour plus de simplicité, nous supposerons qu'il n'y ait qu'un seul liquide, que nous placerons dans le vide, afin de n'avoir pas à considérer l'action mutuelle des molécules de l'air atmosphérique et de ce liquide. L'analyse suivante s'appliquerait également au cas de la surface de séparation de deux fluides quelconques.

Soit toujours O (fig. 9) un point de la surface libre AOB du liquide, situé à une distance sensible des parois du tube. Soit OE un filet normal et cylindrique ayant pour base un élément ω de cette surface. Par un point F appartenant à ce filet, et situé à une distance insensible de la surface, menons un plan C'FD' parallèle au plan

COD tangent en O. Supposons, néanmoins, cette distance assez grande pour que l'action du liquide indéfini, terminé par le plan C'FD', sur le filet FO, ne s'étende pas jusqu'aux points où la densité varie très rapidement. La composante de cette force, perpendiculaire au plan C'FD' et dirigée du point F vers le point O, sera égale à $p\omega$; et, à cause que l'on suppose nulle la pression extérieure Π, on aura, d'après le n° 25,

$$p = -\rho g z;$$

z étant l'ordonnée verticale du point F, ou, si l'on veut, du point O. Appelons $\varpi\omega$ l'action exercée, suivant cette même direction, sur FO, par le liquide compris entre le plan C'FD' et la surface AOB. En négligeant le poids de FO, il faudra qu'on ait

$$p + \varpi = 0,$$

pour l'équilibre de cette petite partie du liquide. Lors donc qu'on aura déterminé convenablement la valeur de ϖ, cette équation devra coïncider avec l'équation (10), en faisant dans celle-ci $\delta = 0$, et réduisant à $q + q_1$ le coefficient $\frac{1}{2}$H.

(32). Pour obtenir cette valeur, soit M un point quelconque de FO, et M' un point du liquide environnant compris dans la sphère d'activité de M. Désignons par t et t' les perpendiculaires abaissées de ces deux points sur le plan COD. Soit r la distance MM', u sa projection sur ce plan, θ l'angle que fait cette projection avec une droite fixe, menée dans ce même plan par le point O; on aura

$$r^2 = u^2 + (t - t')^2.$$

Les élémens de volume qui répondent aux points M et M' seront ωdt et $ududt'd\theta$, et l'on pourra représenter leur action mutuelle par

$$R'\omega ududtdt'd\theta;$$

R' étant la mesure de l'action moléculaire, rapportée aux unités de volume et relative à la matière du liquide autour de ces deux points. Le cosinus de l'angle M'MO aura pour valeur $\frac{t - t'}{r}$. D'après cela, si l'on prolonge la perpendiculaire M'G, abaissée du point M' sur le plan COD, jusqu'au point G′ où elle rencontre le plan C′FD′, et jusqu'au point K où elle coupe la surface AOB ; si, de plus, on appelle l et ζ les longueurs des parties GG′ et GK de la droite G′K, on aura

$$\varpi = -\int_0^\infty \int_0^l \int_{-\zeta}^l \int_0^{2\pi} R' \frac{t-t'}{r} ududtdt'd\theta,$$

en regardant comme positive ou comme négative la force R′, selon qu'elle est répulsive ou attractive, et la quantité ζ, suivant que le point M′ tombe entre la surface AOB et le plan tangent COD, ou entre les deux plans parallèles COD et C′FD′.

La valeur de cette quantité ζ, qu'on a déjà plusieurs fois employée, sera

$$\zeta = Qu^2 \cos^2\theta + Q'u^2 \sin^2\theta + Q''u^2 \cos\theta \sin\theta\,;$$

Q, Q′, Q″, étant des coefficiens indépendans de u et θ, dont la somme des deux premiers est

$$Q + Q' = \frac{1}{2}\left(\frac{1}{\lambda} + \frac{1}{\lambda'}\right),$$

en désignant par λ et λ' les mêmes quantités que dans l'équation (10).

La quantité R′ sera une fonction de r qui deviendra insensible pour toute valeur sensible de cette variable, ce qui a permis d'étendre jusqu'à l'infini l'intégrale relative à u ; elle dépendra en outre de la position des points M et M′. A l'égard des coordonnées de M′ parallèles au plan COD, elle variera par degrés insensibles. En leur donnant le point O pour origine, on pourra la développer en série convergente, suivant leurs puissances et leurs produits ; et si l'on s'arrête à leurs premières puissances inclusivement, les termes qui les contiendraient, disparaîtront par l'intégration relative à l'angle θ. Mais R′ variera très rapidement par rapport à la variable t ; et si nous désignons par σ la perpendiculaire M′L abaissée du point M′ sur la surface AOB, R′ variera de même par rapport à σ, et sera une fonction symétrique de t et σ. D'ailleurs, on aura, au degré d'approximation où l'on s'est arrêté,

$$\sigma = t' + \zeta, \quad R' = R_1 + \zeta\left(\frac{dR_1}{dt'}\right),$$

en désignant par R_1 ce que devient R' quand on y met t' au lieu de σ, et les parenthèses indiquant qu'on ne fait pas varier r dans la différentiation relative à t'. A ce même degré d'approximation, on aura en même temps

$$\int_{-\zeta}^{l} R' \frac{t-t'}{r} dt' = \int_{0}^{l} R_1 \frac{t-t'}{r} dt' + \int_{0}^{l} \left(\frac{dR_1}{dt'}\right) \frac{t-t'}{r} \zeta dt' + P \frac{t\zeta}{\rho};$$

P et ρ étant les valeurs de R_1 et de r qui répondent à $t' = 0$.

L'expression de ϖ deviendra donc

$$\begin{aligned}\varpi = & \int_{0}^{\infty}\int_{0}^{l}\int_{0}^{l}\int_{0}^{2\pi} R_1 \frac{t'-t}{r} ududtdt'd\theta \\ & - \int_{0}^{\infty}\int_{0}^{l}\int_{0}^{2\pi} P \frac{t\zeta}{\rho} ududtd\theta \\ & + \int_{0}^{\infty}\int_{0}^{l}\int_{0}^{l}\int_{0}^{2\pi} \left(\frac{dR_1}{dt'}\right) \frac{(t'-t)\zeta}{r} ududtdt'd\theta.\end{aligned}$$

A cause que R_1 est une fonction symétrique par rapport à t et t', l'intégration relative à ces deux variables fera disparaître le premier terme; et en ayant égard à la valeur de ζ, et effectuant les intégrations relatives à θ, on aura simplement

$$\begin{aligned}\varpi = & -\frac{\pi}{2}\left(\frac{1}{\lambda} + \frac{1}{\lambda'}\right) \int_{0}^{\infty}\int_{0}^{l} P \frac{tu^3}{\rho} dudt \\ & + \frac{\pi}{2}\left(\frac{1}{\lambda} + \frac{1}{\lambda'}\right) \int_{0}^{\infty}\int_{0}^{l}\int_{0}^{l} \left(\frac{dR_1}{dt'}\right) \frac{(t'-t)u^3}{r} dudtdt', \qquad (12)\end{aligned}$$

où l'on peut remarquer que la quantité R_1 est la même que celle qui entre dans l'expression de q_1 (n° 27), en mettant dans celle-ci $l-t$ et $l-t'$ à la place de s et s_1.

Le premier terme de cette dernière formule exprime la partie de ϖ qui provient de l'action du ménisque compris entre la surface AOB et le plan tangent COD, sur le filet OE; le second est la partie provenant de l'action du liquide compris entre les deux plans COD et C'FD', sur la portion OF de ce filet cylindrique. La fonction R_1 variant très rapidement, par hypothèse, avec la variable t' qu'elle renferme en-dehors de r, cette circonstance rend $\left(\frac{dR_1}{dt'}\right)$ extrêmement grand par rapport à R_1, et le second terme de ϖ comparable au premier. L'erreur de la méthode que nous avons rappelée au commencement du chapitre précédent, consiste donc en ce qu'on y néglige le dernier terme de ϖ, ou, autrement dit, en ce qu'on y considère comme nulle l'action du liquide compris entre les deux plans parallèles COD et C'FD', sur le filet OF qui en fait partie. Il reste à faire voir qu'en ayant égard à ce dernier terme, l'équation $p + \varpi = 0$ coïncide avec l'équation (10), qu'on a formée d'une tout autre manière.

(33). Soient v et v' les volumes de deux parties très petites du liquide, comprenant respectivement les points M et M', qui en seront, par exemple, les centres de gravité. Supposons leurs dimensions insensibles par rapport au rayon d'activité moléculaire; leur action mutuelle sera le produit $vv'R'$, et l'action totale du liquide sur v, décomposée suivant la droite MF, aura pour expression,

$$v\Sigma R' \frac{t'-t}{r} v',$$

en étendant la somme Σ à toutes les parties v' du liquide qui sont comprises dans la sphère d'activité de M. Désignons par γ la densité du liquide qui a lieu en ce point, et par g' la composante de la pesanteur suivant la direction MF; pour l'équilibre de la partie insensible du liquide dont le volume est v, il faudra donc qu'on ait

$$g'\gamma + \Sigma R' \frac{t'-t}{r} v' = 0;$$

équation qui détermine implicitement γ en fonction de t', mais dont on ne pourrait pas déduire la valeur de cette densité sans connaître l'expression de R', qui dépend elle-même de cette inconnue.

Je rétablis le facteur v, et je multiplie par t le premier membre de cette équation, puis je prends la somme de ses valeurs relatives à toutes les parties v du liquide qui ont leurs centres sur le filet OF; il en résulte

$$\Sigma g'\gamma tv + \Sigma \left(\Sigma R' \frac{t'-t}{r} v'\right) tv = 0.$$

Le premier terme est le poids de la portion du liquide à laquelle se rapporte cette nouvelle sommation, décomposé suivant la direction MF et multiplié par la distance de son centre de gravité au point O. A cause que la longueur de OF est insensible, on peut négliger ce produit par rapport au second terme; de plus, d'après ce qu'on a dit dans le n° 13, on peut aussi remplacer dans celui-ci, v et v' par les élémens de volume infiniment petits ωdt et $ududt'$, et changer ensuite les sommes Σ en intégrales définies. De cette manière, on aura donc

$$\omega \int_0^\infty \int_0^l \int_{-\zeta}^\infty \int_0^{2\pi} \mathrm{R}' \frac{(t'-t)t}{r} ududtdt'd\theta = 0;$$

la seconde limite de l'intégrale relative à t' étant l'infini, parce que le liquide s'étend indéfiniment, ou du moins à une distance sensible, au-delà du plan C'FD', et les autres limites étant les mêmes que dans la première expression de ϖ. En négligeant les quantités du même ordre que dans les calculs précédens, on pourra mettre R_1 au lieu de R', et remplacer par zéro la première limite $-\zeta$ de l'intégrale relative à t'; effectuant ensuite l'intégration relative à θ, et supprimant le facteur ω, nous aurons.

$$2\pi \int_0^\infty \int_0^l \int_0^\infty \mathrm{R}_1 \frac{(t'-t)t}{r} ududtdt' = 0,$$

ou, ce qui est la même chose,

$$2\pi \int_0^\infty \int_0^l \int_0^l \mathrm{R}_1 \frac{(t'-t)t}{r} ududtdt'$$
$$+ 2\pi \int_0^\infty \int_0^l \int_l^\infty \mathrm{R}_1 \frac{(t'-t)t}{r} ududtdt' = 0. \quad (13)$$

Je fais dans cette dernière intégrale

$$t = l - s, \quad t' = l + s', \quad dt = -ds, \quad dt' = ds';$$

la fonction R_1 qu'elle renferme se changera alors dans la fonction R relative à l'intérieur du liquide; et nous aurons

$$\int_0^\infty \int_0^l \int_l^\infty \mathrm{R}_1 \frac{(t'-t)tu}{r} dudtdt' = l \int_0^\infty \int_0^l \int_0^\infty \mathrm{R} \frac{(s'+s)u}{r} dudsds'$$
$$- \int_0^\infty \int_0^l \int_0^\infty \mathrm{R} \frac{(s'+s)su}{r} dudsds',$$
$$r^2 = u^2 + (s+s')^2.$$

On peut négliger le terme qui renferme le facteur l en-dehors des signes $\int$, et étendre, dans l'autre terme, l'intégrale relative à s jusqu'à l'infini; mettant ensuite us', us, uds', uds, au lieu de s', s, ds', ds, il en résultera

$$2\pi\int_0^\infty\int_0^l\int_l^\infty R_1\,\frac{(t'-t)tu}{r}\,dudtdt'=-2\pi\int_0^\infty\int_0^\infty\int_0^\infty R\,\frac{(s'+s)su^5}{r}\,dudsds',$$

$$r^2=u^2[1+(s+s')^2]^2,$$

ou bien, en vertu de cette valeur de r^2,

$$2\pi\int_0^\infty\int_0^l\int_l^\infty R_1\frac{(t'-t)tu}{r}\,dudtdt'=-2\pi\int_0^\infty Rr^4dr\int_0^\infty\int_0^\infty\frac{(s'+s)sdsds'}{[1+(s+s')^2]^3}=2q,$$

en effectuant les intégrations relatives à s' et à s, et ayant égard à l'expression de q du n° 24.

On a identiquement

$$2\int_0^l\int_0^l R_1\,\frac{(t'-t)t}{r}\,dtdt'=\int_0^l\int_0^l R_1\,\frac{(t'^2-t^2)}{r}\,dtdt'-\int_0^l\int_0^l R_1\,\frac{(t'-t)^2}{r}\,dtdt'.$$

La symétrie de la fonction R_1, par rapport à t et t', rend nulle la première intégrale qui renferme le facteur t'^2-t^2 sous les signes $\int$; on aura donc

$$2\pi\int_0^\infty\int_0^l\int_0^l R_1\,\frac{(t'-t)t}{r}\,ududtdt'=-\pi\int_0^\infty\int_0^l\int_0^l R_1\,\frac{(t'-t)^2}{r}\,ududtdt';$$

et, d'après ces transformations des deux termes de l'équation (13), elle deviendra

$$\pi\int_0^\infty\int_0^l\int_0^l R_1\,\frac{(t'-t)^2}{r}\,ududtdt'=2q. \qquad (14)$$

Cette équation, déduite, comme on voit, de la condition d'équilibre d'une petite partie quelconque du filet OF, exprime que l'action totale du liquide sur ce filet, de longueur insensible, serait la même, soit que son épaisseur fût variable, ou qu'elle fût constante: elle nous était nécessaire pour la transformation de la formule (12), que nous devons effectuer.

(34). En vertu de l'équation

$$r^2=u^2+(t'-t)^2,$$

nous avons

$$\left(\frac{dR_1}{dt'}\right) = \frac{dR_1}{dt'} - \frac{dR_1}{dr}\,\frac{t'-t}{r}, \qquad \frac{dR_1}{du} = \frac{dR_1}{dr}\,\frac{u}{r},$$

en faisant varier t' et r dans $\frac{dR}{dt'}$, et seulement t' dans $\left(\frac{dR_1}{dt'}\right)$. On conclut de là

$$\int_0^l \left(\frac{dR_1}{dt'}\right) \frac{(t'-t)u}{r}\,dt' = u\int_0^l \frac{dR_1}{dt'}\,\frac{t'-t}{r}\,dt' - \int_0^l \frac{dR_1}{du}\,\frac{(t'-t)^2}{r}\,dt'.$$

A la limite $t'=0$, on a $R_1 = P$, $r=\rho$, et à l'autre limite $t'=l$; cette fonction R_1 se change en R, si l'on y fait

$$l-t=s, \qquad r^2 = u^2 + s^2.$$

En intégrant par partie, on aura donc

$$\int_0^l \frac{dR_1}{dt'}\,\frac{t'-t}{r}\,dt' = R\,\frac{s}{r} + P\,\frac{t}{\rho} - \int_0^l R_1\,\frac{u^2}{r^3}\,dt',$$

et, par conséquent,

$$\int_0^l \left(\frac{dR_1}{dt'}\right) \frac{(t'-t)u}{r}\,dt' = R\,\frac{su}{r} + P\,\frac{tu}{\rho}$$
$$-\int_0^l R_1\,\frac{u^3}{r^3}\,dt' - \int_0^l \frac{dR_1}{du}\,\frac{(t'-t)^2}{r}\,dt';$$

ce qui change d'abord l'équation (12) en celle-ci :

$$\varpi = \frac{\pi}{2}\left(\frac{1}{\lambda} + \frac{1}{\lambda'}\right)\Big[\int_0^\infty \int_0^l R\,\frac{su^3}{r}\,duds$$
$$-\int_0^\infty \int_0^l \int_0^l \left(\frac{dR_1}{du}\,\frac{(t'-t)^2 u^2}{r} + R_1\,\frac{u^5}{r^3}\right) dudtdt'\Big].$$

D'après la valeur de r qu'on doit employer dans l'intégrale double, on pourra étendre jusqu'à l'infini l'intégrale relative à s; en y mettant ensuite us et uds, au lieu de s et ds, on aura

$$\int_0^l R\,\frac{su^3}{r}\,ds = \int_0^\infty R\,\frac{su^5}{r}\,ds, \qquad r^2 = u^2(1+s^2);$$

d'où l'on conclura

$$\frac{\pi}{2}\int_0^\infty \int_0^l R\,\frac{su^3}{r}\,duds = \frac{\pi}{2}\int_0^\infty Rr^4 dr \int_0^\infty \frac{sds}{(1+s^2)^3} = -q.$$

En intégrant par partie relativement à u, et observant que dans l'intégrale triple on a $r^2 = u^2 + (t'-t)^2$, il vient

$$\int_0^\infty \frac{dR_1}{du}\,\frac{(t'-t)^2u^2}{r}\,du = -2\int_0^\infty R_1\,\frac{(t'-t)^2u}{r}\,du + \int_0^\infty R_1\,\frac{(t'-t)^2u^3}{r^3}\,du\,;$$

on aura donc

$$\frac{\pi}{2}\int_0^\infty\int_0^l\int_0^l\left(\frac{dR_1}{du}\,\frac{(t'-t)^2u^2}{r} + R_1\frac{u^5}{r^3}\right)du\,dt\,dt'$$
$$= -\pi\int_0^\infty\int_0^l\int_0^l R_1\,\frac{(t'-t)^2u}{r}\,du\,dt\,dt' + \frac{\pi}{2}\int_0^\infty\int_0^\infty\int_0^\infty R_1\frac{u^3}{r}\,du\,dt\,dt'\,;$$

quantité qui est la même chose que $-2q-q_1$, en vertu de l'équation (14) et de l'expression de q_1 du n° 27. Or, au moyen de ces valeurs de l'intégrale double et de l'intégrale triple, contenues dans l'expression précédente de ϖ, elle se réduit à

$$\varpi = (q+q_1)\left(\frac{1}{\lambda}+\frac{1}{\lambda'}\right);$$

et l'équation $p+\varpi=0$ devient enfin

$$g\rho z = (q+q_1)\left(\frac{1}{\lambda}+\frac{1}{\lambda'}\right);$$

ce qu'il s'agissait de trouver.

(35). Sans intégrer l'équation (10), on en peut déduire une expression du volume d'un cylindre vertical, tronqué par la surface capillaire, qui nous sera utile dans la suite de cet ouvrage.

Par un point O appartenant à l'intersection de la surface capillaire et de la surface cylindrique, menons en-dehors du liquide des normales à ces deux surfaces. Soient α, β, γ, les angles compris entre la normale à la surface capillaire et des droites menées par le point O, suivant les directions des x, y, z, positives. Désignons par α', β', γ', les angles que fait la normale à la surface cylindrique avec les mêmes droites, et par ω l'angle des deux normales; nous aurons

$$\cos\omega = \cos\alpha\cos\alpha' + \cos\beta\cos\beta' + \cos\gamma\cos\gamma'.$$

Soit u une quantité positive, telle qu'on ait

$$u^2 = 1 + \frac{dz^2}{dx^2} + \frac{dz^2}{dy^2};$$

d'après les formules connues, on aura

$$\cos\alpha = -\frac{1}{u}\frac{dz}{dx}, \quad \cos 6 = -\frac{1}{u}\frac{dz}{dy}, \quad \cos\gamma = \frac{1}{u}.$$

D'ailleurs, l'axe des z étant vertical, ainsi que le cylindre, $\cos\gamma'$ sera zéro, et les valeurs de $\cos\alpha'$ et $\cos 6'$ dépendront du contour de la base horizontale du cylindre. Nous supposerons que cette base soit située sur le plan des x et y, qui est celui du niveau du liquide en-dehors du tube; en désignant alors par V le volume du cylindre tronqué, on aura

$$V = \int\int z dx dy;$$

l'intégrale s'étendant à tous les points de sa base, et la valeur de z, en fonction de x et y, étant donnée par l'équation de la surface capillaire. En vertu de l'équation (10), on aura donc

$$g(\rho - \delta)V = \frac{1}{2}H\int\int\left(\frac{1}{\lambda} + \frac{1}{\lambda'}\right)dx dy;$$

et comme, d'après les valeurs précédentes de $\cos\alpha$ et $\cos 6$, l'équation (8) peut s'écrire ainsi:

$$\frac{1}{\lambda} + \frac{1}{\lambda'} = -\frac{d.\cos\alpha}{dx} - \frac{d.\cos 6}{dy},$$

il en résultera

$$g(\rho - \delta)V = -\frac{1}{2}H\int\int\frac{d.\cos\alpha}{dx}dx dy - \frac{1}{2}H\int\int\frac{d.\cos 6}{dy}dy dx.$$

Pour fixer les idées, supposons que la base entière du cylindre soit située d'un même côté de chacun des axes des x et des y, et que son contour ne soit rencontré qu'en deux points par chaque parallèle à l'un de ces axes. Menons à cette courbe deux tangentes parallèles à l'axe des y, dont les points de contact diviseront sa circonférence en deux parties, et deux tangentes parallèles à l'axe des x, dont les points de contact diviseront de même cette circonférence en deux autres parties. Si l'on effectue l'une des deux intégrations indiquées, on aura

$$g(\rho - \delta)V = \frac{1}{2}H\left[\int\cos\alpha dy\right] - \frac{1}{2}H\left(\int\cos\alpha dy\right) + \frac{1}{2}H\left[\int\cos 6 dx\right] - \frac{1}{2}H\left(\int\cos 6 dx\right); \quad (15)$$

et les intégrales relatives à x ou à y, renfermées entre des parenthèses, se rapporteront aux parties de la courbe les plus éloignées des axes des y ou des x, et celles qui sont contenues entre des crochets, aux parties les plus rapprochées. Dans ces intégrations, dx et dy devront être positifs; or, l'angle β' est aigu dans la partie de la courbe la plus éloignée de l'axe des y, et obtus dans la partie la plus rapprochée; si donc on appelle ds l'élément différentiel de la courbe, regardé comme positif, on aura

$$dx = \pm \cos \beta' ds,$$

selon qu'il s'agira d'un point de la première ou de la seconde partie : on aura de même

$$dy = \pm \cos \alpha' ds,$$

selon qu'il s'agira de la partie de la courbe la plus éloignée ou la plus rapprochée de l'axe des x. Cela posé, on pourra réduire l'équation (15) à celle-ci,

$$g(\rho - \delta) V = -\tfrac{1}{2} H \int \cos \alpha \cos \alpha' ds - \tfrac{1}{2} H \int \cos \beta \cos \beta' ds,$$

dans laquelle les intégrales s'étendront au contour entier de la base du cylindre. A cause de $\cos \gamma' = 0$, on en conclura

$$g(\rho - \delta) V = -\tfrac{1}{2} H \int \cos \omega ds;$$

équation qui aurait encore lieu, lors même que ce contour ne serait pas coupé seulement en deux points par chaque ligne droite, ainsi qu'on l'a supposé, et qui fera connaître la valeur de V, quand celle de $\cos \omega$ sera donnée en fonction de s. On peut remarquer que son premier membre est le poids dans l'air, du liquide homogène contenu dans le cylindre que l'on considère.

(36). On verra, par la suite, que l'angle ω est constant pour tous les points de la surface capillaire dont les distances à la paroi du tube sont insensibles, et cependant plus grandes que les rayons d'activité des molécules du tube et du liquide. Si donc on suppose que l'intersection de cette surface et de celle du cylindre vertical, dont le volume est V, soit partout à une distance insensible de la paroi du tube, et que l'on désigne par c la longueur entière de son contour, l'équation précédente deviendra

$$g(\rho - \delta)\,\mathrm{V} = -\tfrac{1}{2}\mathrm{H}c\cos\omega,$$

ou, ce qui est la même chose,

$$\Delta = -\tfrac{1}{2}\mathrm{H}c\cos\omega, \qquad (16)$$

en appelant Δ le poids dans l'air d'un volume V du liquide.

Si la surface intérieure du tube est celle d'un cylindre vertical, c ne différera pas sensiblement du contour d'une section horizontale de cette surface, et Δ pourra être pris pour le poids du liquide soulevé ou abaissé par l'action capillaire, selon que sa valeur sera positive ou négative. Si l'on incline le tube de manière que la génératrice de sa surface et la verticale fassent un angle aigu i, ce poids Δ variera en raison inverse de $\cos i$.

En effet, appelons C le centre de gravité de la section intérieure du tube par le plan du niveau du liquide; par ce point, menons trois plans, le premier perpendiculaire à la génératrice du tube, le second parallèle à cette droite et passant par l'intersection du premier et du niveau du liquide, et le troisième perpendiculaire à cette même intersection. Prenons ces trois plans rectangulaires pour ceux des coordonnées; et soient z', x', y', celles d'un point quelconque de la surface capillaire, respectivement perpendiculaires à ces trois plans. L'ordonnée verticale z du même point, qui entre dans l'équation (10) aura pour valeur

$$z = z'\cos i - x'\sin i;$$

et cette équation deviendra

$$g(\rho - \delta)(z'\cos i - x'\sin i) = \frac{1}{2}\mathrm{H}\left(\frac{1}{\lambda} + \frac{1}{\lambda'}\right).$$

Or, en désignant par V′ le volume du liquide contenu entre le plan des x' et y' et la surface capillaire, nous aurons

$$\mathrm{V}' = \int z'dx'dy',$$

et nous conclurons de l'équation précédente

$$g(\rho - \delta)\left(\mathrm{V}'\cos i - \sin i\int x'dx'dy'\right) = -\tfrac{1}{2}\mathrm{H}c\cos\omega,$$

en représentant par c et ω les mêmes quantités que dans l'équation (16). D'ailleurs, l'intégrale $\int x'dx'dy'$, étendue à l'aire entière de la section du tube, sera nulle par la nature du point C; par la même raison, le volume du liquide compris entre cette section passant par le point C et le plan des x' et y', se composera de deux parties égales et de signes contraires; par conséquent, V sera équivalent au volume du liquide compris entre son niveau et la surface capillaire; et, en vertu de l'équation qu'on vient de former, ce volume et le poids correspondant suivront la raison inverse du cosinus de l'inclinaison du tube.

Dans le cas de deux liquides superposés, si l'on désigne toujours par V le volume d'un cylindre vertical quelconque tronqué par la surface libre du liquide supérieur, et par ω le même angle que précédemment; si, de plus, on appelle b l'aire de la base de ce cylindre, située dans le plan du niveau extérieur, l'équation (9) donnera

$$g(\rho' - \delta) V = (c' - \Pi) b - \tfrac{1}{2} H \int \cos \omega ds,$$

par un calcul semblable à celui du numéro précédent.

Dans le même cas, si l'on appelle V_1 le volume de la partie du même cylindre, terminée par la surface de séparation des deux liquides, et φ ce que devient l'angle ω, relativement à cette surface, on aura, d'après l'équation (7),

$$g(\rho - \rho') V_1 = (\Pi - c') b - \tfrac{1}{2} G \int \cos \varphi ds.$$

En ajoutant ces deux équations, il vient

$$g(\rho' - \delta)(V - V_1) + g(\rho - \delta) V_1 = -\tfrac{1}{2} H \int \cos \omega ds - \tfrac{1}{2} G \int \cos \varphi ds.$$

Or, si la surface intérieure du tube est cylindrique et verticale, et que celle du cylindre que l'on considère ne s'en écarte pas sensiblement, comme dans le cas auquel répond l'équation (16), $V - V_1$ sera le volume du liquide supérieur, et $g(\rho' - \delta)(V - V_1)$, son poids qui devra être donné et que nous représenterons par P. En même temps, $g(\rho - \delta) V_1$ sera le poids inconnu du liquide inférieur, soulevé ou abaissé par l'action capillaire, et que nous désignerons par Γ. L'angle φ sera constant, aussi bien que ω; par conséquent, l'équation précédente deviendra, dans ce cas,

$$P + \Gamma = -\tfrac{1}{2} Hc \cos \omega - \tfrac{1}{2} Gc \cos \varphi. \qquad (17)$$

L'angle ω dépendra, comme le coefficient H, de la matière du tube et de celle du liquide supérieur; l'angle φ, comme le coefficient G, de la matière du tube et de la matière des deux liquides.

CHAPITRE III.

Équation relative au contour de la surface capillaire.

(37). En général, dans une question de Mécanique ou de Physique, relative à un corps, à une surface ou une ligne, il existe, outre l'équation commune à tous les points du système, d'autres équations qui n'ont lieu que pour la superficie, le contour ou les points extrêmes. Ainsi, dans la question présente, indépendamment de l'équation commune à tous les points de la surface capillaire dont les distances aux parois du tube surpassent, toutefois, le rayon d'activité moléculaire, il y a une autre équation qui n'appartient qu'à ceux de ces points qui sont situés à des distances insensibles de la surface du tube. C'est cette équation particulière qu'il s'agit maintenant de former, soit dans le cas de la surface libre d'un liquide, soit relativement à la surface commune à deux liquides superposés.

Soit M (fig. 10) un point du liquide supérieur situé à des distances insensibles de la surface libre et de celle du tube. Par ce point, abaissons des perpendiculaires MN et MK sur ces deux surfaces; supposons que le plan de la figure soit celui de ces deux droites, et que les courbes ANB et DKE représentent les sections de la surface du liquide et de la surface du tube, par ce même plan. Faisons passer par le point M deux autres surfaces, dont l'une coupe à angle droit toutes les normales à la surface du liquide, et soit représentée, dans la figure, par la courbe A'MB', et dont l'autre coupe aussi à angle droit toutes les normales à la surface du tube, et soit représentée par la courbe OMC, qui rencontre la courbe ANB au point O. De tous les points de l'intersection de ces deux surfaces, abaissons des perpendiculaires, telles que MN, sur la surface du liquide, lesquelles formeront, en général, une surface gauche. Enfin, par un point F appartenant à la courbe OMC, et situé à une distance insensible au-dessous du point M, menons un plan perpendiculaire à cette courbe, qui coupe le plan de la figure, suivant la droite GFL, laquelle rencontre en G la courbe DKE.

Nous supposerons la longueur de MF assez grande pour que l'action du liquide situé au-dessous de ce plan, représenté par GFL, ne s'étende pas jusqu'à la surface représentée par A'MB'. Nous ferons

$$MK = h, \quad MN = l;$$

et nous supposerons aussi ces distances assez grandes pour que, d'une part, l'action du tube ne s'étende pas jusqu'à la surface représentée par OMC, et celle du liquide situé au-delà de cette surface, jusqu'aux points où la densité varie très rapidement dans le voisinage du tube, et que, d'un autre côté, l'action du liquide situé au-dessous de A'MB' ne s'étende pas non plus jusqu'aux points où la densité varie très rapidement près de la surface supérieure.

Cela posé, pour obtenir les équations qu'il s'agit de trouver, nous allons chercher les conditions d'équilibre de la partie du liquide comprise entre le plan de la figure et un plan parallèle mené à une distance infiniment petite, qui aura pour base le pentagone curviligne ANMFG, et sera terminée latéralement par la surface gauche dont la droite MN est une génératrice, par la surface du liquide, par le plan projeté suivant la droite GF, par la surface du tube et par celle qui coupe toutes ses normales à angle droit. Nous appellerons C cette petite portion du liquide, et nous désignerons par ε son épaisseur constante et infiniment petite. La forme que nous lui supposons est la plus propre à l'objet que nous avons en vue.

(58). Si l'on décompose d'abord chacune des forces qui agissent sur C en deux autres, l'une parallèle et l'autre perpendiculaire au plan de la figure, les composantes perpendiculaires auront des directions opposées; elles se détruiront en grande partie, et se réduiront à des forces insensibles par rapport aux composantes parallèles. L'équation d'équilibre des composantes perpendiculaires déterminerait implicitement la petite variation de densité du liquide qui a lieu parallèlement à la surface du tube, en vertu de la pesanteur; ce qui n'est pas l'objet que nous nous proposons. Nous ne nous occuperons donc que des forces parallèles au plan de la figure, et nous décomposerons encore chacune d'elles en deux autres, l'une parallèle et l'autre perpendiculaire à la droite KM. Si l'on divise C en filets parallèles à KM, l'action du tube, supposé homogène, sur le filet qui répond au point K sera normale à sa surface, et l'on pourra la représenter par $N\varepsilon\varepsilon'$, en désignant par $\varepsilon\varepsilon'$ la base de ce filet; mais il n'en sera pas tout-à-fait de même à l'égard des autres filets, qui ne seront pas rigoureusement perpendiculaires à la surface du tube. En désignant par σ la longueur insensible de AG, il est aisé de voir que la somme des actions du tube sur tous ces filets sera sensiblement égale à $N\varepsilon\sigma$, parallèlement à KM, et pourra se représenter par $\frac{N\iota\sigma^2}{k}$, suivant la direction perpendiculaire à KM; k étant une ligne d'une grandeur sensible, qui dépendra de la courbure du tube au point K. Cela posé, l'équation d'équilibre des forces parallèles . KM servirait à déterminer la valeur de N, laquelle est une inconnue qui ne peut pas s'exprimer par une intégrale définie, d'après ce qu'on a expliqué dans le n° 12. Mais cette force nous étant inutile à connaître, nous n'aurons pas besoin de l'équation dont elle dépend, et il nous restera seulement à considérer l'équilibre des autres composantes.

En désignant, pour abréger, les différentes parties du liquide par celles de la figure auxquelles elles répondent, je représenterai par $S\varepsilon$ l'action exercée par la couche ANMFG sur C qui en fait partie, par $\varpi\varepsilon$ l'action de EGFC, et par P celle de LFC; je désignerai de même par $Q\varepsilon$ l'action de BNMFL, c'est-à-dire l'action de la couche superficielle BNMB' ajoutée à B'MFL, sur la partie de C qui répond à A'MFG, et par $T\varepsilon$ et $V\varepsilon$ les actions de BNMB' et de B'MFL sur l'autre partie de C, correspondante à A'MNA; et toutes ces composantes, parallèles au plan de la figure et perpendiculaires à KM, seront supposées dirigées de bas en haut ou vers la surface supérieure du liquide. Relativement à chacune de ces forces, on pourra négliger la composante $\frac{N\varepsilon\sigma^2}{k}$, qui proviendrait de l'action du tube, ainsi que le poids de C; si, de plus, nous supposons le liquide placé dans le vide, ou que nous fassions abstraction de l'action des molécules de l'air atmosphérique sur celles de C, il faudra, pour l'équilibre de cette petite partie du liquide, que l'on ait

$$S + \varpi + P + Q + T + V = 0. \quad (1)$$

Il s'agira donc de calculer successivement les valeurs des six quantités contenues dans cette équation; mais, auparavant, je ferai remarquer que chacune d'elles dépendra d'une intégrale quintuple, relative à des variables qui n'auront que des grandeurs insensibles, tandis que les forces qu'on a considérées dans le chapitre précédent étaient exprimées par des intégrales quadruples, relatives à de pareilles variables. On conclut de là que si l'on s'arrête au même degré d'approximation que dans ce chapitre, il sera permis de négliger, sous le signe de l'intégration quintuple, les quantités de l'ordre de celles que l'on a conservées sous le signe de l'intégration quadruple; il en résulte qu'on pourra, dans le calcul des valeurs de ϖ, P, Q, T, V, faire abstraction de la courbure du liquide, et remplacer la surface supérieure par son plan tangent, et la courbe A'MB' par la tangente au point M. Par la même raison, et à cause que la longueur de AKG est supposée insensible, on pourra aussi négliger la courbure du tube, et considérer les courbes AKG et OMF comme des droites perpendiculaires à KM. Enfin, on négligera encore la petite variation de densité du liquide dans son intérieur, à laquelle, précédemment, on a dû avoir égard; mais, dans le calcul de la force $\varpi\epsilon$, il faudra tenir compte de la compression du liquide produite par l'action du tube, et dans le calcul de $T\epsilon$, on devra avoir égard à la variation de sa densité près de sa surface supérieure : la partie de AA'MN, dans laquelle cette densité varie à la fois dans le sens normal à cette surface et suivant la perpendiculaire à celle du tube, n'influera pas sur les valeurs de ϖ et T, non plus que sur celles de P et V, à cause des longueurs qu'on a supposées aux distances MF, MN, MK, quoiqu'elles soient toutes trois insensibles.

(39). S'il fallait calculer la valeur de S, il serait nécessaire d'avoir égard à cette double variation de densité, aussi bien qu'à la courbure de AN; car cette courbure et l'inclinaison de la tangente peuvent varier très rapidement dans la longueur insensible de cette ligne, et être très différentes au point N et plus près du tube : on pourrait seulement négliger la variation de densité et la courbure du liquide, parallèlement à la surface du tube. Mais je vais démontrer, sans aucun calcul, que l'on a $S = 0$.

En effet, j'appelle C' la couche liquide dont C fait partie, et à laquelle répond la force S. Je décompose C et C' en filets tels que MNO (fig. 11), dont chacun soit composé d'une partie cylindrique NO parallèle à la surface du tube, c'est-à-dire à la direction de la force S, et d'une autre partie NM, d'épaisseur variable, perpendiculaire à la surface AB du liquide, où ils viendront aboutir par en haut. J'appelle f le filet MNO appartenant à C, et f' un autre filet PQR appartenant à C'. Si leurs extrémités M et P sont également éloignées de la surface du tube, les deux filets seront identiquement composés, et il en résultera que si l'on mène au-dessus du liquide un plan GH perpendiculaire à la direction de S, l'action, suivant cette direction, d'un élément de f' situé à une distance s du plan GH, sur un élément de f situé à une distance s', sera égale et contraire à l'action de l'élément de f' situé à la distance s', sur l'élément de f situé à la distance s; par conséquent, l'action totale de f' sur f sera nulle dans le sens que nous considérons. Si, au contraire, les points M et P sont inégalement éloignés de la paroi du tube, je supposerai qu'un autre filet F de C et le filet f' de C' ont leurs extrémités supérieures à la même distance de cette paroi, qu'il en est de même à l'égard du filet f de C et d'un second filet F' de C', et que, de plus, f' et F' appartiennent à un segment de C' parallèle à C. Alors, il est évident que l'action, parallèle à S, exercée par f' sur f sera la même que celle qui serait exercée, dans le même sens, par F sur F', laquelle serait égale et contraire à la réaction de F' sur F; donc les actions, parallèles à S, de f' sur f et de F' sur F sont égales et contraires; et, en joignant cette conclusion à la précédente, on voit que les actions de tous les filets de C' sur tous ceux de C, parallèlement à la surface du tube, se détruisent deux à deux, en sorte qu'on a $S = 0$; ce qu'il s'agissait de prouver.

(40). Pour former l'expression de ϖ, j'élève par le point G (fig. 10) une droite perpendiculaire au plan de la figure. Je désigne par x, y, z, les trois coordonnées d'un point quelconque du liquide inférieur, ayant pour origine le point G, et respectivement parallèles à cette perpendiculaire et aux lignes GL et GE ; relativement à un point quelconque de C, on aura $x=0$, et l'on pourra représenter ses deux autres coordonnées par y' et $-z'$. En appelant r la distance de ce point à l'autre, on aura

$$r^2 = x^2 + (z+z')^2 + (y-y')^2.$$

Les élémens de volume qui leur correspondent seront $\epsilon dy'dz'$ et $dxdydz$: j'exprimerai par le produit

$$\varphi(r,\ y,\ y')\,\epsilon dy'dz'dxdydz,$$

leur action mutuelle ; φ étant une fonction dont la valeur sera insensible pour toute valeur sensible de r, symétrique par rapport à y et y', et qui variera aussi très rapidement avec chacune de ces quantités, à raison de la compression du liquide près de la surface du tube. A mesure que y et y' approcheront de GF, qui est la même chose que h, cette fonction approchera d'être indépendante de ces variables, et de se confondre avec la fonction R relative à l'intérieur du liquide, en sorte que si l'on y met $h+u$ et $h-u'$ à la place de y et y', et qu'on suppose u et u' moindres que le rayon d'activité moléculaire, on aura

$$\varphi(r,\ h+u,\ h-u') = \text{R}.$$

Cela posé, nous aurons

$$\varpi = \int\!\!\int\!\!\int\!\!\int\!\!\int \varphi(r,\ y,\ y')\,\frac{z+z'}{r}\,dxdydy'dzdz',$$

en considérant la fonction φ comme positive ou comme négative, selon que la force qu'elle représente sera répulsive ou attractive. Par la nature de cette fonction, on pourra étendre les intégrales relatives à z et z' depuis zéro jusqu'à l'infini, et, en même temps, celle qui répond à x sera prise depuis $-\infty$ jusqu'à $+\infty$; mais les limites relatives à y et y' seront $y=0$ et $y'=0$, $y=h$ et $y'=h$.

Soit $\Phi(r,\ y,\ y')$ une fonction de la même nature que $\varphi(r,\ y,\ y')$, et faisons, pour un moment,

$$\varphi(r,\ y,\ y') = -\frac{d\Phi(r,\ y,\ y')}{dr};$$

nous aurons

$$\varphi(r,\ y,\ y')\,\frac{z+z'}{r} = -\frac{d\Phi(r,\ y,\ y')}{dz'},$$

et, par conséquent,

$$\int_0^\infty \varphi(r, y, y') \frac{z+z'}{r} dz' = \Phi(r', y, y'),$$

en désignant par r' la valeur de r qui répond à $z' = 0$, de sorte qu'on ait

$$r'^2 = x^2 + z^2 + (y - y')^2.$$

En intégrant par partie, et observant que Φ s'évanouit à la seconde limite, on aura

$$\int_0^\infty \Phi(r', y, y') dz = \int_0^\infty \varphi(r', y, y') \frac{z^2}{r'} dz;$$

et au moyen de ces équations, la valeur de ϖ deviendra

$$\varpi = \iiiint \varphi(r', y, y') \frac{z^2}{r'} dx dz dy dy'.$$

Soit encore

$$z = v \cos \theta, \quad x = v \sin \theta,$$

et, par conséquent,

$$r'^2 = v^2 + (y - y')^2.$$

Si l'on substitue v et θ aux variables x et z, il faudra prendre

$$dx dz = v dv d\theta;$$

et les limites relatives à x et z étant $x = -\infty$ et $x = \infty$, $z = 0$ et $z = \infty$, celles qui répondent à θ et v devront être $\theta = 0$ et $\theta = \pi$, $v = 0$ et $v = \infty$. L'intégration relative à θ s'effectuera immédiatement, et il en résultera

$$\varpi = \tfrac{1}{2}\pi \int_0^\infty \int_0^h \int_0^h \varphi(r', y, y') \frac{v^3}{r'} dv dy dy'. \quad (2)$$

Cette intégrale triple ne peut pas se réduire davantage; elle dépendra de la compression du liquide dans la couche adjacente au tube, et, par suite, de la matière du tube et de celle du liquide. Nous conserverons la lettre ϖ à la place de cette expression, et nous regarderons ϖ comme une quantité dont le signe et la valeur devront être donnés dans chaque cas particulier. La limite h peut être prise arbitrairement, pourvu qu'elle soit insensible et qu'elle surpasse néanmoins les rayons d'activité des molécules du tube et du liquide; mais, d'après ce qu'on a déjà vu dans un cas pareil (n° 28), la valeur de l'intégrale précédente ne changera pas avec celle de h.

(41). L'expression de P se déduira évidemment de celle de ϖ, en transportant l'axe des x au point F, faisant

$$y = h + u, \quad y = h - u', \quad dy = du, \quad dy' = -du',$$

et changeant la fonction φ dans la fonction R relative à l'intérieur du liquide. D'après la formule (2), on aura donc

$$P = \frac{1}{2}\pi \int_0^\infty \int_0^h \int_0^h R \frac{v^3}{r'} dv du du',$$

$$r'^2 = v^2 + (u + u')^2.$$

Cette valeur de r'^2 permettra de remplacer les limites h par l'infini, dans les intégrations relatives à u et u'; et comme la quantité R est la même que celle qui entre dans l'expression de q du n° 23, on en conclura

$$P = -q.$$

Pour calculer T, j'observe que la densité du liquide étant la même parallèlement à sa surface, dans toute l'étendue de l'action de B'MNB sur la partie de C qui répond à A'MNA, et ne variant que dans le sens de la normale MN, il s'ensuit que la composante de cette force sera nulle suivant cette droite, aussi bien que suivant la perpendiculaire au plan de la figure. Cette force elle-même sera dirigée dans ce plan et suivant la perpendiculaire à MN; je la désignerai par Uε, en supposant qu'elle agisse de dehors en dedans de la partie de C. En appelant ω l'angle KMN compris entre les perpendiculaires MK et MN à la surface du tube et à celle du liquide, la composante de cette force, parallèle à MO et dirigée par en haut, aura pour valeur $-$ Uε cos ω. Or, cette composante est la force qu'on vient de représenter par Tε; on aura donc

$$T = -U \cos \omega.$$

Quant à la valeur de U, elle se déduira, sans nouveaux calculs, de celle de ϖ, en y remplaçant h par l, et la fonction $\varphi(r', y, y')$ par une autre fonction $\psi(r', y, y')$, dépendante de la variation de densité du liquide suivant l'épaisseur de sa couche superficielle. Nous aurons, par conséquent,

$$U = \frac{1}{2}\pi \int_0^\infty \int_0^l \int_0^l \psi(r', y, y') \frac{v^3}{r} dv dy dy'.$$

D'ailleurs, en mettant $l - s$, $l - s_1$, u, au lieu de y, y', v, dans cette fonction ψ, elle sera précisément celle qui est représentée par R_1 dans l'expression de q_1 du n° 27, lorsqu'il s'agit, comme ici, d'un seul liquide placé dans le vide. On conclut de là $U = -q_1$, et par suite

$$T = q_1 \cos \omega.$$

D'après ces valeurs de P et T, et à cause de $S = 0$, l'équation (1) devient

$$\varpi - q + q_1 \cos \omega + Q + V = 0; \quad (5)$$

et il ne restera plus que Q et V à déterminer.

(42). Pour plus de généralité, considérons deux prismes liquides qui ont une arète commune d'une longueur indéfinie, et dont les faees adjacentes à cette arète se prolongent aussi indéfiniment. Soient ACB et B'CA' (fig. 12) les sections de ces deux corps, par un plan perpendiculaire à cette arète. Par le point C appartenant à cette arète, menons dans ce plan une droite DCE, et faisons

$$ECA = a, \quad ECB = b, \quad DCA' = a', \quad DCB' = b';$$

chacun de ces angles étant supposé positif ou négatif, selon qu'il tombe à droite ou à gauche de la droite DE. Appelons $Z\varepsilon$ l'action exercée parallèlement à DE et dirigée de bas en haut, par le prisme dont la section est ACB sur un segment de l'autre prisme, compris entre le plan de la figure et un plan parallèle, mené à une distance infiniment petite et égale à ε. Les valeurs de Q et V se déduiront de celle de Z, en déterminant convenablement a, b, a', b'. Il s'agit donc de trouver l'expression de Z en fonction de ces angles.

Pour cela, soient M et M' des points appartenant respectivement à ACB et à A'CB', et compris dans la sphère d'activité l'un de l'autre.

Si nous faisons

$$ACM = v, \quad A'CM' = v', \quad CM = u, \quad CM' = u',$$

le carré de la distance MM′ aura pour valeur

$$u^2 + u'^2 + 2uu' \cos(v + v');$$

et si l'on désigue par r la distance $M'm$ au point M′, d'un autre point m dont M soit la projection sur le plan de la figure, et dont la distance à M soit représentée par x, on aura

$$r^2 = x^2 + u^2 + u'^2 + 2uu' \cos(v + v').$$

Les élémens de volume correspondans à ces points M′ et m auront pour expressions $\varepsilon u'du'dv'$ et $ududxdv$; et si le liquide dont sont formés les deux prismes est le liquide intérieur auquel répond la force Q, leur action mutuelle, dirigée suivant la droite $M'm$, devra être représentée par le produit

$$R\varepsilon uu'dxdudu'dvdv';$$

R étant la même fonction de r que dans le numéro précédent.

La somme des projections de u et u' sur la droite DE, ou la partie NN′ de cette droite interceptée entre les perpendiculaires MN et M′N′, sera égale à $u \cos v + u' \cos v'$; en la divisant par r, on aura le cosinus de l'angle que fait la droite $M'm$ avec la direction de CD; par conséquent, on aura

$$Z = 2\iiiiint R \frac{u \cos v + u' \cos v'}{r} uu'dxdudu'dvdv'.$$

L'intégrale relative à x s'étendra seulement depuis $x = 0$ jusqu'à $x = \infty$, parce que l'on a doublé le résultat; les intégrales relatives à u et u' seront aussi prises depuis $u = 0$ et $u' = 0$ jusqu'à $u = \infty$ et $u' = \infty$. Quant aux intégrales qui répondent à v et v', elles auront pour limites les angles a, b, a', b'; et comme les élémens de volume dont on a fait usage supposent les différentielles dv et dv' positives, et, par conséquent, les angles v et v' croissant dans ces intégrations, il faudra toujours prendre pour la première limite relative à v, le plus petit des deux angles a et b, en ayant égard à leurs signes, et pour la limite relative à v', le moindre des deux angles a' et b'.

Cela posé, l'intégrale quintuple se réduira à une intégrale simple, par l'analyse suivante.

(43). Je mets xu, xu', xdu, xdu', à la place de u, u', du, du'; ce qui ne change rien aux limites zéro et l'infini des intégrales relatives à u et u'. Il en résulte

$$Z = 2\int\!\!\int\!\!\int\!\!\int\!\!\int R \frac{u \cos v + u' \cos v'}{r} x^5 uu' dx du du' dv dv',$$

$$r^2 = x^2 [1 + u^2 + u'^2 + 2uu' \cos (v + v')].$$

Cette dernière équation donne

$$x^5 dx = \frac{r^5 dr}{[1 + u^2 + u'^2 + 2uu' \cos (v + v')]^3};$$

les limites relatives à r seront aussi $r = 0$ et $r = \infty$, et la valeur de Z deviendra

$$Z = 2k \int_0^\infty R r^4 dr = -\frac{16}{\pi} qk,$$

en faisant, pour abréger,

$$k = \int\!\!\int\!\!\int\!\!\int \frac{(u \cos v + u' \cos v')\, uu'}{[1 + u^2 + u'^2 + 2uu' \cos (v + v')]^3} du du' dv dv',$$

et ayant égard à la valeur de q du n° 24.

Si nous faisons maintenant

$$u = \rho \cos \theta, \quad u' = \rho \sin \theta, \quad du du' = \rho d\rho\, d\theta,$$

les limites relatives à ρ et θ seront $\rho = 0$ et $\rho = \infty$, $\theta = 0$ et $\theta = \frac{1}{2}\pi$, et nous aurons

$$k = \int\!\!\int\!\!\int\!\!\int \frac{\rho^4 (\cos \theta \cos v + \sin \theta \cos v') \cos \theta \sin \theta}{\{1 + \rho^2 [1 + 2 \cos \theta \sin \theta \cos (v + v')]\}^3} d\rho d\theta dv dv',$$

ou, ce qui est la même chose,

$$k = \int_0^\infty \frac{\rho^4 d\rho}{(1 + \rho^2)^3} \int\!\!\int\!\!\int \frac{(\cos \theta \cos v + \sin \theta \cos v') \cos \theta \sin \theta}{[1 + 2 \cos \theta \sin \theta \cos (v + v')]^{\frac{5}{2}}} d\theta dv dv',$$

en mettant ρ divisé par $\sqrt{1 + 2 \cos \theta \sin \theta \cos(v + v')}$ à la place de ρ, ce qui ne change rien aux limites.

Par les règles ordinaires, on trouve

$$\int_0^\infty \frac{\rho^4 d\rho}{(1+\rho^2)^3} = \frac{3\pi}{16}.$$

L'intégrale relative à θ s'obtient aussi, mais moins simplement. Je fais d'abord

$$\theta = \frac{1}{4}\pi + \theta';$$

il en résulte

$$\cos\theta = \frac{1}{\sqrt{2}}(\cos\theta' - \sin\theta'), \qquad \sin\theta = \frac{1}{\sqrt{2}}(\cos\theta' + \sin\theta');$$

et si l'on appelle g l'intégrale qu'il s'agit d'obtenir, on aura

$$g = \int_0^{\frac{1}{2}\pi} \frac{(\cos\theta\cos\nu + \sin\theta\cos\nu')\cos\theta\sin\theta}{[1 + 2\cos\theta\sin\theta\cos(\nu+\nu')]^{\frac{5}{2}}} d\theta$$

$$= \frac{1}{2\sqrt{2}} \int_{-\frac{1}{4}\pi}^{\frac{1}{4}\pi} \frac{(\cos\nu + \cos\nu')\cos\theta' - (\cos\nu - \cos\nu')\sin\theta'}{[1 + \cos 2\theta'\cos(\nu+\nu')]^{\frac{5}{2}}} \cos 2\theta' d\theta'.$$

On peut supprimer la partie de cette dernière intégrale qui renferme le facteur $\sin\theta'$ sous le signe $\int$, et qui se composerait d'élémens deux à deux égaux et de signes contraires; on peut aussi, en doublant le résultat, prendre $\theta' = 0$ et $\theta' = \frac{1}{4}\pi$ pour limites de l'autre partie; et si l'on y fait, en outre,

$$\sin\theta' = y, \quad \cos\theta' d\theta' = dy, \quad \cos 2\theta' = 1 - 2y^2,$$

on aura simplement

$$g = \frac{1}{\sqrt{2}} \int_0^{\frac{1}{\sqrt{2}}} \frac{(\cos\nu + \cos\nu')(1 - 2y^2)\, dy}{[1 + \cos(\nu+\nu') - 2y^2\cos(\nu+\nu')]^{\frac{5}{2}}}.$$

En effectuant cette intégration par les règles ordinaires, il vient

$$g = \frac{\cos\nu + \cos\nu'}{3[1 + \cos(\nu+\nu')]^2}.$$

Au moyen de ces valeurs des intégrales relatives à ρ et à θ, la valeur de k devient

$$k = \frac{\pi}{16}\int_a^b\int_{a'}^{b'} \frac{(\cos v + \cos v')\, dv dv'}{[1+\cos(v+v')]^2}.$$

(44). On a identiquement

$$\frac{\cos v + \cos v'}{1+\cos(v+v')} = \cos v' + \frac{\sin(v+v')\sin v'}{1+\cos(v+v')},$$

et, par conséquent,

$$\int_{a'}^{b'} \frac{(\cos v + \cos v')\, dv'}{[1+\cos(v+v')]^2} = \int_{a'}^{b'} \frac{\cos v' dv'}{1+\cos(v+v')} + \int_{a'}^{b'} \frac{\sin(v+v')\sin v' dv'}{[1+\cos(v+v')]^2}.$$

En intégrant par partie, on a aussi

$$\int_{a'}^{b'} \frac{\sin(v+v')\sin v' dv'}{[1+\cos(v+v')]^2} = \frac{\sin b'}{1+\cos(v+b')} - \frac{\sin a'}{1+\cos(v+a')} - \int_{a'}^{b'} \frac{\cos v' dv'}{1+\cos(v+v')};$$

et si l'on ajoute cette équation à la précédente, il en résulte

$$\int_{a'}^{b'} \frac{(\cos v + \cos v')\, dv'}{[1+\cos(v+v')]^2} = \frac{\sin b'}{1+\cos(v+b')} - \frac{\sin a'}{1+\cos(v+a')};$$

d'où l'on conclut

$$\frac{16k}{\pi} = \sin b' \int_a^b \frac{dv}{1+\cos(v+b')} - \sin a' \int_a^b \frac{dv}{1+\cos(v+a')}.$$

J'effectue ces intégrations par les règles ordinaires, puis je substitue la valeur de k qui en résulte dans celle de Z; il vient finalement

$$Z = q\left\{\sin b'\left[\operatorname{tang}\tfrac{1}{2}(a+b') - \operatorname{tang}\tfrac{1}{2}(b+b')\right] - \sin a'\left[\operatorname{tang}\tfrac{1}{2}(a+a') - \operatorname{tang}\tfrac{1}{2}(a'+b)\right]\right\}. \quad (4)$$

Si l'on eût intégré d'abord par rapport à v, et ensuite par rapport à v', on aurait trouvé cette autre formule :

$$Z = q\left\{\sin b\left[\operatorname{tang}\tfrac{1}{2}(a'+b) - \operatorname{tang}\tfrac{1}{2}(b+b')\right] - \sin a\left[\operatorname{tang}\tfrac{1}{2}(a+a') - \operatorname{tang}\tfrac{1}{2}(a+b')\right]\right\}, \quad (5)$$

qui doit être équivalente à la précédente.

Dans les applications qu'on fera de ces deux formules, on se souviendra que les différences $b-a$ et $b'-a'$ sont supposées toutes deux positives.

Relativement à la quantité V du n° 38, il faudra prendre les lignes MF, MB', MA', MN, de la figure 10, au lieu des droites CA, CB, CA', CB', de la figure 12, et la ligne FMO à la place de l'axe ECD, à partir duquel sont comptés les angles a, a', b, b'. On aura alors

$$a=0, \quad b=\text{FMB}'=\pi-\omega,$$
$$a'=\text{A}'\text{MO}=\omega-\pi, \quad b'=\text{OMN}=\omega-\frac{1}{2}\pi;$$

ω étant, comme dans le n° 41, l'angle KMN, obtus ou aigu, mais toujours compris entre zéro et π, ce qui rend positives les différences $b-a$ et $b'-a'$. Il en résultera immédiatement

$$\text{V}=-q\sin\omega,$$

quand on fait usage de la formule (5). Lorsqu'on emploie la formule (4), on trouve

$$\text{V}=q\left[\cos\omega\,\text{tang}\left(\frac{1}{4}\pi-\frac{1}{2}\omega\right)+\cos\omega-\sin\omega\cot\frac{1}{2}\omega\right];$$

quantité qu'on peut effectivement réduire à $-q\sin\omega$. Dans le cas particulier de $\omega=\frac{1}{2}\pi$, la figure 10 montre que la force V est égale à la force P du n° 38, dont la valeur est, en effet, $\text{P}=-q$.

(45). La quantité Z devient, en général, infinie, lorsque l'une des sommes $a+a'$, $b+b'$, $a+b'$, $a'+b$, est égale à $\pm\pi$; ce qui tient à ce que les deux prismes ont alors une face commune, et qu'on a supposé leurs faces infinies. Mais si, en même temps, l'un des angles a, b, a', b', est zéro ou $\pm\pi$, le terme qui rendrait la valeur de Z infinie se présente sous la forme $\frac{0}{0}$, et est réellement indéterminé; circonstance qui exige une attention particulière.

Supposons, par exemple, que les droites CA et CA' se confondent avec CE (fig. 13), en sorte que $\text{Z}\varepsilon$ exprime l'action exercée, suivant la direction CD, par le prisme dont la section est BCE, sur la couche liquide située à gauche de DCE et augmentée ou diminuée d'une partie correspondante à l'angle DCB′, selon que la droite CB′ tombe à droite ou à gauche de CD, c'est-à-dire selon que l'angle b' est positif ou négatif. On aura alors

$$a = 0, \quad a' = -\pi, \quad b = \text{ECB}, \quad b' = \text{DCB}';$$

et en faisant

$$\sin a \tang \tfrac{1}{2}(a + a') = x, \qquad \sin a' \tang \tfrac{1}{2}(a + a') = x',$$

les formules (4) et (5) deviendront

$$Z = \quad q\left[\sin b' \tang \tfrac{1}{2} b' - \sin b' \tang \tfrac{1}{2}(b + b') - x'\right],$$

$$Z = -q\left[\sin\, b\, \cot\, \tfrac{1}{2} b + \sin b \tang \tfrac{1}{2}(b + b') + x\right].$$

Or, x et x' dépendant de deux quantités a et a' indépendantes entre elles, on ne saurait déterminer, *à priori*, les véritables valeurs de x et x', qui se présentent sous la forme $\frac{0}{0}$ pour les valeurs particulières $a = 0$ et $a' = -\pi$; mais il y a un cas dans lequel on a évidemment $Z = 0$, ce qui suffit pour la détermination des inconnues x et x'. Ce cas a lieu quand on fait coïncider CB et CB′ avec les deux parties CG et CG′ de la perpendiculaire à DCE menée par le point C; car il est évident que l'action de GCE sur G′CE est nulle suivant la direction CD. Si l'on fait

$$b = \text{ECG} = \tfrac{1}{2}\pi, \qquad b' = \text{DCG}' = -\tfrac{1}{2}\pi,$$

il faudra donc qu'on ait $Z = 0$; d'où l'on conclut $x = -1$, $x' = 1$. Par conséquent, on aura

$$Z = \quad q\left[\sin b' \tang \tfrac{1}{2} b' - \sin b' \tang \tfrac{1}{2}(b + b') - 1\right],$$

$$Z = -q\left[\sin\, b\, \cot\, \tfrac{1}{2} b + \sin b \tang \tfrac{1}{2}(b + b') - 1\right].$$

On vérifie sans peine l'égalité de ces deux valeurs; nous prendrons leur demi-somme pour l'expression de Z, que l'on pourra écrire ainsi :

$$Z = -\frac{1}{2}q(\cos b + \cos b') - \frac{1}{2}q(\sin b + \sin b')\,\text{tang}\,\frac{1}{2}(b + b'). \quad (6)$$

On vérifie aussi, non pas chacune des valeurs de x et x', mais leur différence; car, à cause de

$$\sin a' - \sin a = 2\sin\frac{1}{2}(a' - a)\cos\frac{1}{2}(a + a'),$$

cette différence est

$$x' - x = 2\sin\frac{1}{2}(a' - a)\sin\frac{1}{2}(a + a'),$$

et, par conséquent, $x' - x = 2$, dans le cas de $a = 0$, $a' = -\pi$.

Si l'on fait coïncider la droite CB′ avec le prolongement CF de la droite CB, on aura $b' = -b$; ce qui réduira la formule (6) à

$$Z = -q\cos b;$$

$Z\varepsilon$ étant alors l'action exercée, suivant la direction CD, par le prisme qui répond à BCE sur la couche liquide correspondante à FCE. En prenant pour b le supplément $\pi - \omega$ de l'angle qui a été désigné par ω dans le n° 18, la force Q, dont on a calculé la valeur dans ce numéro, sera l'intégrale de $-Zds$ étendue à tous les élémens ds du contour de la couche liquide, sur laquelle cette force s'exerce. Or, à cause que la constante q est ici la même que dans le n° 18, on voit que cette valeur

$$Q = -\int Zds = -q\int\cos\omega ds,$$

coïncide avec la formule (10), que l'on a obtenue d'une autre manière.

La formule (6), ainsi que chacune des équations (4) et (5), suppose que les faces des prismes s'étendent à l'infini; ce qui n'a pas lieu dans le cas de la force $Q\varepsilon$ du n° 38. Mais si l'on prolonge indéfiniment les lignes OF et AG au-dessous de la droite GL (fig. 10), on n'altérera pas la valeur de $Q\varepsilon$; car, par là, on y ajoutera l'action de CFL sur le prolongement de C, qui est nulle suivant FO, et les actions de LFMB′ sur ce prolongement et de LFC sur C, qui sont égales et contraires. Nous pouvons donc appliquer la formule (6) à la quantité Q; et, pour cela, il y faudra faire

$$b' = \text{OMA}' = \omega - \pi, \quad b = \text{FMN} = \frac{3}{2}\pi - \omega;$$

ω étant le même angle KMN que dans la valeur de V du numéro précédent. De cette manière, on trouve

$$Q = q(\sin\omega + \cos\omega);$$

on aura, par conséquent,

$$V + Q = q\cos\omega; \qquad (7)$$

et l'équation (3) deviendra finalement

$$q - \varpi = (q + q_1)\cos\omega. \qquad (8)$$

(46). Les normales à la surface du tube et à celle du liquide, menées par le point O, étant sensiblement parallèles aux droites MK et MN, on peut rapporter cette dernière équation à ce point même de la surface du liquide. Ainsi, en un point quelconque O de la surface capillaire, dont la distance à la paroi du tube est insensible, mais plus grande que les rayons d'activité des molécules du tube et du liquide, l'angle ω compris entre la partie extérieure de la normale au liquide et la perpendiculaire abaissée du même point sur la paroi voisine du tube, est indépendant de la courbure du tube et donné par l'équation (8).

Dans ce qui précède, nous avons supposé qu'il s'agissait de la surface libre d'un liquide placé dans le vide; mais on parviendra à un résultat semblable, si l'on suppose que le point O appartienne à la surface de séparation de deux fluides quelconques, pourvu qu'il soit toujours situé à une distance insensible de la paroi du tube : il sera facile, en effet, de voir comment l'équation (8) devra être modifiée.

Nous supposerons, dans ce cas général, que les quantités q et ϖ appartiennent au liquide inférieur; nous désignerons par q' et ϖ' ce que ces quantités deviennent relativement au liquide supérieur, en sorte que $\varepsilon\varpi'$ soit une force provenant de l'action du tube sur la couche adjacente de ce liquide, et dirigée en sens contraire de la force ϖ du n° 38; nous étendrons, comme dans le n° 27, l'intégrale représentée par $q_{,}$ aux couches adjacentes des deux liquides; enfin, nous désignerons par φ l'angle compris entre la partie de la normale à cette surface, contenue dans le liquide supérieur, et la perpendiculaire à la paroi du tube, menées l'une et l'autre par le point O. On verra, sans peine, que l'équation (8) devra être remplacée par celle-ci :

$$q - \varpi - q' + \varpi' = (q + q' + q_{,}) \cos \varphi,$$

c'est-à-dire

$$K = G \cos \varphi, \qquad (9)$$

en faisant

$$q - \varpi - q' + \varpi' = \tfrac{1}{2} K, \qquad q + q' + q_{,} = \tfrac{1}{2} G. \qquad (10)$$

Le coefficient G entre déjà dans l'équation (7) de la surface capillaire (n° 29); le coefficient K est une autre constante qui dépendra de la matière des deux liquides et de celle du tube, à raison des quantités ϖ et ϖ'. Si l'on appelle F et F' les valeurs de K qui auraient lieu relativement au liquide inférieur et au liquide supérieur, considérés isolément, on aura

$$K = F - F';$$

en sorte que la valeur générale de K peut se conclure de ses deux valeurs particulières, ce qui n'a pas lieu à l'égard du coefficient G.

L'angle φ sera constant pour tous les points du contour de la surface capillaire, si toutefois le tube est homogène. Si la matière du tube variait par degrés insensibles, l'angle φ varierait de même, et serait toujours déterminé, en chaque point, par l'équation (9). Réciproquement, quand cet angle sera donné par l'observation, il fera connaître la valeur correspondante et le signe du rapport de K à G.

(47). L'équation relative au contour de chaque surface capillaire servira à déterminer les fonctions arbitraires contenues dans l'intégrale de l'équation de cette surface; mais cette dernière équation étant du second ordre, son intégrale complète renfermera deux fonctions, et il faudra deux conditions particulières pour les déterminer. Or, la projection du contour sur le plan des x et y sera toujours une courbe fermée. Il y aura donc deux valeurs de y en fonctions de x, qui répondront à cette courbe; et l'équation du contour devant subsister pour chacune de ces deux valeurs, sera réellement double, et fournira les deux équations nécessaires. Dans ces calculs, on pourra prendre, sans erreur sensible, pour la projection du contour de la surface capillaire, celle de son intersection avec la paroi du tube.

Si l'on a placé dans l'intérieur du tube un autre corps solide, un cylindre, par exemple, qui traverse le tube suivant sa longueur, l'équation du contour aura lieu relativement à la surface extérieure de ce cylindre et à la surface intérieure du tube. Toutefois, pour qu'elle s'applique à la surface du cylindre, il faudra que son diamètre ait une grandeur sensible; car cette équation suppose que les rayons de courbure de la surface du corps solide, contre laquelle le liquide s'appuie, soient extrêmement grands et comme infinis par rapport au rayon d'activité moléculaire; condition sans laquelle il n'aurait pas été permis de considérer, dans l'analyse précédente, la surface de ce corps comme un plan, dans toute l'étendue d'activité de ses molécules et de celles du liquide. En supprimant le tube, on aura le cas d'un liquide qui s'élève ou s'abaisse autour d'un corps solide.

En substituant aux variables x et y, les coordonnées polaires du point auquel elles appartiennent, c'est-à-dire son rayon vecteur r et l'angle θ, qu'il fait avec un axe fixe, l'ordonnée z sera une fonction de r et θ qui ne devra pas devenir infinie pour $r=0$, lorsque l'origine de ce rayon sera la projection horizontale de l'un des points de la surface capillaire, et qui devra être nulle pour $r=\infty$, quand il s'agira d'un liquide indéfiniment prolongé, dans lequel on aura plongé l'une des extrémités d'un corps solide. Ces conditions pourront remplacer, en partie, celles qui résulteraient de l'équation relative au contour de chaque surface capillaire.

On conclut de là que les équations des surfaces capillaires qu'on a données dans les n°s 29 et 30, celles qui appartiennent à leurs contours, l'équation indiquée dans le n° 30 et relative au volume du liquide supérieur, quand il y a deux liquides superposés, et, si l'on veut, les conditions particulières à $r=0$ et $r=\infty$, seront, dans tous les cas, en nombre suffisant pour la détermination complète de la surface d'un ou de plusieurs liquides, dans l'intérieur ou autour d'un corps solide. Ces diverses équations renferment donc la solution complète du problème, qui ne peut plus présenter maintenant que des difficultés d'analyse : on peut les regarder comme insurmontables dans le cas d'une solution rigoureuse et d'un corps de figure quelconque, à cause de la forme compliquée de l'intégrale générale dont il faudrait partir, qui comprend, comme cas particulier, celle de l'équation relative à la surface de l'aire *minima*, et qui s'obtient, sous forme finie, par le même procédé ; mais cela n'empêche pas qu'on ne puisse déduire de ce système d'équations différentielles, comme on le verra dans les deux chapitres suivans, des formules applicables aux nombreux et très divers phénomènes de capillarité, que les physiciens ont observés.

(48). Si l'on suppose que la surface intérieure du tube soit celle d'un cylindre vertical, la ligne OMFC sera droite et verticale dans toute sa longueur ; et il ne sera plus nécessaire, pour l'exactitude de l'analyse précédente, de prendre le point F, comme nous l'avons fait, à une distance insensible du point M. Supposons donc que le plan représenté par GFL, qui sera, dans ce cas, un plan horizontal, soit mené à une distance quelconque au-dessous de la surface AOB du liquide, et représentons par α sa distance au plan du niveau extérieur. Considérons le volume du liquide qui répond à LFMNB, lequel sera sensiblement le même que celui du cylindre vertical, tronqué par la surface capillaire, qui répond à LFOB. Soit $g\rho\alpha\beta + \Delta$ son poids ; β étant la base de ce cylindre, g la gravité, ρ la densité du liquide, et Δ la partie de ce poids soulevé ou abaissé par l'action capillaire, selon que cette quantité Δ sera positive ou négative. L'autre partie $g\rho\alpha\beta$ du poids dont il s'agit sera tenue en équilibre par la pression exercée en sens contraire sur la base β, et qui représentera l'action du liquide situé au-dessous du plan GFL, sur la portion de liquide que nous considérons ; il faudra donc que le poids Δ soit soutenu par l'action verticale de la couche environnante et qui correspond à GFMNA, sur cette même portion de liquide. Or, l'action de chaque segment C de cette couche est égale et contraire à la somme des forces qu'on a représentées précédemment par $T\varepsilon$, $V\varepsilon$ et $Q\varepsilon$ (n° 38) ;

si donc on appelle c le contour de la base ϵ, ou, sensiblement, celui d'une section horizontale de la paroi du tube, et si l'on observe que les forces $T\epsilon$, $V\epsilon$ et $Q\epsilon$ sont constantes pour tous les segmens C de la couche liquide, il faudra qu'on ait

$$\Delta + (V + Q + T)c = 0,$$

ou bien, en vertu de l'équation (8) et de la valeur de T du n° 41,

$$\Delta + (q + q_1)c \cos \omega = 0;$$

résultat qui coïncide avec l'équation (16) du n° 36, en observant que le liquide étant placé dans le vide, $q + q_1$ est la valeur du coefficient $\frac{1}{2}$H.

Cet accord remarquable entre deux moyens aussi différens de déterminer le poids du liquide soulevé ou abaissé par l'action capillaire, dans le cas d'un tube cylindrique et vertical, peut servir de vérification à notre analyse; mais il faut remarquer que la méthode qui nous a conduit à l'équation (16) est la plus directe, et qu'elle est aussi la plus générale, en ce qu'elle ne suppose au tube aucune forme particulière.

CHAPITRE IV.

Équilibre d'un ou de plusieurs liquides dans un tube capillaire.

(49). Je supposerai d'abord qu'il n'y ait qu'un seul liquide homogène et partout à la même température, ainsi que le tube de forme quelconque que l'on y a plongé par son extrémité inférieure, et je vais réunir, dans ce numéro, les formules relatives à l'équilibre de ce liquide, que l'on a obtenues en différens endroits des deux chapitres précédens.

L'équation commune à tous les points de la surface libre du liquide, qui sont à une distance des parois du tube plus grande que le rayon d'activité moléculaire, est

$$g\rho z = \frac{1}{2}\mathrm{H}\left(\frac{1}{\lambda} + \frac{1}{\lambda'}\right); \quad (1)$$

le plan des x et y est celui du niveau du liquide en-dehors du tube; l'ordonnée verticale z est positive ou négative, selon que le point quelconque M auquel elle répond se trouve au-dessus ou au-dessous du niveau; λ et λ' sont les rayons de courbure principaux de la surface au point M, et ils sont regardés comme positifs ou comme négatifs, selon que les lignes de courbure tournent leur concavité ou leur convexité en-dehors du liquide: ρ est la densité du liquide, ou, plus exactement, cette densité diminuée de celle de l'air, quand le liquide n'est pas placé dans le vide; on suppose alors que la pression atmosphérique est la même en-dehors et en-dedans du tube; enfin, g représente la pesanteur, et H un coefficient constant donné par l'expérience, et qui dépend de la matière et de la température du liquide.

Les formules relatives à la courbure des surfaces donnent

$$\frac{1}{\lambda}+\frac{1}{\lambda'}=\frac{\left(1+\frac{dz^2}{dy^2}\right)\frac{d^2z}{dx^2}-2\frac{dz}{dx}\frac{dz}{dy}\frac{d^2z}{dxdy}+\left(1+\frac{dz^2}{dx^2}\right)\frac{d^2z}{dy^2}}{\left(1+\frac{dz^2}{dx^2}+\frac{dz^2}{dy^2}\right)^{\frac{3}{2}}};\qquad(2)$$

et, pour que cette valeur de $\frac{1}{\lambda}+\frac{1}{\lambda'}$ ait le signe convenable, il faudra regarder son dénominateur, dont le signe est ambigu, comme positif ou comme négatif, selon que la normale menée par le point M, en-dehors du liquide, et la verticale menée par le même point, en sens contraire de la pesanteur ou dans le sens des z positives, feront un angle aigu ou obtus.

Relativement à un point quelconque O du contour de la surface du liquide, c'est-à-dire relativement à tous les points de cette surface qui sont à une distance insensible de celle du tube, mais toujours plus grande que les rayons d'activité des molécules du tube et du liquide, on a cette équation

$$F = H \cos\omega, \qquad (3)$$

dans laquelle ω sera l'angle aigu ou obtus, compris entre la partie extérieure de la normale au liquide menée par le point O, et la perpendiculaire abaissée du même point sur la paroi du tube la plus voisine de O : H est le même coefficient que dans l'équation (1), et F une autre constante, aussi donnée par l'expérience et dépendante de la nature du liquide et de celle du tube.

Si l'on abaisse de tous les points de ce contour, des perpendiculaires sur le plan des x et y, qui formeront la surface d'un cylindre vertical; que l'on appelle c le contour de sa base, c'est-à-dire la projection horizontale du contour de la surface capillaire, et que l'on appelle Δ le poids dans l'air d'un volume du liquide égal à la partie de ce cylindre comprise entre sa base et la surface capillaire, on aura

$$\Delta = -\frac{1}{2} Hc\cos\omega,$$

ou, ce qui est la même chose,

$$\Delta = -\frac{1}{2} cF; \qquad (4)$$

Δ étant regardé comme positif ou comme négatif, selon que la surface du liquide sera située au-dessus ou au-dessous du plan des x et y. Quand elle sera coupée par ce plan, Δ sera composé de deux parties, l'une positive et l'autre négative, et pourra, conséquemment, être nul, positif ou négatif.

Quoique les deux constantes F et H ne puissent être données, comme nous l'avons dit, que par l'observation, il ne sera cependant pas inutile de rappeler les formules qui serviraient à les déterminer, *à priori*, si les lois des actions moléculaires étaient connues en fonctions des distances. En faisant

$$\frac{1}{2}\mathrm{H} = q + q_1, \quad \frac{1}{2}\mathrm{F} = q - \varpi,$$

et regardant r comme une quantité positive donnée par l'équation

$$r^2 = u^2 + (s - s')^2,$$

on aura

$$\left.\begin{aligned} q &= -\frac{1}{8}\pi \int_0^\infty \mathrm{R}r^4 dr, \\ q_1 &= -\frac{1}{2}\pi \int_0^\infty \int_0^l \int_0^l \mathrm{R}_1 \frac{u^3}{r}\, du\, ds\, ds', \\ \varpi &= \frac{1}{2}\pi \int_0^\infty \int_0^l \int_0^l \mathrm{R}' \frac{u^3}{r}\, du\, ds\, ds'. \end{aligned}\right\} \quad (5)$$

Dans ces formules, R, R$'$, R$_1$, sont des fonctions de r insensibles pour toute valeur sensible de cette variable, qui expriment l'action mutuelle des molécules liquides à la distance r et rapportée aux unités de volume, et qu'on regarde comme positives ou comme négatives, selon que cette force est répulsive ou attractive : R se rapporte à l'intérieur du liquide, R$_1$ à sa couche superficielle, et R$'$ à sa couche adjacente à la paroi du tube. Ces deux quantités R$_1$ et R$'$ sont, en outre, des fonctions symétriques de s et s', qui varient très rapidement avec ces variables, et se confondent avec la fonction R, dès que s et s' surpassent le rayon d'activité moléculaire. La limite l des intégrales relatives à s et s' doit être de grandeur insensible, mais plus grande que ce rayon, et l'on peut supposer qu'elle soit la même pour q_1 et pour ϖ. On démontre que ces quantités ne changent pas sensiblement avec la grandeur de l ; et l'on fait aussi voir qu'on aurait

$$q_1 = -2q, \quad \varpi = 2q,$$

si l'on faisait abstraction de la variation de densité dans l'épaisseur de la couche liquide à laquelle répond chacune de ces quantités, et que l'on regardât, en conséquence, chacune des fonctions R_1 et R' comme indépendante de s et s' en-dehors de r.

A la rigueur, si le liquide n'est pas placé dans le vide, l'intégrale représentée par q_1 devrait s'étendre à la couche atmosphérique adjacente à sa surface, et l'expression de H devrait contenir un troisième terme, relatif à l'action mutuelle des molécules d'air dont cette couche est formée. Mais l'observation ayant prouvé que les phénomènes capillaires sont les mêmes dans le vide et dans l'air, il paraît que ce troisième terme n'a aucun effet sensible, non plus que la partie de q_1 qui proviendrait de l'action mutuelle des molécules de l'air et du liquide; et, pour cette raison, nous n'y aurons point égard.

(30). Voici actuellement les conséquences les plus générales qui résultent des formules précédentes.

L'équation (1) montre que la surface du liquide ne pourra rester plane, à moins qu'elle ne soit horizontale et qu'elle ne coïncide avec le plan du niveau extérieur. En vertu de l'équation (3), il faudra, pour cela, qu'on ait $F = 0$; réciproquement, quand cette condition aura lieu, on satisfera aux équations (1) et (3), en prenant $z = 0$, et il n'y aura ni élévation ni abaissement du liquide, dont la surface demeurera horizontale. Mais j'ai déjà remarqué (n° 20) qu'on ne peut pas déterminer, *à priori*, la proportion des actions moléculaires du tube et du liquide que ce cas particulier suppose.

Quel que soit le signe de H, il résulte de l'équation (4) qu'il y aura, en général, élévation ou abaissement du liquide, selon que F sera négatif ou positif, à moins que la surface du liquide dans l'intérieur du tube ne soit coupée par le plan du niveau extérieur, auquel cas il y aura à la fois élévation d'une partie du liquide et abaissement dans une autre partie.

Si la surface intérieure du tube est celle d'un cylindre vertical, Δ exprimera le poids du liquide soulevé ou abaissé par l'action capillaire; il ne changera pas lorsqu'on inclinera le tube (n° 36); et, pour un même liquide et différens tubes de même matière, il sera proportionnel, en vertu de l'équation (4), au contour c d'une section horizontale de la surface intérieure de chaque tube. Si l'on appelle b

l'aire de cette section, et k l'ordonnée moyenne de la surface du liquide, on aura

$$\Delta = g\rho b k,$$

et, par conséquent,

$$k = -\frac{F}{2g\rho}\frac{c}{b}.$$

Or, pour des cylindres ou des prismes semblables, l'aire b est proportionnelle au carré de c; l'élévation moyenne k du liquide au-dessus de son niveau extérieur, sera donc de même signe que F et en raison inverse du contour c, ou, plus généralement, en raison inverse des lignes homologues des sections horizontales, qu'on suppose être des figures semblables.

(51). Maintenant, considérons, en particulier, le cas le plus ordinaire, celui d'un tube capillaire dont la surface intérieure est celle d'un cylindre vertical à base circulaire, et qui a son extrémité inférieure plongée dans un liquide homogène.

La surface capillaire sera alors une surface de révolution ayant pour axe celui du tube; au point où elle coupera cette droite, et que j'appellerai C, ses deux rayons de courbure seront égaux et de même signe. En appelant γ leur valeur commune, on aura donc $\lambda = \lambda' = \gamma$; et l'on devra considérer γ comme positif ou comme négatif, selon qu'au point C le liquide sera concave ou convexe. Si l'on désigne par h l'ordonnée verticale de ce point C, positive ou négative, selon qu'il sera situé au-dessus ou au-dessous du niveau du liquide en-dehors du tube, on aura, d'après l'équation (1),

$$h = \frac{H}{g\rho\gamma}. \qquad (6)$$

A cause qu'il est indispensable d'avoir égard, en même temps, à l'attraction mutuelle des molécules fluides et à leur répulsion calorifique, ainsi que nous l'avons prouvé dans le chapitre premier de cet ouvrage, il s'ensuit qu'on ne saurait déterminer, *à priori*, le signe de H; car la force, d'où dépendent les deux parties q et q_1 de cette quantité, change alors de signe dans l'étendue de ses valeurs sensibles, selon que l'attraction à la distance r est plus grande ou moindre que la répulsion. Mais l'expérience ayant constamment prouvé que l'élévation du point C est toujours accompagnée de la concavité du liquide, et que son abaissement n'a jamais lieu sans que le liquide ne soit convexe, il faut que h ait, dans tous les cas, le même signe que γ, ce qui exige que H soit toujours une quantité positive. Cela nous montre que, dans l'intégration d'où dépend la valeur de q, qu'on peut considérer comme la partie principale de H, c'est la force attractive qui est prépondérante; tandis qu'au contraire la force répulsive l'emporte, en général, dans la sommation relative à la pression sur une surface plane (n° 7); mais ces indications ne suffisent pas pour qu'on en puisse tirer quelques conséquences précises sur les lois de décroissement de ces deux forces, et sur l'étendue relative de leurs rayons d'activité. Quoi qu'il en soit, nous regarderons dorénavant H comme un coefficient positif, dont la valeur absolue variera seule avec la matière et la température du liquide.

(52). Je représenterai par α le rayon d'une section horizontale, faite dans la surface intérieure du tube, que l'on prendra, sans erreur sensible, pour celui du contour de la surface capillaire, tracé sur cette surface à distance insensible de celle du tube, et auquel contour l'équation (3) appartient. Si le rayon α est extrêmement petit, on pourra supposer, du moins dans une première approximation, que la surface capillaire coïncide avec celle de sa sphère osculatrice au point C. On aura alors

$$\cos\omega = -\frac{\alpha}{\gamma},$$

en observant que, d'après le signe qu'on attribue à γ, cette quantité est positive ou négative, selon que l'angle ω est obtus ou aigu. En vertu de l'équation (3) et de la formule (6), nous aurons donc

$$\gamma = -\frac{\alpha H}{F}, \quad h = -\frac{F}{g\rho\alpha};$$

ce qui montre que le point C s'abaissera ou s'élèvera suivant que la quantité F, dépendante de la matière du liquide et de celle du tube, sera positive ou négative; et, d'après la seconde formule, l'abaissement ou l'élévation de C, pour un même liquide et différens tubes d'une même matière, serait en raison inverse de leurs diamètres; mais cette loi est un peu modifiée dans la seconde approximation.

Le degré et le sens de la convexité de la surface capillaire dépendant du rapport de F à H et du signe de F, il est bon de chercher à se rendre raison des diverses valeurs de ce rapport pour différens liquides. Voici ce que l'on peut dire à ce sujet.

1°. Lorsque la matière du tube n'exerce aucune attraction sur celle du liquide qui s'appuie contre sa paroi intérieure, la couche du liquide adjacente à cette paroi doit être dans le même état que la couche superficielle en contact avec l'atmosphère. Ces deux couches liquides, d'une épaisseur insensible, transmettent la pression intérieure, l'une à la surface de l'air, et l'autre à la surface du tube; et cette pression est détruite par celle qui est exercée en sens contraire sur ces mêmes couches, et qui est due à l'action du calorique propre, soit des molécules du tube, soit des molécules de l'air, sur celui des molécules du liquide. Cela étant, les forces R_1 et R' seront les mêmes; on aura donc $\varpi = -q_1$; d'où il résultera $F = H$, $\cos\omega = 1$, $\gamma = -\alpha$; et la surface du liquide sera celle d'une demi-sphère convexe par en haut. Ce premier cas est celui de l'eau contenue dans un tube dont la surface intérieure est enduite d'un corps gras.

2°. Si l'attraction du tube n'est pas nulle, la variation de densité du liquide ne sera plus la même près de la surface libre et près de la paroi du tube, et l'on n'aura plus $\varpi = -q_1$. Lorsque l'action moléculaire du tube sera la même que celle du liquide, celui-ci se trouvera dans le même état que s'il était contenu dans un tube formé de sa propre matière; il n'éprouvera donc plus aucune variation de densité près de la paroi du tube; par conséquent, on aura $\varpi = 2q$ (n° 49); ce qui donne $\frac{1}{2}F = -q$, et d'où il résulte

$$\cos\omega = -\frac{q}{q+q_1}, \quad \gamma = \frac{\alpha(q+q_1)}{q}.$$

Vu l'état de dilatation du liquide dans l'épaisseur de sa couche superficielle, à laquelle répond l'intégrale que q_1 représente, il est naturel de penser que cette quantité q_1 est peu considérable relativement à q. Dans ce second cas, le rayon γ doit donc peu différer de celui du tube, et la forme du liquide doit être à peu près un hémisphère concave.

3°. D'après l'examen de ces deux premiers cas, nous pouvons admettre que si la force attractive du tube passe graduellement de zéro à une intensité égale à celle de l'attraction du liquide sur lui-même, la quantité ϖ passera en même temps de $-q_1$ à $2q$; la quantité F, de H à une valeur peu différente de $-$ H, et la forme du liquide, d'un hémisphère convexe à une surface concave, à peu près hémisphérique, sans qu'on puisse assurer néanmoins que la figure du liquide et la valeur moyenne $F = 0$ répondent à une attraction du tube égale à la moitié de celle du liquide (n° 20).

4°. L'attraction du tube continuant d'augmenter et devenant supérieure à celle du liquide, on peut aussi admettre que F continuera de varier dans le même sens qu'auparavant, et finira par surpasser $-$H, abstraction faite du signe. Alors, l'équation (3) ne sera plus possible; et comme elle est nécessaire à l'équilibre du liquide, cet état sera également impossible. On en doit donc conclure que quand l'attraction du tube sur le liquide l'emporte sur l'attraction propre du liquide, une couche de ce fluide, d'une épaisseur aussi petite que l'on voudra, s'élève au-dessus de la surface capillaire, le long de la paroi du tube et jusqu'à son extrémité supérieure. Dans ce cas, on pourra remplacer la paroi du tube par une surface cylindrique, tracée dans l'intérieur du liquide et indéfiniment prolongée au-dessus et au-dessous de la surface capillaire. On supposera que l'action du tube ne s'étend pas jusqu'à cette paroi fictive, et que la distance de cette paroi à la surface extérieure de la couche mince du liquide, élevée au-dessus de la surface capillaire, soit insensible, mais plus grande que le rayon d'activité des molécules du liquide. De cette manière, on aura $\varpi = 2q$; et pour tenir compte, dans le n° 38, de l'action exercée sur le segment qu'on a appelé C, par la couche verticale du liquide supérieure à C, il faudra diminuer cette force ϖ, de celle qu'on a désignée par U (n° 41) et qu'on a trouvée égale à $-q_1$. On aura donc, dans le cas dont il s'agit,

$$\frac{1}{2}F = q - \varpi - q_1 = -q - q_1 = -\frac{1}{2}H,$$

et, par conséquent, $\gamma = \alpha$; c'est-à-dire que le liquide sera concave et hémisphérique. C'est ce que l'on observe, en effet, toutes les fois que le tube est susceptible d'être mouillé par le liquide, et qu'il a été préalablement humecté dans toute sa longueur. Lorsque l'on n'a pas pris cette précaution, le frottement du liquide contre le tube s'oppose à l'élévation de la couche mince du fluide au-dessus de la surface capillaire; ce qui donne lieu, comme nous l'expliquerons plus bas, à différens états d'équilibre, dans lesquels la courbure de cette surface et sa hauteur au-dessus du niveau intérieur n'atteignent pas leur *maximum*.

(53). Dans le cas de $F = -H$, qui a lieu le plus communément, on aura

$$h = \frac{\pi}{4g\rho\alpha}\int_0^\infty Rr^4 dr,$$

en ne considérant, pour abréger, que la partie principale q de H, et substituant sa valeur en intégrale définie.

Supposons que la température change, et que h, ρ, R, deviennent h', ρ', R'; on aura de même

$$h' = \frac{\pi}{4g\rho'\alpha}\int_0^\infty R' r^4 dr,$$

en négligeant la petite variation de α qui pourra avoir lieu. Or, quand la densité augmente ou diminue, le nombre des molécules que renferme chaque unité de volume, varie suivant le même rapport; par cette raison, la quantité R, qui représente l'action mutuelle de deux unités de volume du liquide, devra varier dans le rapport du carré de la densité. D'ailleurs, la force attractive de deux molécules ne change pas avec leur température, mais seulement leur répulsion mutuelle, qui dépend de la quantité de chaleur qu'elles contiennent. La première de ces deux forces étant prépondérante dans la valeur de $\int_0^\infty Rr^4 dr$, si l'on fait abstraction de la variation de la seconde, il suffira donc de faire

$$R' = \frac{R\rho'^2}{\rho^2};$$

et en comparant l'une à l'autre les valeurs précédentes de h et h', on aura

$$h' = \frac{h\rho'}{\rho}.$$

L'expérience montre, en effet, que pour un même liquide à différentes températures, l'élévation du point C croît proportionnellement à la densité; ce qui donne lieu de croire que la force répulsive de la chaleur, ou du moins sa variation, que nous avons négligée, n'a qu'une influence insensible sur l'intégrale $\int_0^\infty \mathrm{R}r^4dr$.

Si l'on désigne par u et u' deux fractions positives dont la somme soit l'unité, et qu'on mêle ensemble deux liquides dans la proportion de u à u', il est aisé de voir que la valeur de cette intégrale, relative au mélange, sera de la forme :

$$\mathrm{U}u^2 + \mathrm{U}_{\prime}uu' + \mathrm{U}'u'^2,$$

en désignant par U, $\mathrm{U}_{\prime}$, U', des coefficiens indépendans de u et u', supposant que les températures des deux liquides sont égales entre elles et les mêmes avant et après le mélange, et négligeant toujours le changement d'intensité de la force répulsive qui peut résulter de l'absorption de chaleur dont le mélange est accompagné. Cela étant, si l'on désigne par v la valeur du produit $h\rho$ qui répond au liquide mélangé, on aura

$$v = u^2f + uu'f_{\prime} + u'^2f';$$

f, $f_{\prime}$, f', étant aussi des quantités indépendantes de u et u', dont la première et la dernière sont les valeurs de $h\rho$ relatives aux deux liquides séparés. Il serait intéressant de vérifier cette formule, par l'expérience, pour différentes proportions de ces deux liquides, en supposant f et f' connus, et après avoir déterminé $f_{\prime}$ d'après la valeur de v qui répond, par exemple, à $u = u' = \frac{1}{2}$. Si elle s'accordait avec l'observation, l'hypothèse de la non-influence sensible de la chaleur sur la valeur de $\int_0^\infty \mathrm{R}r^4dr$, autrement que par la dilatation du liquide, se trouverait tout-à-fait confirmée.

(54). Les réflexions précédentes se rapportent à la partie physique de la question. Revenons actuellement à la partie mathématique, et considérons de nouveau la surface de révolution qui termine un liquide contenu dans un tube cylindrique, vertical et à base circulaire.

Si l'on prend l'axe de ce tube pour celui des z, et qu'on appelle t la distance du point quelconque M de cette surface à cette droite, on aura

$$t = \sqrt{x^2 + y^2};$$

l'ordonnée z du même point sera une fonction de t; et, cela étant, on trouvera que l'équation (2) devient

$$\frac{\frac{d^2z}{dt^2} + \frac{1}{t}\frac{dz}{dt}\left(1 + \frac{dz^2}{dt^2}\right)}{\left(1 + \frac{dz^2}{dt^2}\right)^{\frac{3}{2}}} = \frac{1}{\lambda} + \frac{1}{\lambda'};$$

ce qu'on peut aussi voir en observant que les deux rayons de courbure principaux d'une surface de révolution sont le rayon de courbure de sa courbe génératrice, et la normale à cette courbe, dont la longueur est $t\frac{\sqrt{dt^2 + dz^2}}{dz}$. En faisant

$$H = g\rho a^2,$$

l'équation (1) deviendra donc

$$\frac{\frac{d^2z}{dt^2} + \frac{1}{t}\frac{dz}{dt}\left(1 + \frac{dz^2}{dt^2}\right)}{\left(1 + \frac{dz^2}{dt^2}\right)^{\frac{3}{2}}} = \frac{2z}{a^2};$$

et l'on pourra la remplacer par celle-ci :

$$\frac{t\frac{dz}{dt}}{\sqrt{1 + \frac{dz^2}{dt^2}}} = \frac{2}{a^2}\int ztdt, \qquad (7)$$

qui s'en déduit en la multipliant par tdt et intégrant, et dans laquelle l'intégrale $\int ztdt$ commencera avec la variable t. On aura, en même temps,

$$\cos \omega = - \frac{dz}{\sqrt{dt^2 + dz^2}};$$

le signe du dénominateur étant le même que dans le premier membre de l'équation précédente, où il se détermine comme il a été dit plus haut (n° 49). Si donc on fait aussi

$$F = bH, \quad \cos \omega = b,$$

l'équation (3) deviendra

$$\frac{dz}{dt} + b\sqrt{1 + \frac{dz^2}{dt^2}} = 0: \qquad (8)$$

elle n'aura lieu que pour $t = \alpha$; et la constante b qu'elle renferme ne surpassera pas ± 1.

Cela posé, l'approximation à laquelle on s'est arrêté, dans le n° 52, revient à prendre

$$z = h + \gamma - \sqrt{\gamma^2 + t^2},$$

en regardant le radical comme une quantité de même signe que γ. Elle suppose que le rayon α du tube soit très petit par rapport au produit ab. Pour la pousser plus loin, je ferai

$$z = h + \gamma' - \sqrt{\gamma'^2 - t^2} + u;$$

u étant une variable très petite et telle que l'on ait $u = 0$ et $\frac{du}{dt} = 0$, quand $t = 0$, afin que h soit toujours l'ordonnée du point C où le plan tangent est horizontal; et γ' désignant une constante peu différente du rayon de courbure γ, relatif au même point. En vertu de l'équation (6), on aura, comme précédemment,

$$h = \frac{a^2}{\gamma}.$$

En substituant la dernière valeur de z dans le second membre de l'équation (7), on y pourra, dans cette seconde approximation, négliger le terme $\frac{2}{a^2}\int utdt$. De cette manière, on aura

$$\frac{t\frac{dz}{dt}}{\sqrt{1+\frac{dz^2}{dt^2}}}=\left(\frac{1}{\gamma}+\frac{\gamma'}{a^2}\right)t^2-\frac{2\gamma'^3}{3a^2}+\frac{2(\gamma'^2-t^2)^{\frac{3}{2}}}{3a^2}. \quad (9)$$

Je substitue la même valeur de z dans le premier membre, et je néglige le carré de $\frac{du}{dt}$; tirant ensuite la valeur de $\frac{du}{dt}$, il vient

$$\frac{du}{dt}=\left(\frac{1}{\gamma}+\frac{\gamma'}{3a^2}-\frac{1}{\gamma'}\right)\frac{\gamma'^3 t}{(\gamma'^2-t^2)^{\frac{3}{2}}}-\frac{2\gamma'^3(\gamma'-\sqrt{\gamma'^2-t^2})}{3a^2t\sqrt{\gamma'^2-t^2}}.$$

Or, pour que la valeur de u qui en résultera ne devienne très grande pour aucune valeur de t, il faudra que le terme divisé par $(\gamma'^2-t^2)^{\frac{3}{2}}$, disparaisse de cette expression; on fera donc

$$\frac{1}{\gamma}+\frac{\gamma'}{3a^2}-\frac{1}{\gamma'}=0;$$

d'où l'on tire, à très peu près,

$$\gamma'=\gamma-\frac{\gamma^3}{3a^2};$$

à cause que l'on a supposé γ' très peu différent de γ, ce qui exigera que la fraction $\frac{\gamma}{a}$ soit très petite, et résultera effectivement de la supposition de α très petit par rapport à ab. On aura maintenant

$$u=\frac{2\gamma'^3}{3a^2}\log\frac{\gamma'+\sqrt{\gamma'^2-t^2}}{2\gamma'},$$

et, par conséquent,

$$z=h+\gamma'-\sqrt{\gamma'^2-t^2}+\frac{2\gamma'^3}{3a^2}\log\frac{\gamma'+\sqrt{\gamma'^2-t^2}}{2\gamma'}. \quad (10)$$

Il ne reste plus qu'à déterminer h et γ'. Or, les équations (7) et (8) donnent

$$-b\alpha=\frac{\alpha^2}{\gamma}+\frac{2}{a^2}\int_0^\alpha z_1 t dt,$$

en faisant $z=h+z_1$, et observant que $h=\frac{a^2}{\gamma}$. On en déduit

$$h=-\frac{ba^2}{\alpha}-\frac{2}{\alpha^2}\int_0^\alpha z_1 t dt.$$

A la place de z_1, je mets dans ces équations la formule (10), moins son premier terme. En négligeant les termes divisés par a^4, il vient d'abord

$$-b\alpha = \frac{\alpha^2}{\gamma} + \frac{\gamma\alpha^2}{a^2} + \frac{2(\gamma^2-\alpha^2)^{\frac{3}{2}}}{3a^2} - \frac{2\gamma^3}{3a^2};$$

d'où l'on tire la valeur de γ, et ensuite

$$\gamma' = -\frac{\alpha}{b} + \frac{2\alpha^3}{3a^2b^5}(1-b^2)(1-\sqrt{1-b^2}).$$

On aura, en outre,

$$h = -\frac{ba^2}{\alpha} - \gamma' + \frac{2\gamma'^3}{3\alpha^2} - \frac{2(\gamma'^2-\alpha^2)^{\frac{3}{2}}}{3\alpha^2}$$

$$-\frac{2\gamma'^3}{3a^2\alpha^2}\left(\gamma'^2 - \gamma'\sqrt{\gamma'^2-\alpha^2} - \frac{\alpha^2}{2} + \alpha^2\log\frac{\gamma'+\sqrt{\gamma'^2-\alpha^2}}{2\gamma'}\right), \quad (11)$$

où l'on substituera pour γ' sa valeur précédente.

On ne pourra plus faire usage de ces formules, lorsque b sera une fraction peu considérable. Si elle est très petite, la courbure du liquide le sera aussi; γ sera donc très grand par rapport à α; et l'on satisfera, par approximation, aux équations (7) et (8), en prenant

$$z = h + \frac{t^2}{2\gamma}, \quad h = \frac{a^2}{\gamma}, \quad \gamma = -\frac{\alpha}{b}.$$

(55). Toutes choses d'ailleurs égales, si le tube, au lieu d'être plongé dans le liquide par son extrémité inférieure, est adapté par son autre bout à un orifice pratiqué au bas du vase qui contient le liquide, les équations (7) et (8) auront encore lieu (n° 50); mais le radical $\sqrt{1+\frac{dz^2}{dt^2}}$ y sera de signe contraire à celui qu'il avait dans le cas précédent; et, dans la première approximation, il faudra prendre

$$z = h - \gamma + \sqrt{\gamma^2 - t^2};$$

le radical $\sqrt{\gamma^2-t^2}$ étant, comme précédemment, de même signe que le rayon γ. Or, pour avoir égard à ces différences, il suffira de compter les z positives en sens contraire de la pesanteur, et de changer le signe de cette force, et, par conséquent, a^2 en $-a^2$ dans les formules précédentes. Il en résulte que l'abaissement du liquide au-dessous de son niveau, dans ce vase, sera un peu différent, selon que le tube y sera plongé par son extrémité inférieure, ou qu'il y sera adapté par son extrémité supérieure. Si l'on a, par exemple, $b = 1$, on aura $\gamma' = -\alpha$; et, en vertu de l'équation (11), cet abaissement sera

$$\frac{a^2}{\alpha} - \frac{\alpha}{3} + \frac{\alpha^3}{3a^2}(\log 4 - 1),$$

dans le premier cas, et, dans le second,

$$\frac{a^2}{\alpha} + \frac{\alpha}{3} + \frac{\alpha^3}{3a^2}(\log 4 - 1),$$

ce qui excède de $\frac{2\alpha}{3}$ la première valeur. Il faut évidemment que b soit positif, pour que l'équilibre soit possible dans le second cas.

(56). Dans le cas le plus ordinaire, où le tube a été préalablement mouillé par le liquide dans toute sa longueur, on a $b = -1$, $\gamma' = \alpha$, et l'équation (11) donne

$$h = \frac{a^2}{\alpha} - \frac{\alpha}{3} + \frac{\alpha^3}{3a^2}(\log 4 - 1).$$

Les seules expériences exactes qui aient été faites sur l'élévation des liquides dans les tubes capillaires sont celles de M. Gay-Lussac. Elles se rapportent à la formule précédente, et sont assez précises pour en rendre sensible la partie qui n'est pas en raison inverse de α. Relativement à un liquide dont la matière et la température sont données, on déduira la valeur de a^2, de la valeur observée de h pour un rayon donné α. La formule fera ensuite connaître la hauteur h qui répond à un autre rayon α, avec d'autant plus d'exactitude que la fraction $\frac{\alpha^2}{a^2}$ sera moins considérable.

Ainsi, par exemple, dans un tube mouillé d'eau à la température de 8°,5, pour lequel on avait

$$\alpha = 0^{mm},6472,$$

M. Gay-Lussac a trouvé

$$h = 23^{mm},1634.$$

On en conclut

$$a^2 = (15,1299) \text{ millimètres carrés};$$

il en résulte que pour

$$\alpha = 9^{mm},9519,$$

on devra avoir

$$h = 15^{mm},5829.$$

Suivant M. Gay-Lussac, on a $15^{mm},5861$; ce qui ne diffère que de $0^{mm},0032$. On peut remarquer que la différence serait beaucoup plus grande, si l'on n'avait point égard au deuxième et même au troisième terme de la formule.

Si la surface capillaire n'était pas tangente à la paroi du tube, et qu'on n'eût pas $b = \mp 1$, il faudrait, pour déterminer la valeur de b, mesurer la flèche du ménisque qui termine le liquide, dans le cas d'une valeur particulière de α, et l'égaler à l'excès de la valeur de z relative à $t = \alpha$, sur l'ordonnée h du centre C. Cette équation, jointe à celle qui résulterait de la valeur de h, mesurée pour la même valeur de α, suffirait pour déterminer la valeur de b, en même temps que celle de a; mais la mesure directe de la flèche du ménisque est peu susceptible de précision; et nous verrons, par la suite, qu'il y a d'autres moyens d'obtenir les valeurs de a et b dans le cas où la surface du liquide fait un angle avec celle du tube.

(57). Supposons que l'on place dans l'intérieur d'un tube, comme celui que nous venons de considérer, un autre cylindre semblable, ayant le même axe vertical; le liquide compris entre ce cylindre intérieur et la paroi du tube sera encore terminé par une surface de révolution. Si les angles ω relatifs à la matière du tube et à celle du cylindre sont tous les deux obtus, la génératrice de cette surface sera concave par en haut; elle sera convexe s'ils sont tous les deux aigus; et si l'un est aigu et l'autre obtus, elle présentera un point d'inflexion. Dans les deux premiers cas, il y aura sur cette surface une ligne circulaire et horizontale, pour laquelle toutes les normales à cette surface seront verticales, et qui en sera une ligne de courbure. En prenant λ pour son rayon de courbure, on aura $\lambda = \infty$; et si l'on appelle 6 celui de la génératrice en un point C, où elle coupe la ligne horizontale, et que l'on regarde $\mathcal{C}$ comme positif ou comme négatif, selon que la génératrice sera concave ou convexe par en haut, on aura $\lambda' = \mathcal{C}$. En désignant donc par l l'ordonnée z de ce point C, nous aurons, d'après l'équation (1),

$$l = \frac{H}{2g\rho\mathcal{C}};$$

et en comparant cette valeur à la formule (6), on en conclura

$$l = \frac{h\gamma}{2\mathcal{C}}.$$

Si la distance comprise entre le cylindre et la paroi du tube est très petite, par rapport à la constante a relative à la matière du liquide, la génératrice de la surface de révolution se confondra sensiblement avec son cercle osculateur au point C. En appelant alors α la distance de ce point à la paroi du tube, on aura $\alpha = -\mathcal{C}\cos\omega$, et, par conséquent, $\mathcal{C} = \gamma$ (n° 52), si l'angle ω est le même que précédemment; il en résultera donc $l = \frac{1}{2}h$. Lorsque l'angle ω sera aussi le même à la paroi du tube et à la surface du cylindre intérieur, le point C se trouvera également éloigné de ces deux surfaces, et α sera égal à la moitié de la distance qui les sépare; d'où l'on voit que l'élévation ou l'abaissement du liquide entre ces deux corps de même matière n'est que la moitié de son élévation ou de son abaissement dans un tube capillaire dont le diamètre est égal à leur distance mutuelle. Quand la matière du cylindre intérieur différera de celle du tube, le point C ne se trouvera plus à égale distance des deux surfaces. Si l'on désigne par α' et ω' ce que deviennent α et ω relativement à la surface du cylindre, on aura $\alpha' = -\mathcal{C}\cos\omega'$, et l'on pourra aussi prendre $l = \frac{1}{2}h'$, en appelant h' la valeur de h dans un tube capillaire de la même matière que le cylindre et d'un diamètre égal à α'. La somme $\alpha + \alpha'$ sera donnée, et l'on déterminera le rapport de ses deux parties, au moyen de l'équation $\alpha\cos\omega' = \alpha'\cos\omega$.

Comme ces résultats sont indépendans de la courbure du tube et de celle du cylindre intérieur, et qu'ils supposent seulement leurs surfaces très rapprochées et partout également distantes l'une de l'autre, il s'ensuit qu'on peut remplacer le tube et le cylindre par deux corps terminés par des plans parallèles et verticaux dont la distance mutuelle soit très petite. Ainsi, par exemple, dans le cas de la même matière, l'élévation ou l'abaissement d'un liquide entre ces deux plans, ou la valeur de l, sera moitié de celle de h qui a lieu dans un tube capillaire dont le diamètre est égal à leur distance mutuelle; ce qui est conforme à l'expérience. Dans ce cas, et dans celui d'un tube et d'un cylindre, on pourra, si l'on veut, calculer la valeur de l avec plus d'exactitude par l'analyse du n° 54 ; mais si la constante a n'est pas très grande par rapport à l'épaisseur du liquide, ou bien, si les deux corps sont de matière différente, et que la surface du liquide subisse une inflexion, il faudra recourir à d'autres méthodes, ainsi qu'on le verra dans le chapitre VI, auquel ce problème appartient plus spécialement.

(58). L'analyse du n° 54 s'étendra facilement au cas où la surface intérieure du tube, au lieu d'être cylindrique, sera une surface quelconque de révolution, ayant toujours son axe vertical, et un diamètre très petit dans toute sa longueur.

Dans ce cas général, soient OCA et DOE (fig. 14) les surfaces du liquide et du tube, et FB leur axe commun. Par un point quelconque O, appartenant au contour de la surface du liquide, menons des perpendiculaires ON, OK, OH, à cette surface, à celle du tube et à la verticale FB. Supposons la normale OK comprise dans la matière du tube, et la normale ON extérieure par rapport au liquide, ce qui déterminera le sens de cette droite, en observant que le point O s'écarte un tant soit peu de la paroi du tube. L'angle KON sera celui que nous avons désigné par ω, et dont le cosinus est b, en continuant de faire $F = b$H. Appelons i l'angle GOK, aigu ou obtus, que fait la normale OK avec le prolongement OG de OH, et 6 le cosinus de l'angle GON compris entre le même prolongement et la normale ON. Nous aurons

$$6 = b \cos i \pm \sqrt{1 - b^2} \sin i,$$

selon que la droite OK tombera en-dehors ou en-dedans de l'angle GON; et si nous désignons par α le rayon OH du tube, qui répond à la surface du liquide, nous aurons ensuite

$$\frac{dz}{dt} + \mathit{6}\sqrt{1 + \frac{dz^2}{dt^2}} = 0, \qquad (12)$$

en faisant $t = \alpha$ après les différentiations. Dans cette équation, le radical aura le même signe que dans les équations (7) et (8). En la joignant à l'équation (7), on aura les deux équations qu'il s'agira de résoudre.

Il faudra, pour cela, distinguer deux cas : le premier aura lieu quand la verticale menée par le point O ne rencontrera pas de nouveau la surface du liquide, comme dans la double figure 14; le second, lorsque cette verticale rencontrera la surface en un second point O′, comme dans la double figure 15. Dans le premier cas, il suffira de mettre $\mathit{6}$ à la place de b dans les formules du n° 54, pour qu'elles s'appliquent aux équations (7) et (12); le second cas exigera une attention particulière.

Il y aura alors un certain point T, compris entre O et O′, pour lequel la tangente à la courbe OO′C sera verticale. Dans la partie TC de cette courbe, le radical $\sqrt{1 + \frac{dz^2}{dt^2}}$ sera une quantité positive, et dans la partie TO, une quantité négative, d'après ce qu'on a dit précédemment (n° 49). Il s'ensuit que, quel que soit la constante γ, on satisfera à l'équation (7), ou, par approximation, à l'équation (9), depuis le point C jusqu'au point T, au moyen de l'équation (10), dans laquelle on fera toujours

$$h = \frac{a^2}{\gamma}, \quad \gamma' = \gamma - \frac{\gamma^3}{3a^2}.$$

Pour satisfaire à l'équation (7), depuis le point T jusqu'au point O, on prendra

$$z = h + \gamma' + \sqrt{\gamma'^2 - t^2} + v;$$

le radical ayant le même signe que γ', et v étant une variable très petite qui devra être telle que cette valeur de z coïncide au point T avec la formule (10). Ce point répondra à $t = \gamma'$; il faudra donc qu'on ait

$$v = \frac{2\gamma'^3}{3a^2} \log \frac{1}{2},$$

pour cette valeur particulière de t.

Comme le point C n'appartient pas à la partie TO de la surface, il ne sera pas nécessaire que l'intégrale $\int ztdt$, contenue dans le second membre de l'équation (7), s'évanouisse avec t, quand on y substituera la valeur précédente de z. Je pourrai donc supposer qu'en négligeant le terme $\frac{2}{a^2}\int vtdt$, et mettant $\frac{a^2}{\gamma}$ au lieu de h, l'équation (7) devienne, par la substitution dont il s'agit,

$$-\frac{t\frac{dz}{dt}}{\sqrt{1+\frac{dz^2}{dt^2}}}=\left(\frac{1}{\gamma}+\frac{\gamma'}{a^2}\right)t^2-\frac{2\gamma'^3}{3a^2}-\frac{2(\gamma'^2-t^2)^{\frac{3}{2}}}{3a^2}; \quad (13)$$

en sorte qu'elle ne diffèrera de l'équation (9) que par le signe du dernier terme de son second membre ; ce qui est nécessaire pour que γ' soit le même que dans la formule (10). Je substitue la même valeur de z dans le premier membre de cette équation (13) ; je néglige le carré de $\frac{dv}{dt}$; et en ayant égard à la valeur de γ', et observant que le radical $\sqrt{1+\frac{dz^2}{dt^2}}$ est maintenant une quantité négative, il vient

$$\frac{dv}{dt}=\frac{2\gamma'^3(\gamma'+\sqrt{\gamma'^2-t^2})}{3a^2t\sqrt{\gamma'^2-t^2}};$$

ce qui donne

$$v=\frac{2\gamma'^3}{3a^2}\log\frac{\gamma'-\sqrt{\gamma'^2-t^2}}{2\gamma'},$$

en intégrant et en déterminant la constante arbitraire au moyen de la valeur de v qui répond à $t=\gamma'$. La valeur correspondante de z sera donc

$$z=h+\gamma'+\sqrt{\gamma'^2-t^2}+\frac{2\gamma'^3}{3a^2}\log\frac{\gamma'-\sqrt{\gamma'^2-t^2}}{2\gamma'};$$

ce qui ne diffère de la formule (10) que par le signe du radical $\sqrt{\gamma'^2-t^2}$.

Ainsi, lorsque la surface capillaire est rencontrée en deux points par chaque verticale, dans sa partie voisine de la paroi du tube, l'équation (10) appartient à la surface entière, en y prenant ce radical avec le même signe que γ', depuis le centre de cette surface jusqu'à la courbe pour laquelle le plan tangent est vertical, et avec un signe contraire, depuis cette courbe jusqu'au contour de la surface.

Quant à la valeur de γ qu'il y faudra employer, on la déterminera en faisant $t = \alpha$ dans l'équation (13); ce qui donne, en mettant γ au lieu de γ' dans les termes divisés par a^2, et ayant égard à l'équation (12),

$$-6\alpha = \frac{\alpha^2}{\gamma} + \frac{\alpha^2\gamma}{a^2} - \frac{2\gamma^3}{3a^2} - \frac{2(\gamma^2 - \alpha^2)^{\frac{3}{2}}}{3a^2};$$

d'où l'on tire

$$\gamma = -\frac{\alpha}{6}\left[1 + \frac{\alpha^2}{a^2 6^2} - \frac{2\alpha^2}{3a^2 6^4} - \frac{2\alpha^2(1-6^2)^{\frac{3}{2}}}{3a^2 6^4}\right],$$

en négligeant les termes divisés par a^4. On aura, en même temps, en négligeant ceux qui ont a^2 pour diviseur,

$$h = -\frac{a^2 6}{\alpha}\left[1 - \frac{\alpha^2}{a^2 6^2} + \frac{2\alpha^2}{3a^2 6^4} + \frac{2\alpha^2(1-6^2)^{\frac{3}{2}}}{3a^2 6^4}\right];$$

et si l'on compare ces formules à celles du n° 54, on voit que l'ordonnée du centre de la surface et sa courbure en ce point ne diffèrent que par le signe du radical $\sqrt{1-6^2}$ de celles qui ont lieu lorsque la surface n'est rencontrée qu'en un seul point par chaque verticale.

D'après la remarque du n° 55, pour appliquer ces différentes formules au cas où le tube sera adapté par son extrémité supérieure au bas du vase qui contient le liquide, il suffira d'y changer a^2 en $-a^2$, et de compter les z positives dans le sens de la pesanteur.

On peut observer que dans le cas de $6 = \pm 1$, on a $\gamma' = \mp \alpha$; ce qui doit être, en effet, puisqu'alors le contour de la surface capillaire coïncide avec la courbe pour laquelle son plan tangent est vertical.

(59). Les différentes formules du numéro précédent supposent connu le rayon α de la section du tube à laquelle le liquide s'arrêtera. Or, on formera l'équation dont sa valeur dépend, en égalant entre elles les deux expressions de z qui répondent au contour de la surface du liquide, et dont l'une sera donnée par l'équation de cette surface, et l'autre par celle de la surface intérieure du tube, qui fera aussi connaître l'angle i en fonction de α. S'il s'agit, par exemple, d'un cône droit à base circulaire, i sera l'angle donné et constant que fait la génératrice avec son axe vertical, et l'on aura

$$z = (\alpha - e) \operatorname{tang} i,$$

pour la valeur de z fournie par l'équation de la surface du tube; e étant le rayon de la section faite par le plan du niveau extérieur. On égalera donc cette valeur à celle qui résulte de l'équation (10), en y faisant $t = \alpha$, mettant β au lieu de b, et donnant le signe convenable au radical $\sqrt{\gamma'^2 - \alpha^2}$.

(60). L'influence de l'inclinaison i sur l'élévation et la courbure du liquide, explique ce qui arrive quand il atteint l'une des deux extrémités du tube.

Supposons, pour fixer les idées, que la surface intérieure du tube soit celle d'un cylindre vertical, et que ses extrémités soient terminées par deux autres surfaces de révolution, ayant le même axe que ce cylindre. Soit FB cet axe (fig. 16), DD' la génératrice de la surface intérieure, DPQ et D'P'Q' celles des deux surfaces extrêmes, OCA ou OCA' celle de la surface du liquide, selon qu'il s'élèvera ou s'abaissera par rapport à son niveau extérieur, représenté par GH. Par un point quelconque O du contour de la surface capillaire, menons en-dehors du liquide les normales ON et OK à sa surface et à celle du liquide, de sorte que NOK soit l'angle qu'on a désigné par ω, lequel angle est donné et invariable, quelque part que soit le point O. A mesure que l'on enfoncera le tube dans le liquide, le point O se rapprochera du point D, s'il y a élévation au-dessus de GH. Tant qu'il n'aura pas atteint le point D, la surface du liquide ne changera pas, non plus que l'ordonnée CH du point C où elle coupe l'axe FB; l'une et l'autre se détermineront par les formules du n° 54. Quand le point O aura dépassé le point D, la normale KO s'écartera de la direction horizontale; la figure du liquide variera et se déterminera, ainsi que l'ordonnée CH, en remplaçant, d'après ce qu'on a vu dans le n° 58, la constante b par une quantité β dépendante de l'inclinaison de KO et de l'angle constant KON. Si, par exemple, on a $b = -1$, les droites KO et ON seront constamment dans le prolongement l'une de l'autre; la concavité du liquide diminuera de plus en plus, à mesure que O s'élèvera au-dessus de D, et sa surface sera plane et de niveau avec le liquide extérieur, lorsque O aura atteint le sommet P du bord supérieur du tube, c'est-à-dire le point où le plan tangent est horizontal, et où, par conséquent, la ligne KON sera verticale. Des effets semblables auront lieu quand on élèvera le tube jusqu'à ce que le point O ait atteint et ensuite dépassé le point D'.

Cela posé, si l'on mène par le point D un plan horizontal qui coupe au point L la courbe DPQ, et si l'on retranche la partie du tube située au-dessus de ce plan, de sorte que le tube soit maintenant terminé par une portion de surface plane et horizontale, il y aura une arête vive à l'intersection de ce plan et de la surface intérieure du tube, dont le point D fera partie. Mais, dans la réalité, cette arête sera toujours un tant soit peu arrondie; et, quelque petite que soit son épaisseur, elle sera néanmoins extrêmement grande, eu égard au rayon d'activité moléculaire, qui est tout-à-fait insensible. Or, cela suffit pour que ce qui précède soit encore applicable, lorsqu'on enfoncera le tube dans le liquide. Quand le point O aura atteint l'extrémité supérieure de la partie cylindrique de sa surface, la ligne KON tournera autour de l'arête de jonction de cette partie et de la partie plane; la normale OK à la surface de cette arête, passera graduellement de la direction horizontale à la direction verticale, sans que l'angle KON éprouve aucune variation. Pendant ce changement, le point O se déplacera extrêmement peu; mais il n'en sera pas de même à l'égard du point C. La distance CH au niveau extérieur et la courbure du liquide dépendront à chaque instant de la direction de OK. La surface de l'arête n'étant pas connue, l'angle i que fait cette normale avec le prolongement de la perpendiculaire abaissée du point O sur l'axe FB, ne sera pas donné, comme dans le n° 58, en fonction de la distance α de ce même point à cet axe; mais on pourra prendre pour α le rayon de la partie cylindrique du tube; et cette quantité étant donc connue, ainsi que l'ordonnée verticale du point O, pour laquelle on prendra celle du point fixe D, on emploiera, pour trouver la valeur de i, l'équation qui aurait servi, d'après le numéro précédent, à déterminer celle de α. On pourra donc considérer l'angle i, et, par conséquent, la quantité ϵ, comme déterminés en fonctions du rayon α et de la distance du point D au niveau extérieur du liquide; et, cela étant, on achèvera, comme dans le n° 58, de calculer les valeurs de l'ordonnée h et du rayon de courbure γ relatifs au point C, et de déterminer la surface du liquide.

Le même raisonnement s'appliquera au cas où le tube est terminé inférieurement par une portion de surface plane, jointe à sa partie cylindrique par une arète vive, et où on le soulève jusqu'à ce que cette arète inférieure soit atteinte par le point O.

(61). Les lois de l'équilibre dans un tube capillaire seront évidemment les mêmes, soit que le tube ait été en partie immergé, ou soit qu'il communique avec le liquide contenu dans un vase, par un canal latéral. Mais, dans ce dernier cas, on pourra élever le niveau extérieur au-dessus de l'extrémité supérieure du tube; et l'équilibre sera possible jusqu'à une certaine limite, au-delà de laquelle le liquide jaillira hors du tube, ou s'écoulera sur sa surface extérieure. Si l'angle KON ou ω est obtus, le point O, après être monté jusqu'au point P, descendra le long de la courbe PQ, jusqu'en un certain point pour lequel la droite ON sera horizontale et coïncidera avec le prolongement de la perpendiculaire abaissée de ce point sur l'axe FB. Cette position du point O répondra à la limite dont il s'agit. L'angle i sera alors le même que ω; on aura donc $\cos i = b$, et par suite $\beta = 1$. L'angle i étant connu, l'équation de la courbe PQ fera connaître les distances du point O à l'axe FB et à un plan horizontal menés arbitrairement; ce qui suffira pour la détermination complète de la figure du liquide, qui sera convexe par en haut, et de l'élévation du niveau extérieur au-dessus de ce plan. Les mêmes choses auront encore lieu, lorsque le tube sera terminé par une portion de surface plane, qui se joindra à ses surfaces intérieure et extérieure, en D et L, par des arètes vives; seulement, il arrivera alors qu'abstraction faite du frottement du liquide contre le tube, le point O ne pourra plus s'arrêter entre ces points D et L. Par conséquent, si l'on désigne par α' la distance de L à l'axe FB, ou le rayon de la surface extérieure du tube, on déterminera la figure du liquide correspondante à la plus grande élévation du niveau extérieur et à cette élévation *maxima*, en employant, dans les formules du n° 54, α' et β au lieu de α et b, et y faisant $\beta = 1$.

De cette manière, on aura $\gamma' = -\alpha'$; et l'on en conclura, par exemple,

$$l = \frac{a^2}{\alpha'} + \frac{2\alpha'}{3},$$

en négligeant le carré de la fraction $\frac{\alpha'}{a}$, et désignant par l la hauteur du niveau extérieur au-dessus du plan horizontal qui termine le tube, à l'instant où l'équilibre va se rompre; en sorte que si l'on élevait encore un peu le niveau du liquide dans le vase avec lequel le tube communique, il commencerait à jaillir hors du tube, ou à s'écouler sur sa surface extérieure.

Lorsque l'angle KON sera aigu, le point O ne pourra pas s'élever jusqu'au sommet P de la courbe DPQ; la quantité $\mathcal{C}$ atteindra l'unité, qui est sa plus grande valeur, en un point de la partie DP de cette courbe; l'angle correspondant i se déduira de l'équation $\mathcal{C} = 1$; les coordonnées horizontale et verticale de ce point seront ensuite connues par l'équation de la courbe, et l'on pourra déterminer complètement la figure du liquide. S'il y a une arète vive au point D, le point O s'y arrètera; ses coordonnées seront alors celles de D, et l'angle i se conclura de l'élévation donnée du niveau extérieur au-dessus de cette arète. Réciproquement, l'élévation *maxima* se déterminera d'après l'angle i conclu de l'équation $\mathcal{C} = 1$, et sa valeur sera celle de l, en y mettant le rayon intérieur α du tube à la place de α'.

Par des considérations semblables, on déterminera, dans tous les cas, la figure du liquide à l'extrémité inférieure du tube, lorsque sa branche verticale sera descendante, ou qu'il aura été adapté à un petit orifice pratiqué au fond du vase qui contient le liquide.

(62). J'ai insisté sur ce qui arrive quand le liquide atteint l'une des deux extrémités du tube, parce que je me trouve, sur ce point, en opposition avec un passage de la *Mécanique céleste* (*), où il est dit qu'alors l'angle sous lequel les parois du tube sont coupées par la surface du liquide, c'est-à-dire l'angle que j'ai appelé ω, devient variable et n'est plus le même qu'à une distance quelconque des deux

(*) *Supplément à la Théorie de l'Action capillaire*, page 25.

extrémités. Cette assertion est échappée à l'illustre auteur, faute d'avoir considéré que cet angle KON est compté à partir de la normale KO à la surface du tube, dont l'inclinaison sur un plan horizontal varie lorsque le point O appartient à l'arète supérieure ou inférieure du tube; ce qui suffit pour expliquer, sans que l'angle ω éprouve aucune variation, le changement de courbure de la surface du liquide, et pour déterminer la courbure correspondante à une distance donnée du niveau extérieur du liquide à l'extrémité du tube.

L'influence de l'angle i sur l'élévation du centre de la surface capillaire, fournit aussi l'explication des différentes valeurs de cette élévation que les physiciens ont obtenues, pour un même liquide, et dans un même tube cylindrique vertical, qui n'était pas mouillé préalablement par ce liquide. En effet, quel que soit le degré de poli de la paroi intérieure du tube, il s'y trouve toujours des sinuosités dont les hauteurs sont incomparablement plus grandes que le rayon d'activité moléculaire, et dont les normales peuvent faire des angles quelconques, différens de l'angle droit, avec la verticale. L'angle i, et par suite la quantité ϵ, varient donc d'un point à un autre de la surface du tube que l'on regarde comme cylindrique. Les différentes valeurs de ϵ peuvent être moindres que ± 1, sans que l'angle ω éprouve aucun changement; et il en résulte différens états d'équilibre, dans lesquels le liquide est plus ou moins élevé, et la courbure de sa surface plus ou moins considérable. Cette sorte d'indétermination disparaît, lorsque la surface du liquide, concave ou convexe, est tangente à celle du tube, et que l'élévation ou l'abaissement de son niveau atteint le *maximum;* ce qui a lieu, comme on l'a vu précédemment (n° 52), quand le tube a été mouillé dans toute sa longueur par le liquide, ou bien, quand il n'exerce aucune attraction sur la couche qui s'appuie contre sa paroi intérieure, en vertu du poids du liquide et de la pression atmosphérique. C'est également à ces sinuosités, comme aussi à celles qui ont toujours lieu sur les surfaces regardées comme planes, que l'on doit attribuer l'adhésion de la couche liquide, d'une épaisseur sensible, qui mouille ces surfaces, quand b ou $\cos\omega$ est négatif, et qui se maintient sans perdre sa fluidité, quelle que soit leur direction, verticale, horizontale ou inclinée.

(63). Dans le dernier cas du n° 61, il sera bon de calculer le poids de la goutte qui se forme à l'extrémité inférieure du tube, à l'instant où l'équilibre va se rompre, et en supposant le tube terminé par un plan horizontal, qui coupe ses deux surfaces intérieure et extérieure, en D′ et L′ où il y aura des arètes vives dont les rayons seront α et α'.

Si l'angle KON est obtus, la goutte se terminera à l'arète extérieure, et, s'il est aigu, à l'arète intérieure. Dans les deux cas, on aura $\epsilon = 1$, à l'instant que l'on considère; le liquide sera convexe; chaque verticale ne rencontrera sa surface qu'une seule fois, et la normale extérieure fera, en chaque point, un angle obtus avec la verticale tirée par le même point en sens contraire de la pesanteur.

Pour fixer les idées, supposons l'angle KON obtus. A cause de $\epsilon = 1$ et $\gamma' = -\alpha'$, et d'après la remarque du n° 55, nous aurons

$$z = h - \alpha' + \sqrt{\alpha'^2 - t^2} + \frac{2\alpha'^3}{3a^2} \log \frac{\alpha' + \sqrt{\alpha'^2 - t^2}}{2\alpha'},$$

pour l'équation de la surface du liquide, en regardant le radical $\sqrt{\alpha'^2 - t^2}$ comme positif, et comptant les z positives à partir du niveau du liquide et dans le sens de la pesanteur. Si l'on appelle z_1 l'ordonnée d'un point quelconque, comptée dans le même sens, mais à partir du plan horizontal qui termine le tube inférieurement, on aura donc

$$z_1 = \sqrt{\alpha'^2 - t^2} + \frac{2\alpha'^3}{3a^2} \log \frac{\alpha' + \sqrt{\alpha'^2 - t^2}}{2\alpha'}.$$

Le volume de la goutte située au-dessous de ce plan sera $2\pi \int_0^{\alpha'} z_1 t dt$; et en désignant son poids par m et effectuant l'intégration, nous aurons

$$m = \frac{2\pi g \rho \alpha'}{3} \left(1 + \frac{\alpha'^2}{2a^2}\right).$$

En appelant l' la hauteur correspondante du liquide au-dessus de l'extrémité inférieure du tube, c'est-à-dire la valeur de z qui répond à $t = \alpha'$, on aura, à très peu près,

$$l' = \frac{a^2}{\alpha'} - \frac{2}{3}\alpha'.$$

Le poids *maximum* m ne dépendra pas de la matière du tube, ou de la grandeur de la constante b; seulement, quand b sera négatif, comme nous l'avons supposé, le contour du liquide situé au-dessous du tube, sera l'arète extérieure de son extrémité; et dans le cas de b négatif, ce contour sera l'arète intérieure, de sorte qu'il faudra alors remplacer α' par α dans l'expression de m. Comme on a supposé α' très petit par rapport à a, ce poids, pour différens liquides, sera à très peu près proportionnel à leurs densités.

Dès que l'élévation du liquide dans le vase auquel le tube est adapté, surpassera l', l'équilibre ne sera plus possible. Le liquide se mettra donc en mouvement : le déplacement de ses différens points sera très lent, si l'excès de pression est peu considérable; mais, quelque lent qu'il soit, la figure du liquide ne pourra plus se déterminer par l'analyse précédente, qui se rapporte exclusivement au cas de l'équilibre. L'observation montre que la goutte suspendue à l'extrémité du tube s'allonge graduellement jusqu'à ce qu'une partie se détache. M. Gay-Lussac a trouvé que pour un même liquide et un même diamètre extérieur du tube, le poids des gouttes tombantes est constant, et que pour différens liquides, il n'est pas proportionnel aux densités. Le rayon extérieur du tube dont il a fait usage était

$$\alpha' = 3^{mm},09.$$

A la température de 15°, il a trouvé $8^{g},9875$ pour le poids de 100 gouttes d'eau. En calculant la valeur de m, d'après cette valeur de α' et de celle de a^2 du n° 56, on trouve, à très peu près,

$$m = 0^{g},08;$$

en sorte que, dans ce cas, le poids de chaque goutte qui se détache surpasse très peu celui de la goutte suspendue en-dehors du tube, à l'instant où l'équibre commence à se rompre. Mais il faut remarquer que le rapport $\frac{\alpha'}{a}$ étant environ $\frac{3}{4}$, cette valeur de m, déduite de la formule précédente, peut ne pas être suffisamment approchée. A la même température, M. Gay-Lussac a trouvé $3^{g},0375$ pour le poids de 100 gouttes d'un alcohol dont la densité était 0,8453, en prenant celle de l'eau pour unité; d'où il résulte que le poids de chaque goutte tombante d'alcohol est à peine le tiers de celui d'une goutte d'eau, quoique la densité du premier liquide ne diffère pas d'un cinquième de celle du second. Le rapport $\frac{\alpha'}{a}$ étant plus grand que l'unité dans le cas de l'alcohol et du tube que M. Gay-Lussac a employés, on ne pourrait pas calculer la valeur de m par la formule précédente.

(64). Considérons maintenant l'équilibre d'un liquide homogène, suspendu dans un tube capillaire et soumis à la pression atmosphérique, qu'on suppose la même sur ses deux surfaces, auxquelles appartiendront les équations (9) et (11) du n° 30.

Nous supposerons que la surface intérieure du tube soit une surface de révolution qui ait son axe vertical; il en sera de même à l'égard des deux surfaces du liquide, dont l'axe commun sera celui du tube; et si l'on appelle t la distance d'un point quelconque M de l'une ou l'autre surface à cet axe, et ρ la densité du liquide diminuée de celle de l'air, et qu'on fasse

$$H = g\rho a^2, \qquad c' - \Pi = g\rho c,$$

les equations (9) et (11) deviendront

$$\left.\begin{aligned} \frac{d^2 z'}{dt^2} + \frac{1}{t}\frac{dz'}{dt} &= \frac{2(z'-c)}{a^2}\left(1+\frac{dz'^2}{dt^2}\right)^{\frac{3}{2}}, \\ \frac{d^2 z}{dt^2} + \frac{1}{t}\frac{dz}{dt} &= \frac{2(z-c)}{a^2}\left(1+\frac{dz^2}{dt^2}\right)^{\frac{3}{2}}. \end{aligned}\right\} \quad (14)$$

La première appartiendra à la surface supérieure, et la seconde à la surface inférieure. Les ordonnées positives z et z' seront portées au-dessus d'un plan horizontal qu'on choisira arbitrairement; la constante c se déterminera d'après le volume donné du liquide. Pour chaque point M, on regardera le radical contenu dans le second membre de l'une ou l'autre équation, comme une quantité positive ou négative, selon que la normale en ce point fera un angle aigu ou obtus, avec la verticale tirée par le même point en sens contraire de la pesanteur.

Soit en outre $F = bH$. Appelons x la distance à l'axe du tube, d'un point quelconque O appartenant au contour de la surface inférieure, i l'angle qui a été défini dans le n° 58, et 6 la même quantité que dans ce numéro. Désignons par x', i', β', ce que deviennent x, i, β, relativement à un point O′ du contour de la surface supérieure. Nous aurons

$$\left.\begin{aligned} \frac{dz'}{dt} + \beta'\sqrt{1 + \frac{dz'^2}{dt^2}} = 0, \\ \frac{dz}{dt} + \beta\sqrt{1 + \frac{dz^2}{dt^2}} = 0; \end{aligned}\right\} \quad (15)$$

la première équation ayant lieu pour $t = x'$, et la seconde pour $t = x$, et les signes des radicaux se déterminant d'après les directions des normales en O et O′, par la même règle que dans les équations (14).

Appelons encore C et C′ les centres des surfaces inférieure et supérieure, c'est-à-dire les points où elles coupent leur axe commun, et en chacun desquels les deux courbures sont égales et de même sens. Soient γ et γ' leurs rayons de courbure en ces mêmes points, dont chacun sera regardé comme positif ou comme négatif, selon que la surface correspondante tournera sa concavité ou sa convexité en-dehors du liquide (n° 30). Désignons aussi par h et h' les ordonnées verticales de C et C′. D'après les équations (14), on aura

$$h - c = \frac{a^2}{\gamma}, \quad h' - c = \frac{a^2}{\gamma'}.$$

Cela posé, les premières et les secondes équations (14) et (15) formeront deux systèmes, qu'on résoudra séparément par l'analyse des nos 54 et 58, lorsque les rapports $\frac{x}{a^2}$ et $\frac{x'}{a^2}$ seront supposés très petits, et en ayant égard aux signes que doivent avoir les radicaux contenus dans ces équations, soit au centre de chaque surface, soit à son contour. Les valeurs de z et z' qui en résulteront seront de la forme :

$$z = c + T, \quad z' = c + T';$$

T et T′ étant respectivement des fonctions de t, x, β, et de t, x', β', qui ne contiendront pas la constante c. Il ne restera donc plus qu'à déterminer cette quantité et les valeurs de x et x', d'où dépendront celles de β et β'.

Pour cela, désignons par X et X′ ce que deviennent T et T′,

quand on fait $t = x$ dans T et $t = x'$ dans T'. En appelant y et y' les ordonnées des points O et O', on aura

$$y = c + X, \quad y' = c + X'. \qquad (16)$$

Soit de plus v le volume compris entre la surface inférieure du liquide et le plan horizontal passant par son contour, et v' le volume analogue, relativement à la surface supérieure. En considérant chacune de ces quantités comme positive ou comme négative, selon que le liquide sera convexe ou concave, nous aurons

$$v = 2\pi \int_0^x (X - T)\, t dt, \quad v' = 2\pi \int_0^{x'} (T' - X')\, t dt.$$

Soit enfin ε^3 le volume du liquide qui doit être donné; en en retranchant v et v', on aura le volume terminé par la surface intérieure du tube et par les plans horizontaux des contours des deux surfaces du liquide, que je représenterai par V; on aura donc

$$\varepsilon^3 - v - v' = V. \qquad (17)$$

Or, le point O appartenant à la surface du tube, son ordonnée y sera donnée dans chaque cas en fonction de x, ainsi que l'angle i, et par suite la valeur de β. Les quantités y', i', β', seront données de même en fonctions de x'; la valeur de V en fonction de x et x' s'obtiendra par les règles connues; et, de cette manière, les équations (16) et (17) suffiront pour la détermination complète des trois inconnues x, x', c.

(65). Cette solution du problème conviendra également au cas où le tube sera composé, comme un siphon, d'une partie courbe et de deux branches verticales, dont les surfaces intérieures seront des surfaces de révolution, et dans chacune desquelles le liquide s'élèvera à une certaine hauteur. On prendra alors pour ε^3 le volume du liquide contenu dans ces deux branches, au-dessus d'un plan horizontal supérieur à la partie courbe du tube, lequel volume se déduira du volume total du liquide, en en retranchant celui du liquide contenu au-dessous de ce plan, qui sera aussi connu; on prendra, en même temps, pour V la somme des capacités intérieures des deux branches, comprises entre ce plan horizontal et les plans des contours des deux surfaces du liquide.

Supposons, par exemple, que les surfaces intérieures des deux branches verticales soient des surfaces cylindriques, dont x et x' sont les rayons donnés; nous aurons alors $i = 0$, $i' = 0$, $6 = 6' = b$. En déterminant les valeurs de T et T' par les formules du n° 54, et négligeant les termes divisés par a^2, on aura

$$z = c - \frac{ba^2}{x} - \frac{2x}{3b^3} + \frac{2x(1-b^2)^{\frac{3}{2}}}{3b^3} + \frac{x}{b}\sqrt{1 - \frac{b^2t^2}{x^2}},$$

$$z' = c - \frac{ba^2}{x'} - \frac{2x'}{3b^3} + \frac{2x'(1-b^2)^{\frac{3}{2}}}{3b^3} + \frac{x'}{b}\sqrt{1 - \frac{b^2t^2}{x'^2}},$$

pour les équations des deux surfaces du liquide, dans lesquelles on regardera les radicaux comme des quantités positives. On pourra remplacer l'équation (17) par celle-ci:

$$\varepsilon^3 = 2\pi\int_0^x ztdt + 2\pi\int_0^{x'} z'tdt;$$

d'où l'on tire, en effectuant les intégrations,

$$\pi(x^2 + x'^2)c = \varepsilon^3 + \pi ba^2(x + x');$$

ce qui fait connaître la constante c, de sorte qu'il ne reste plus rien d'inconnu dans les expressions de z et z'.

On peut remarquer que la différence de niveau des deux points C et C' ne dépendra pas du volume du liquide. Généralement, cette différence sera

$$h' - h = \frac{a^2}{\gamma'} - \frac{a^2}{\gamma},$$

et ne dépendra, par conséquent, pour un même liquide, que des courbures de ses deux surfaces.

(66). Si le tube est cylindrique dans toute sa longueur, et terminé inférieurement par une portion de plan horizontal, qui se joint à ses deux surfaces intérieure et extérieure par deux arètes vives, comme dans le n° 63, le liquide descendra jusqu'à cette extrémité du tube, pour s'arrêter à l'une ou à l'autre de ces deux arètes, lorsque l'équilibre sera possible. Le rayon x' sera donné; on aura $i' = 0$, $6' = b$, et l'expression de z' sera la même que dans le numéro précédent. Si le liquide est convexe par en haut, c'est-à-dire, si la quantité b est positive, il faudra qu'il le soit aussi par en bas, et le liquide ne pourra s'arrêter qu'à l'arète intérieure du tube. Si, au contraire, cette quantité est négative, le liquide pourra d'abord être concave par en bas, et s'arrêter à l'arète intérieure. Sa concavité, moindre qu'à son extrémité supérieure, diminuera de plus en plus, à mesure qu'on augmentera la hauteur du liquide; elle disparaîtra entièrement, et la surface inférieure du liquide sera plane, lorsque cette hauteur égalera celle du même liquide au-dessus du niveau extérieur, dans le cas où le tube est immergé par son extrémité inférieure : au-delà, le liquide deviendra convexe, et ne pourra plus s'arrêter qu'à l'arète extérieure du tube. En prenant alors pour x le rayon de cette arète, et supposant très petit le rapport $\frac{x}{a\beta}$, nous aurons

$$z = c - \frac{2a^2}{x} + \frac{2x}{3\beta^3} - \frac{2x(1-\beta^2)^{\frac{3}{2}}}{3\beta^3} - \frac{x}{\beta}\sqrt{1 - \frac{\beta^2 t^2}{x^2}},$$

pour l'équation de la surface inférieure du liquide, dans laquelle on regardera les radicaux comme des quantités positives. En effet, d'après la remarque du n° 55, la valeur de $z-c$ se déduirait de celle de z du n° 54, en y changeant le sens des z positives et le signe des termes qui renferment une puissance impaire de a^2; ce qui est la même chose que de changer le signe des autres termes, comme nous le faisons ici, en conservant à l'axe des z sa direction en sens contraire de la pesanteur.

Le plan horizontal au-dessus duquel seront portées les z positives étant arbitraire, nous pouvons prendre pour ce plan celui qui termine le tube. Nous aurons donc $z=0$, quand $t=x$; ce qui donne

$$c = \frac{2a^2}{x} - \frac{2x}{3\beta^3} + \frac{2x(1-\beta^2)^{\frac{3}{2}}}{3\beta^3} + \frac{x}{\beta}\sqrt{1-\beta^2}.$$

L'équation (17) sera la même chose que celle-ci :

$$\epsilon^3 = 2\pi\int_0^{x'} z'tdt - 2\pi\int_0^{x} ztdt;$$

et en y substituant la valeur de z' du numéro précédent, et celle de z

qu'on vient d'écrire, il en résultera

$$\varepsilon^3 + \pi c(x^2 - x'^2) = \pi a^2(6x - bx');$$

ce qui fait connaître la valeur de 6. Les quantités c et 6 étant ainsi déterminées, les expressions de z et de z' ne renferment plus rien d'inconnu. Nous avons supposé b négatif; mais s'il était positif, il suffirait de mettre au lieu de x, dans ces différentes formules, le rayon x' de l'arête intérieure à laquelle le liquide s'arrêterait alors.

Comme la plus grande valeur de 6 est l'unité, il s'ensuit qu'on aura le plus grand volume du liquide que le tube puisse soutenir, en faisant $6 = 1$ dans la valeur de ε^3. Si l'on appelle μ le poids de ce liquide, et qu'on substitue pour c sa valeur, il vient

$$\mu = \pi g\rho\left[\frac{a^2x'}{x}(x' - bx) + \frac{2x}{3}(x^2 - x'^2)\right],$$

dans le cas de b négatif, et

$$\mu = \pi g\rho a^2x'(1 - b),$$

dans le cas de b positif.

Si le liquide est le mercure non oxidé, et que le tube soit de verre, on sait, par la figure que ce fluide affecte dans un tube capillaire, que la quantité b est positive et moindre que l'unité: le poids μ ne serait donc pas nul, et l'observation de ce poids pourrait servir à déterminer la valeur de b, en supposant connue celle de a.

Quand le tube est mouillé du liquide que l'on considère, on a $b = -1$, et

$$\mu = \pi g\rho(x + x')\left[\frac{a^2x'}{x} + \frac{2x}{3}(x - x')\right].$$

S'il s'agit de l'eau, par exemple, on prendra pour a^2 dans cette formule, sa valeur numérique trouvée dans le n° 56.

(67). Pour donner une dernière application des formules du n° 64, supposons que le tube soit conique. La courbure de la surface du liquide la plus voisine du sommet sera la plus grande; le liquide sera donc poussé vers ce point ou en sens contraire, selon que ses deux surfaces seront concaves ou convexes, c'est-à-dire selon que l'angle ω sera obtus ou aigu, ou son cosinus b négatif ou positif. Par conséquent, pour tenir le poids du liquide en équilibre, il faudra que le sommet du cône soit au-dessous dans le cas de la convexité, et au-dessus dans le cas de la concavité. Je supposerai que ce soit le premier cas qui ait lieu; le second se traiterait de la même manière.

On aura $i' = i$, et i sera l'angle donné que fait la génératrice du cône avec son axe vertical. Les deux quantités β et β' ne seront pas égales; elles différeront par le signe du second terme (n° 58), c'est-à-dire que l'on aura

$$\beta = b\cos i - \sqrt{1-b^2}\sin i, \qquad \beta' = b\cos i + \sqrt{1-b^2}\sin i.$$

Je compterai les z et z' positives à partir du plan horizontal, mené par le sommet du cône; il en résultera

$$y = \frac{x}{\operatorname{tang} i}, \qquad y' = \frac{x'}{\operatorname{tang} i};$$

et l'on aura, en même temps,

$$\mathrm{V} = \frac{\pi\cos i}{3\sin i}(x^2 + xx' + x'^2)(x' - x).$$

La surface supérieure du liquide tournera sa concavité en-dehors; chaque verticale ne la rencontrera qu'en un seul point, et, en chacun de ses points, la normale extérieure et la verticale tirée en sens contraire de la pesanteur, feront un angle aigu. Par conséquent, l'expression de T' se déduira de la formule (10), en y mettant β' et x' au lieu de b et α; ce qui donne

$$\mathrm{T}' = -\frac{\beta' a^2}{x'} - \frac{2x'}{3\beta'^3} + \frac{2x'(1-\beta'^2)^{\frac{3}{2}}}{3\beta'^3} + \frac{x'}{\beta'}\sqrt{1 - \frac{\beta'^2 t^2}{x'^2}},$$

en négligeant les termes divisés par a^2, et considérant les radicaux comme des quantités positives. On en conclut .

$$\mathrm{T}' - \mathrm{X}' = \frac{x'}{\beta'}\left(\sqrt{1 - \frac{\beta'^2 t^2}{x'^2}} - \sqrt{1-\beta'^2}\right),$$

$$v' = \frac{\pi x'^3}{\beta'^3}\left[\frac{2}{3} - \frac{2}{3}(1-\beta'^2)^{\frac{3}{2}} - \beta'^2\sqrt{1-\beta'^2}\right].$$

Quant à la surface inférieure du liquide, elle tournera aussi sa concavité en-dehors ; mais dans une certaine étendue, près de la paroi du tube, elle sera rencontrée en deux points par chaque verticale ; et, de plus, l'angle compris entre la normale extérieure et la verticale tirée de bas en haut, sera obtus depuis le centre jusqu'aux points où le plan tangent est vertical, et aigu depuis ces points jusqu'au contour. Cela étant, on aura

$$T = -\frac{\beta a^2}{x} + \frac{2x}{3\beta^3} + \frac{2x(1-\beta^2)^{\frac{3}{2}}}{3\beta^3} - \frac{x}{\beta}\sqrt{1-\frac{\beta^2 t^2}{x^2}},$$

où l'on regardera le radical $\sqrt{1-\beta^2}$ comme positif, et le radical $\sqrt{1-\frac{\beta^2 t^2}{x^2}}$ aussi comme positif dans la première partie de la surface, qui s'étendra depuis $t=0$ jusqu'à $t=\frac{x}{\beta}$, mais comme négatif dans la seconde partie, c'est-à-dire depuis $t=\frac{x}{\beta}$ jusqu'à $t=x$. On aura donc

$$X - T = \frac{x}{\beta}\sqrt{1-\beta^2} + \frac{x}{\beta}\sqrt{1-\frac{\beta^2 t^2}{x^2}};$$

et d'après le signe du second radical, on en conclura

$$v = \frac{\pi x^3}{\beta^3}\left[\frac{2}{3} + \frac{2}{3}(1-\beta^2)^{\frac{3}{2}} + \beta^2\sqrt{1-\beta^2}\right].$$

Au moyen de ces différentes valeurs, les équations (16) et (17) deviennent

$$\frac{x}{\tang i} = c - \frac{\beta a^2}{x} + \frac{2x}{3\beta^3} + \frac{2x(1-\beta^2)^{\frac{3}{2}}}{3\beta^3} + \frac{x}{\beta}\sqrt{1-\beta^2},$$

$$\frac{x'}{\tang i} = c - \frac{\beta' a^2}{x'} - \frac{2x'}{3\beta'^3} + \frac{2x'(1-\beta'^2)^{\frac{3}{2}}}{3\beta'^3} + \frac{x'}{\beta'}\sqrt{1-\beta'^2},$$

$$\begin{aligned} \beta^3 = {} & \frac{\pi \cos i}{3 \sin i}(x^2 + xx' + x'^2)(x'-x) \\ & + \frac{\pi x^3}{\beta^3}\left[\frac{2}{3} + \frac{2}{3}(1-\beta^2)^{\frac{3}{2}} + \beta^2\sqrt{1-\beta^2}\right] \\ & + \frac{\pi x'^3}{\beta'^3}\left[\frac{2}{3} - \frac{2}{3}(1-\beta'^2)^{\frac{3}{2}} - \beta'^2\sqrt{1-\beta'^2}\right]. \end{aligned}$$

La dernière et celle qu'on obtiendra en retranchant la première de la seconde, serviront à déterminer x et x'; l'une ou l'autre des deux premières fera connaître ensuite la valeur de c, et ce sera la solution complète du problème.

Elle se simplifiera beaucoup, lorsque l'angle i sera très petit; ce qui permet de remplacer cos i par l'unité. La différence $x' - x$ sera aussi très petite; et en la négligeant et faisant $6' = 6 = b$, excepté dans les termes qui sont divisés par i ou multipliés par la constante a^2, ce qui peut les rendre considérables, nous aurons

$$\frac{x'-x}{\sin i} = \frac{ba^2}{x^2}(x'-x) - \frac{2a^2}{x}\sqrt{1-b^2}\sin i - \frac{4x}{3b^3},$$

$$\varepsilon^3 = \frac{\pi x^2(x'-x)}{\sin i} + \frac{4\pi x^3}{3b^3}.$$

En ajoutant ces deux équations après avoir multiplié la première par πx^2, on en déduit

$$x'-x = \frac{\varepsilon^3}{\pi b a^2} + \frac{2x}{b}\sqrt{1-b^2}\sin i;$$

et la seconde devient ensuite

$$\varepsilon^3 = \frac{\varepsilon^3 x^2}{ba^2 \sin i} + \frac{2\pi x^3}{b}\sqrt{1-b^2} + \frac{4\pi x^3}{3b^3}; \qquad (18)$$

en sorte qu'on n'aura plus qu'à résoudre cette équation du troisième degré.

(68). Supposons qu'on incline l'axe du cône, et qu'il fasse un angle θ avec un plan horizontal, mené par son sommet. Par ce même point, menons un second plan, perpendiculaire à l'axe, et un troisième perpendiculaire à l'intersection des deux premiers. Prenons ces trois plans pour ceux des coordonnées, et désignons par ζ, η, η', les trois coordonnées d'un point quelconque M de la surface inférieure du liquide, respectivement parallèles à l'axe du cône, à l'intersection des deux derniers plans, et à celle des deux premiers. L'ordonnée z du même point aura pour valeur

$$z = \zeta \sin\theta - \eta\cos\theta.$$

Au lieu de la seconde équation (14), nous aurons donc

$$\frac{1}{\lambda}+\frac{1}{\lambda'}=\frac{2}{a^2}(\zeta\sin\theta-\eta\cos\theta-c),$$

pour l'équation de la surface inférieure; λ et λ' étant les deux rayons de courbure au point M, et la valeur de $\frac{1}{\lambda}+\frac{1}{\lambda'}$ étant donnée par la formule (2), dans laquelle on mettra η, η', ζ, à la place de x, y, z. Si l'on représente par t la distance du point M à l'axe du cône, l'équation du contour sera toujours la seconde équation (15), en y mettant ζ au lieu de z, et désignant par β la même constante que précédemment.

Cela posé, on pourra regarder ζ comme une fonction de t et η, dont le développement, suivant les puissances de η, sera de la forme :

$$\zeta=Z+Z'\frac{\eta^3}{a^2}+Z''\frac{\eta^5}{a^4}+\text{etc.};$$

Z, Z', Z'', etc., étant des fonctions de t. En substituant cette série à la place de ζ dans l'équation précédente, et égalant ensuite les termes semblables dans ses deux membres, on formera, en effet, une suite d'équations dont la première ne contiendra que Z, la seconde Z et Z', la troisième Z, Z' et Z'', et ainsi de suite. On en pourra donc déduire successivement les valeurs de toutes ces inconnues; et l'on pourra aussi s'assurer de la convergence de la série. Or, si l'on néglige, comme précédemment, les termes de l'ordre du carré du rayon du cône, divisé par a^2, la valeur de ζ se trouvera réduite à son premier terme Z, dont l'expression se déduira, sans nouveaux calculs, de celle qu'on a trouvée pour z dans le cas de l'axe vertical, en y mettant $\frac{a^2}{\sin\theta}$ à la place de a^2. Le même raisonnement s'applique aussi à la surface supérieure du liquide; il s'ensuit qu'au degré d'approximation où nous nous arrêtons, l'inclinaison θ de l'axe du cône n'influe sur les équations d'équilibre du liquide, qu'en ce qu'il y faut remplacer a^2 par $\frac{a^2}{\sin\theta}$; et, à cause de $a^2=\frac{H}{g\rho}$, cela revient à changer la pesanteur g dans sa composante $g\sin\theta$, parallèle à l'axe du cône.

L'équation (18) donnera alors

$$\sin\theta = \frac{ba^2 \sin i}{x^2} - \frac{2\pi a^2 x \sin i}{\iota^3}\left(\sqrt{1-b^2} + \frac{2}{3b^2}\right),$$

ou, ce qui est la même chose,

$$\sin\theta = \frac{ba^2}{k^2 \sin i} - \frac{2\pi a^3 k \sin^2 i}{\iota^3}\left(\sqrt{1-b^2} + \frac{2}{3b^2}\right),$$

en désignant par k la distance $\frac{x}{\sin i}$ du liquide au sommet du cône. Si l'on a mesuré k directement, cette formule fera connaître l'angle θ correspondant, que l'on pourra comparer à l'inclinaison observée. La même équation aura lieu dans le cas de b négatif, en supposant l'axe incliné au-dessous du plan horizontal passant par le sommet du cône, et changeant, en conséquence, le signe de $\sin\theta$.

(69). D'après le titre de ce chapitre, il nous reste encore à considérer l'équilibre de plusieurs liquides superposés et contenus dans un tube capillaire. Je supposerai qu'il y en ait deux; les constantes spéciales H et F se rapporteront au liquide inférieur, dans lequel l'extrémité du tube est plongée, et qui s'étend indéfiniment en-dehors. Je désignerai par H′ et F′ les constantes relatives au liquide supérieur; en sorte que, si chacun de ces liquides était isolé, l'élévation et la courbure du premier dépendraient de H et F, et celles du second, de H′ et F′. Soit

$$F - F' = K;$$

et représentons par G une nouvelle constante, relative à la matière des deux fluides. Soit aussi ρ la densité du liquide inférieur, et ρ' celle du liquide supérieur, diminuées l'une et l'autre de la densité de l'air.

Les équations des surfaces supérieures du premier et du second liquide seront, d'après les n°s 29 et 30,

$$\left.\begin{aligned}(\rho-\rho')gz + c &= \tfrac{1}{2}G\left(\tfrac{1}{\lambda}+\tfrac{1}{\lambda'}\right),\\ \rho' g z' - c &= \tfrac{1}{2}H'\left(\tfrac{1}{\mu}+\tfrac{1}{\mu'}\right);\end{aligned}\right\} \quad (a)$$

c désignant une constante arbitraire, et les ordonnées positives z et z' étant comptées en sens contraire de la pesanteur, à partir du niveau du premier liquide en-dehors du tube. La valeur de $\frac{1}{\lambda}+\frac{1}{\lambda'}$ sera donnée par la formule (2), dans laquelle on déterminera le signe du dénominateur, d'après l'angle que fait la normale extérieure à ce premier liquide avec la verticale tirée dans le sens des z positives, de sorte que ce dénominateur soit positif ou négatif, selon que l'angle dont il s'agit sera aigu ou obtus. La valeur de $\frac{1}{\mu}+\frac{1}{\mu'}$ se déduira de la même formule, en y mettant z' au lieu de z, et déterminant le signe du dénominateur, par la même règle appliquée au liquide supérieur.

Indépendamment des équations (a), dont chacune appartient à tous les points de l'une des deux surfaces, on aura, relativement à leurs contours (n° 46),

$$K = G\cos\varphi, \qquad F' = H'\cos\omega; \qquad (b)$$

φ étant l'angle que fait la normale à la surface de séparation des deux fluides, menée par un point quelconque de son contour en-dehors du liquide inférieur, avec la perpendiculaire abaissée du même point sur la paroi et dans la matière du tube; et ω désignant l'angle analogue, relativement au contour de la surface libre du liquide supérieur.

(70). Lorsque la surface intérieure du tube est une surface de révolution, ayant son axe vertical, les deux surfaces capillaires seront aussi des surfaces de révolution qui auront le même axe que celle du tube; et les équations (a) et (b) prendront la même forme et se résoudront de la même manière que les équations (14) et (15). Nous prendrons, pour exemple, le cas le plus simple, celui d'un tube vertical dont la surface intérieure est celle d'un cylindre à base circulaire et d'un très petit diamètre.

En désignant par t la distance d'un point quelconque de l'une ou l'autre des deux surfaces capillaires à leur axe commun, multipliant les équations (a) par $2tdt$, et intégrant ensuite leurs deux membres, nous aurons

$$2(\rho-\rho')g\int ztdt + ct^2 = \frac{G\frac{dz}{dt}t}{\sqrt{1+\frac{dz^2}{dt^2}}},$$

$$2\rho' g\int z'tdt - ct^2 = \frac{H'\frac{dz'}{dt}t}{\sqrt{1+\frac{dz'^2}{dt^2}}};$$

les intégrales $\int ztdt$ et $\int z'tdt$ étant nulles quand $t=0$. En même temps, les équations (b) prendront la forme :

$$G\frac{dz}{dt} + K\sqrt{1+\frac{dz^2}{dt^2}} = 0,$$

$$H'\frac{dz'}{dt} + F'\sqrt{1+\frac{dz'^2}{dt^2}} = 0;$$

et elles auront lieu pour $t=\alpha$, en désignant par α le rayon du tube. Les signes des radicaux sont les mêmes ici que dans les équations précédentes. Si donc on fait $t=\alpha$ dans celles-ci, et qu'on élimine $\frac{dz}{dt}$ et $\frac{dz'}{dt}$ entre ces quatre équations, on aura

$$\left.\begin{aligned} 2(\rho-\rho')g\int_0^\alpha ztdt + c\alpha^2 + \alpha K = 0, \\ 2\rho' g\int_0^\alpha z'tdt - c\alpha^2 + \alpha F' = 0. \end{aligned}\right\} \quad (c)$$

Appelons h et h' les ordonnées verticales des centres des deux surfaces capillaires, c'est-à-dire les valeurs de z et z' qui répondent à $t=0$. En ces points, les deux rayons de courbure de chaque surface sont égaux et de même signe. Soit donc aussi $\lambda=\lambda'=\gamma$ et $\mu=\mu'=\gamma'$ pour $t=0$. En vertu des équations (a), on aura

$$\left.\begin{aligned} (\rho-\rho')gh + c = \frac{G}{\gamma}, \\ \rho' gh' - c = \frac{H'}{\gamma'}. \end{aligned}\right\} \quad (d)$$

Maintenant, dans une première approximation, à laquelle il suffira de nous arrêter, nous pouvons supposer que les surfaces capillaires coïncident avec leurs sphères osculatrices, aux points où elles coupent leur axe de figure, et dont les ordonnées sont h et h'. Nous aurons alors

$$z = h + \gamma - \sqrt{\gamma^2 - t^2}, \quad z' = h' + \gamma' - \sqrt{\gamma'^2 - t^2};$$

les radicaux $\sqrt{\gamma^2 - t^2}$ et $\sqrt{\gamma'^2 - t^2}$ étant respectivement de même signe que γ et γ', c'est-à-dire positifs ou négatifs, suivant que chaque surface tourne sa concavité par en haut ou par en bas. Je substitue ces valeurs de z et z' dans les équations (c); il vient

$$(\rho - \rho')g\left[(h + \gamma)\alpha^2 + \tfrac{2}{3}(\gamma^2 - \alpha^2)^{\frac{3}{2}} - \tfrac{2}{3}\gamma^3\right] + c\alpha^2 + \alpha K = 0,$$

$$\rho' g\left[(h' + \gamma')\alpha^2 + \tfrac{2}{3}(\gamma'^2 - \alpha^2)^{\frac{3}{2}} - \tfrac{2}{3}\gamma'^3\right] - c\alpha^2 + \alpha F' = 0;$$

ou bien, en vertu des équations (d),

$$\frac{G\alpha^3}{\gamma} + \alpha K + g(\rho - \rho')\left[\gamma\alpha^2 + \tfrac{2}{3}(\gamma^2 - \alpha^2)^{\frac{3}{2}} - \tfrac{2}{3}\gamma^3\right] = 0,$$

$$\frac{H'\alpha^3}{\gamma'} + \alpha F' + g\rho'\left[\gamma'\alpha^2 + \tfrac{2}{3}(\gamma'^2 - \alpha^2)^{\frac{3}{2}} - \tfrac{2}{3}\gamma'^3\right] = 0.$$

Le rayon α étant supposé très petit, et en supposant que K et F' ne soient pas aussi très petits, on tirera de ces équations, à très peu près,

$$\gamma = -\frac{G\alpha}{K} - \frac{g(\rho - \rho')G\alpha^3}{K^5}\left[GK^2 + \tfrac{2}{3}(G^2 - K^2)^{\frac{3}{2}} - \tfrac{2}{3}G^3\right],$$

$$\gamma' = -\frac{H'\alpha}{F'} - \frac{g\rho' H'\alpha^3}{F'^5}\left[H'F'^2 + \tfrac{2}{3}(H'^2 - F'^2)^{\frac{3}{2}} - \tfrac{2}{3}H'^3\right],$$

où l'on regardera les radicaux comme des quantités positives. Les équations (d) donneront les valeurs correspondantes de h et h', quand on aura déterminé la constante c.

Or, si l'on désigne par $\pi\alpha^2\varepsilon$ le volume du liquide supérieur qui doit être donné, on aura

$$\alpha^2\varepsilon = 2\int_0^\alpha z'tdt - 2\int_0^\alpha ztdt,$$

ou, d'après les équations (c),

$$a^2\epsilon = \frac{c\alpha^2}{g}\left(\frac{1}{\rho-\rho'}+\frac{1}{\rho'}\right)+\frac{\alpha}{g}\left(\frac{K}{\rho-\rho'}-\frac{F'}{\rho'}\right);$$

ce qui donne

$$c = \frac{g\rho'(\rho-\rho')\epsilon}{\rho}+\frac{1}{\rho\alpha}[(\rho-\rho')F'-\rho'K].$$

En substituant cette valeur dans les équations (d), et observant que $K = F - F'$, on en conclut

$$\left.\begin{aligned} h &= -\frac{\rho'\epsilon}{\rho}-\frac{F}{g\rho\alpha}+\frac{\alpha}{K^3}\left[GK^2+\frac{2}{3}(G^2-K^2)^{\frac{3}{2}}-\frac{2}{3}G^3\right],\\ h' &= \frac{(\rho-\rho')\epsilon}{\rho}-\frac{F}{g\rho\alpha}+\frac{\alpha}{F'^3}\left[H'F'^2+\frac{2}{3}(H'^2-F'^2)^{\frac{3}{2}}-\frac{2}{3}H'^3\right]. \end{aligned}\right\}\quad (e)$$

Les valeurs de γ, γ', h, h', étant connues, celles de z et z'. et, par conséquent, la forme et l'élévation des deux surfaces capillaires, le sont aussi ; ce qui est la solution complète du problème.

(71). Si l'on supprime le liquide supérieur, il faudra supposer

$$\rho' = 0,\quad F' = 0,\quad H' = 0,\quad K = F,\quad G = H,$$

au moyen de quoi la première équation (e) devient

$$h = -\frac{F}{g\rho\alpha}+\frac{\alpha}{F^3}\left[HF^2+\frac{2}{3}(H^2-F^2)^{\frac{3}{2}}-\frac{2}{3}H^3\right];$$

et si l'on fait $H = g\rho a^2$, $F = Hb$, comme dans le n° 54, cette valeur de h coïncidera avec celle de ce numéro, en négligeant les termes divisés par a^2, dont nous n'avons pas tenu compte dans le calcul précédent. Il en sera de même en faisant

$$\rho' = \rho,\quad F' = F,\quad H' = H,$$

dans l'expression de h'.

Je désigne par x l'excès de la valeur de h' donnée par la seconde équation (e), sur cette dernière valeur de h. On aura

$$\begin{aligned} x = \frac{(\rho-\rho')\epsilon}{\rho} &- \frac{\alpha}{F^3}\left[HF^2+\frac{2}{3}(H^2-F^2)^{\frac{3}{2}}-\frac{2}{3}H^3\right]\\ &+\frac{\alpha}{F'^3}\left[H'F'^2+\frac{2}{3}(H'^2-F'^2)^{\frac{3}{2}}-\frac{2}{3}H'^3\right]. \end{aligned}$$

Il en résulte donc que si le liquide auquel répondent les constantes ρ, H, F, est d'abord seul dans le tube, et que l'on verse au-dessus un volume $\pi\alpha^2\varepsilon$ d'un autre liquide, pour lequel les constantes analogues soient ρ', H', F', le centre de la surface supérieure s'élèvera ou s'abaissera, selon que cette valeur de x sera positive ou négative. Lorsque cette surface tournera sa concavité dans le même sens, et coupera la surface du tube sous le même angle, avant et après l'introduction du second liquide, on aura

$$\frac{F'}{H'} = \frac{F}{H};$$

ce qui réduira la valeur de x à son premier terme, lequel est positif à cause de $\rho > \rho'$. Dans ce cas, il y aura donc toujours élévation du centre de la surface supérieure ; mais ce point pourra s'abaisser, quand la courbure de cette surface aura augmenté ou diminué par l'introduction du second liquide, selon qu'elle était auparavant concave ou convexe par en haut.

Supposons, par exemple, qu'après cette introduction la surface supérieure soit concave par en haut et tangente à la paroi du tube, et qu'elle faisait primitivement avec cette paroi un angle de 120°, dont le cosinus est $-\frac{1}{2}$. On aura

$$F' = -H', \quad F = -\frac{1}{2}H;$$

et il en résultera, à très peu près,

$$x = \frac{(\rho - \rho')\varepsilon}{\rho} - \frac{\alpha}{5};$$

en sorte que si la densité ρ' du liquide supérieur est les neuf-dixièmes de la densité ρ du liquide inférieur, il suffira que ε soit moindre que le diamètre 2α du tube, pour que x ait une valeur négative, et qu'on observe, en conséquence, un abaissement du centre de la surface supérieure.

Cette remarque peut servir à expliquer un phénomène observé par Th. Young. L'eau étant le liquide contenu d'abord dans un tube, dont il ne dit pas le diamètre, ce physicien a versé au-dessus du liquide une petite goutte d'huile, et il a vu la surface supérieure de cette huile s'abaisser au-dessous de la hauteur primitive de l'eau; abaissement qu'il faut sans doute rapporter au centre de la surface, c'est-à-dire au point où elle coupe l'axe du tube. Or, l'huile ayant été introduite par le haut du tube, il y a lieu de croire que la paroi du tube en était humectée, au-dessus de la surface de ce liquide, et qu'on avait, par conséquent, $F' = -H'$, comme je l'ai supposé dans le numéro précédent. On peut aussi supposer que l'eau ne mouillait pas primitivement le tube dans toute sa longueur, sans quoi l'huile aurait difficilement descendu le long de ses parois. On peut donc admettre que la surface de l'eau n'était pas tangente à la paroi du tube, et qu'on avait $F < -H$, comme je l'ai aussi supposé; et ces données suffisent, ainsi qu'on vient de le voir, pour que la valeur de x puisse être négative, conformément à l'observation de Th. Young.

Il avait présenté cette observation singulière, comme une difficulté qu'il élevait contre la théorie de Laplace, et que j'ai indiquée au commencement de cet ouvrage. Mais, sur ce point, les formules de la *Mécanique céleste* sont les mêmes que celles dont je viens de me servir pour montrer la possibilité d'un abaissement du centre de la surface supérieure; et l'on est fondé à croire que l'expérience de Th. Young, au lieu d'être contraire à la théorie, en deviendrait une vérification intéressante, si elle était répétée et accompagnée de mesures suffisamment exactes.

(72). Au reste, l'abaissement dont il s'agit ne peut avoir lieu qu'à l'égard de la partie centrale de la surface supérieure. Lorsque plusieurs liquides sont contenus dans un tube cylindrique et vertical, plongé dans le liquide inférieur, leur poids total au-dessus d'un plan horizontal choisi arbitrairement est le même que si le tube ne renfermait que le liquide inférieur; et, comme la densité de celui-ci doit être plus grande, il faut que le volume total de ces liquides, et, par conséquent, l'ordonnée moyenne de la surface supérieure du liquide le plus élevé, soient plus considérables que si le liquide inférieur existait seul. Cette invariabilité du poids total aurait encore lieu, lors même que les liquides seraient mélangés, pourvu que le mélange n'atteignît pas l'extrémité inférieure du tube.

En effet, prenons un plan horizontal à une distance sensible au-dessus de son extrémité inférieure et au-dessous des liquides superposés ou mélangés; en supposant la surface intérieure du tube parfaitement cylindrique, et faisant abstraction des sinuosités qui peuvent donner lieu à différens états d'équilibre (n° 62), il est évident que l'action verticale du tube sera nulle sur chacune des molécules fluides situées au-dessus du plan horizontal. Cela étant, soit R l'action exercée en sens contraire de la pesanteur, par le liquide situé au-dessous de ce plan sur le liquide situé au-dessus, et U le poids de celui-ci; pour son équilibre, il faudra qu'on ait

$$R = U + \Pi k^2;$$

Π désignant la pression atmosphérique rapportée à l'unité de surface, k^2 l'aire de la base du tube, qui peut n'être pas un cercle, et, par conséquent, Πk^2 la composante verticale de cette pression. La force R se composera de deux parties : l'une relative à l'action du liquide situé au-dessous du plan horizontal, sur la couche du liquide supérieur adjacente à la paroi du tube et d'une épaisseur insensible; et l'autre relative à l'action du premier fluide sur tous les points du second qui s'éloignent sensiblement de la surface du tube. Je représenterai par V la première partie de R; la seconde sera la pression qui a lieu à l'intérieur du liquide dans lequel le tube est plongé, et qui répond à la distance du plan horizontal au niveau extérieur de ce liquide; et comme cette pression intérieure, rapportée à l'unité de surface, est égale à $\Pi + \rho g \delta$, en appelant g la gravité, ρ la densité du liquide, et δ la distance dont il s'agit, la seconde partie de R sera $\Pi k^2 + \rho g \delta k^2$. En substituant sa valeur totale dans l'équation précédente, on aura donc

$$U = V + \rho g \delta k^2.$$

Or, la quantité V ne dépendra que de la matière du liquide inférieur et de son degré de compression près de la paroi du tube, c'est-à-dire de la matière de ce liquide et de celle du tube. Il en sera donc de même à l'égard du poids U; par conséquent, ce poids ne changera pas avec la matière et le nombre des autres liquides; ce qu'il s'agissait de prouver.

Quand il n'y a que deux liquides, et qu'ils ne sont point mélangés, on parvient à la même conclusion au moyen de l'équation (17) du n° 36. Cette équation est

$$P + \Gamma = -\frac{1}{2} H'c \cos \omega - \frac{1}{2} Gc \cos \varphi;$$

P étant le poids du liquide supérieur, $P + \Gamma$ le poids du liquide soulevé ou abaissé par l'action capillaire, c le contour de la base du tube, ω et φ les mêmes angles, et H' et G les mêmes quantités que dans les équations (b). On aura donc, d'après ces équations,

$$P + \Gamma = -\frac{1}{2} cF' - \frac{1}{2} cK = -\frac{1}{2} cF,$$

à cause de $K = F - F'$. Or, cette valeur de $P + \Gamma$ est, comme on voit, indépendante de la matière du liquide supérieur.

Dans ce cas particulier, le poids U diminué de $g\rho\delta k^2$ est la même chose que $P + \Gamma$; on doit donc avoir

$$V = -\frac{1}{2} cF;$$

et, en effet, V est la somme des forces P et ϖ du n° 38, multipliée par c; quantité égale à $-\frac{1}{2}cF$, d'après le n° 46.

(73). Quelle que soit l'action mutuelle des deux liquides superposés, si la paroi intérieure du tube est recouverte, dans toute sa longueur, d'une couche très mince de l'un de ces liquides, mais dont l'épaisseur ne soit point insensible, leur surface de séparation sera tangente à la paroi du tube, et elle tournera par en haut sa convexité ou sa concavité, selon que la couche mince appartiendra au liquide supérieur ou au liquide inférieur.

En effet, supposons que ce soit le premier cas qui ait lieu. Si l'on applique au liquide inférieur la formule (2) du n° 40, on en conclura $\varpi = -q$; car, dans la supposition que nous faisons, la fonction φ contenue dans cette formule, sera évidemment la même que la fonction R_1 renfermée dans l'expression de q_1 du n° 27. De plus, le liquide supérieur n'éprouvera aucune variation rapide de densité près de la couche mince, adjacente au tube; on aura alors $\varpi' = 2q'$ (n° 49);

et, d'après ces valeurs de ϖ et ϖ', les équations (10) du n° 46 donneront $K = G$; d'où il résultera $\cos\varphi = 1$ et $\varphi = 0$; ce qui répond à une surface tangente au tube et convexe par en haut. Si, au contraire la couche mince adjacente au tube est formée par le liquide inférieur, on aura $\varpi = 2q$ et $\varpi' = -q_1$; il en résultera $K = -G$, et ensuite $\cos\varphi = -1$ et $\varphi = \pi$; ce qui répond à une surface tangente au tube et concave par en haut.

Ces résultats contiennent, comme cas particuliers, ceux du n° 52 qui se rapportent à un seul liquide, renfermé dans un tube qui n'exerce aucune attraction sur ses molécules, ou dans un tube mouillé préalablement dans toute sa longueur par ce même liquide.

(74). M. Gay-Lussac a effectivement reconnu que le mercure contenu dans un tube capillaire et mouillé successivement par différens liquides, prend toujours une forme hémisphérique et convexe par en haut, lorsqu'il est recouvert d'une couche quelconque du même liquide dont le tube est humecté. Les dépressions du mercure qu'il a observées dans ces différens cas, font connaître celles qui auraient lieu si la couche supérieure n'existait pas; mais elles laissent inconnus les angles sous lesquels la surface de ce fluide viendrait alors rencontrer celle du tube, et elles montrent seulement que ces angles varieraient avec la matière du liquide qui mouille le tube dans chaque cas.

Pour le faire voir, appliquons les équations (e) au cas du mercure recouvert par un autre liquide qui mouillera, en outre, la paroi du tube dans toute sa longueur. D'après ce qu'on vient de démontrer, il y faudra faire $K = G$. Relativement au liquide supérieur, on aura $F' = -H'$; et, à l'égard du mercure, si l'on fait $F = Hb$, b sera le cosinus de l'angle aigu sous lequel sa surface viendrait couper celle du tube mouillé, en supposant qu'on eût enlevé la totalité du liquide supérieur, et qu'on laissât seulement subsister la couche mince de ce liquide, adjacente à la paroi du tube. Soit de plus $H = g\rho a^2$, les équations (e) deviendront

$$\left.\begin{aligned} h &= -\frac{\rho' \varepsilon}{\rho} - \frac{a^2 b}{\alpha} + \frac{\alpha}{3}, \\ h' &= \varepsilon - \frac{\rho' \varepsilon}{\rho} - \frac{a^2 b}{\alpha} - \frac{\alpha}{3}; \end{aligned}\right\} \quad (f)$$

d'où il résulte

$$h' - h = \epsilon - \frac{2\alpha}{3},$$

pour la différence de hauteur des centres des deux surfaces du liquide supérieur.

M. Gay-Lussac a pris successivement l'eau et l'alcohol pour le liquide supérieur. La température était la même, et s'élevait à 17°,5; le rayon du tube était aussi le même, savoir :

$$\alpha = 0^{mm},6472.$$

Les valeurs de ϵ et de h sont les moyennes de plusieurs mesures qui différeraient peu entre elles. Dans le cas de l'eau, M. Gay-Lussac a trouvé

$$\epsilon = 7^{mm},7500, \quad h = -7^{mm},4148;$$

en prenant

$$\frac{\rho'}{\rho} = \frac{770}{10466},$$

les équations précédentes donnent

$$\frac{a^2 b}{\alpha} = 7^{mm},0618.$$

Dans le cas de l'alcohol, dont la densité était 0,8197 de celle de l'eau, on avait

$$\epsilon = 7^{mm},4755, \quad h = -8^{mm},0261;$$

d'où l'on conclut

$$\frac{a^2 b}{\alpha} = 7^{mm},5735.$$

Or, la différence de ces deux valeurs de $\frac{a^2 b}{\alpha}$ est trop grande pour être attribuée aux erreurs des observations; elle prouve que la quantité b n'est pas la même dans les deux cas; et la seconde valeur surpassant la première, il en faut conclure que l'attraction de la couche d'eau adjacente au tube l'emporte sur celle de la couche d'alcohol.

(75). En faisant usage de la première valeur de $\frac{a^2 b}{\alpha}$, et la multipliant par celle de α, on trouve

$$a^2b = (4,5704) \text{ millimètres carrés.}$$

Si l'on substitue cette valeur numérique dans la première équation (f), elle fera connaître ensuite la dépression du mercure, recouvert d'une couche d'eau, d'une épaisseur donnée, et contenu dans un tube capillaire, d'un rayon α aussi donné, préalablement mouillé d'eau. On pourra faire usage de cette formule, tant que ϵ aura une grandeur sensible, aussi petite que l'on voudra; mais quand la couche d'eau qui recouvre le mercure aura entièrement disparu, sa dépression sera déterminée par la formule du n° 71, qui devient

$$h = -\frac{a^2b}{\alpha} + \frac{\alpha}{b^3}\left[b^2 + \frac{2}{3}(1 - b^2)^{\frac{3}{2}} - \frac{2}{3}\right],$$

quand on y fait $F = bH$ et $H = g\rho a^2$. Pour s'en servir, la valeur précédente de a^2b ne suffira donc pas; et il faudrait aussi connaître la valeur de b, à moins que le diamètre du tube ne soit assez petit pour qu'on puisse réduire cette dernière formule à son premier terme.

En faisant bouillir le mercure dans le tube qui le contient, on change cette quantité b, d'où dépend le degré de convexité du fluide, quand il n'est pas recouvert d'une couche d'eau. Casbois a fait voir qu'après une ébullition suffisamment prolongée, cette convexité diminue et se change même en une concavité, et, par suite, la dépression en ascension. Pour expliquer ce changement remarquable, on supposait que l'épaisseur de la couche d'eau adjacente au tube, ayant été diminuée par l'ébullition, la matière du tube pouvait agir directement sur les molécules du mercure, et qu'elle exerçait sur elles une attraction plus grande que celle de l'eau. Or, cela exigerait que la couche d'eau interposée entre la paroi du tube et le mercure eût entièrement disparu; car, pour peu que son épaisseur ne fût pas insensible, elle suffirait pour rendre impossible l'action mutuelle du mercure et du tube. L'épaisseur de la couche d'eau étant devenue insensible, on conçoit que la quantité b pourrait varier, à mesure que cette épaisseur diminuerait encore de plus en plus; mais une pareille réduction de la couche d'eau est inadmissible; et M. Dulong a donné l'explication véritable du changement de figure du mercure à la suite de l'ébullition. Il a montré que, dans cette opération, on oxide une couche de mercure, en contact avec l'air, et que cette petite couche, mêlée ensuite à la masse entière du liquide, suffit pour en changer les propriétés; en sorte que la couche d'eau adjacente au tube, qui a pu conserver une petite épaisseur quelconque, exerce sur le mercure, en partie oxidé, une attraction plus forte que celle qui avait lieu auparavant, dont l'intensité dépendra de la proportion de l'oxide formé, et, par conséquent, de la durée de l'ébullition.

CHAPITRE V.

Pression des liquides, modifiée par l'action capillaire.

(76). La même force qui produit l'élévation ou l'abaissement d'un liquide près de la paroi du tube ou du vase qui le contient, ou, généralement, près du corps contre lequel il s'appuie, influe aussi sur la pression qu'il exerce sur ce corps dans son état d'équilibre. Cette modification de la pression hydrostatique est une partie essentielle de la théorie de l'action capillaire; différens phénomènes en dépendent, comme on le verra dans la suite; et la solution du problème ne sera complète qu'autant qu'on aura déterminé la pression d'un liquide sur un solide, soit aux extrémités du liquide, soit en d'autres points quelconques. Nous allons nous occuper spécialement de cette détermination.

Appelons M un point du liquide, situé à une distance de sa surface et d'un corps solide, qui soit insensible, mais plus grande que le rayon d'activité moléculaire. De ce point, abaissons sur la surface de ce corps une perpendiculaire qui la rencontre en un autre point M'; et par le même point M faisons passer une seconde surface qui coupe à angle droit toutes les normales à la première. Les pressions exercées directement par le reste du liquide, sur la couche d'une épaisseur insensible, comprise entre les deux surfaces, seront transmises au solide par l'intermédiaire de cette couche. Si le corps est retenu par des points fixes, les efforts que ses appuis auront à supporter seront les résultantes de toutes ces pressions, en supposant, sans erreur sensible, chaque pression transportée du point M au point M'; s'il est entièrement libre, son poids devra faire équilibre à ces mêmes résultantes, en négligeant, aussi sans erreur appréciable, le poids de la couche liquide adjacente à sa surface; et, cela étant, dans le calcul des pressions totales que le corps éprouve, on rapporte à chaque point M de la surface, la pression qui a réellement lieu au point M′ de celle de la couche liquide.

D'après ce qu'on a vu dans le n° 24, la pression rapportée à l'unité de surface et relative au point M, auquel on substitue le point M′, est la résultante d'une force N normale et dirigée de dehors en dedans du corps, et de deux forces tangentielles T et T′, dont les valeurs sont

$$N = p + q\left(\frac{1}{\lambda} + \frac{1}{\lambda'}\right), \quad T = \frac{dq}{dx}, \quad T' = \frac{dq}{dy}; \quad (1)$$

p étant la pression sur un plan passant par le point M, laquelle est indépendante de sa direction; q désignant une quantité qui ne dépend que de la matière du liquide au point M; λ et λ' représentent les rayons de courbure principaux de la surface qu'on a fait passer par le point M, ou, sans erreur sensible, ceux de la surface même du corps au point M′, que l'on regardera comme positifs ou comme négatifs, selon que les lignes de courbure tournent leur concavité en-dedans du corps ou en-dehors; et, enfin, les axes des x et des y étant respectivement parallèles aux forces tangentielles T et T′.

Si le liquide est homogène et partout à la même température, la quantité q sera constante, comme sa densité, et la pression se réduira à la force normale N. La pesanteur étant la seule force donnée qui agisse sur le liquide, le premier terme de N aura pour expression

$$p = c - g\rho z;$$

z étant l'ordonnée du point M, verticale et dirigée en sens contraire de la gravité; g cette force, ρ la densité du liquide, et c une constante arbitraire. Quand une partie de la surface libre du liquide sera plane et horizontale, on aura $c = \Pi$, en comptant les z à partir de ce plan, et désignant par Π la pression atmosphérique. Quand aucune partie de la surface libre ne sera un plan, la constante c ne sera plus égale à la pression Π appliquée à cette surface, et l'on devra recourir à d'autres moyens pour la déterminer. Dans le premier cas, si la hauteur du point M au-dessus de la partie plane du liquide surpasse $\frac{1}{\rho g}\Pi$, la quantité p sera négative à ce point. Cela arrivera, par exemple, dans l'intérieur d'un tube excessivement étroit où le liquide s'élève à une très grande hauteur au-dessus de son niveau extérieur, ou bien, sans que son diamètre soit extrêmement petit, lorsque le liquide sera placé dans un air très raréfié. Dans sa partie supérieure, le tube sera alors tiré de dehors en dedans, au lieu d'être poussé de dedans en dehors; et il devra résister à cette force par l'attraction qu'il exerce sur les molécules du liquide, diminuée de la répulsion calorifique. On voit aussi, par cette remarque, que la somme Σ, que représente p, peut non-seulement changer de grandeur dans un très grand rapport, pour de très petites différences de condensations du liquide (n° 13), mais qu'elle peut aussi changer de signe; en sorte que pour des valeurs très peu différentes de l'intervalle moyen des molécules, qui a lieu en haut et en bas du liquide, la répulsion calorifique soit prépondérante dans la partie inférieure du liquide, et l'attraction de la matière pondérable, dans la partie supérieure.

Le terme p de la valeur de N est la partie principale de la pression du liquide, et la seule à laquelle on ait égard, en général. La seconde partie est, en effet, très petite, et ne pourra devenir considérable que dans le cas d'un corps d'une très petite dimension et d'une très grande courbure. A la même profondeur, au-dessous du niveau du liquide, une sphère solide éprouvera, en vertu de ce second terme de N, une augmentation de pression d'autant plus grande que son diamètre sera plus petit. Toutes choses d'ailleurs égales, il faudra qu'elle soit susceptible d'une plus grande résistance, pour n'être pas brisée; et son diamètre subira, par la compression, une plus grande diminution que celui d'une autre sphère d'un plus grand rayon. Le coefficient q, dont dépend cet excès de pression intérieure, n'est pas exactement le coefficient $\frac{1}{2}$H, qui est déterminé par l'ascension ou la dépression du liquide dans un tube capillaire; ils diffèrent l'un de l'autre par une quantité $q_{\prime}$ relative à la couche superficielle du liquide. Si l'on néglige $q_{\prime}$ par rapport à q, qui paraît devoir être la partie principale de $\frac{1}{2}$H, il en résultera que dans l'eau, l'excès de pression dont il s'agit, en chaque point d'une sphère, d'un rayon égal à un millième de millimètre, équivaudra à un enfoncement de 15 mètres à peu près dans le même liquide.

Mais nous allons démontrer que, quelle que soit la nature du liquide, et la forme d'un corps solide qui y est entièrement plongé, la seconde partie de la force N et les forces T et T', appliquées à tous les points de la surface de ce corps, se détruisent sans le secours d'aucune autre force, et ne peuvent lui faire prendre aucun mouvement de translation ou de rotation.

(77). En faisant pour abréger,

$$v = \sqrt{1 + \frac{dz^2}{dx^2} + \frac{dz^2}{dy^2}},$$

et désignant par V la seconde partie de N, on aura

$$V = q\,\frac{d.\frac{1}{v}\frac{dz}{dx}}{dx} + q\,\frac{d.\frac{1}{v}\frac{dz}{dy}}{dy}, \qquad (2)$$

quelle que soit la direction des axes des coordonnées x, y, z: on regardera, dans cette formule, v comme une quantité positive ou négative, selon que la normale menée par le point M' à la surface du corps et dans son intérieur, fera un angle aigu ou obtus, avec une droite menée par le même point suivant la direction des z positives.

Désignons par n, n', ζ, les coordonnées d'un autre point m de cette surface, rapportées au point M' comme origine, et aux directions des forces T, T'; appelons q', ce que q devient en ce point m: il est évident que les dernières équations (1) seront la même chose que

$$T = \frac{dq'}{dn}, \quad T' = \frac{dq'}{dn'},$$

pourvu que l'on fasse $n = 0$ et $n' = 0$ après les différentiations, ce qui rendra nulles l'ordonnée ζ et ses différences partielles $\frac{d\zeta}{dn}$ et $\frac{d\zeta}{dn'}$. Les coordonnées de m, rapportées aux axes quelconques des x, y, z, seront

$$x + an + bn' + c\zeta,$$
$$y + a'n + b'n' + c'\zeta,$$
$$z + a''n + b''n' + c''\zeta;$$

a, b, etc., étant les cosinus des angles compris entre les axes des η, η', ζ, et ceux des x, y, z, lesquels cosinus sont liés entre eux par des équations connues, qu'il est inutile d'écrire. On pourra considérer q' comme une fonction de ces trois nouvelles coordonnées; et alors on aura

$$\frac{dq'}{d\eta}=\left(\frac{dq}{dx}\right)a+\left(\frac{dq}{dy}\right)a'+\left(\frac{dq}{dz}\right)a'',$$
$$\frac{dq'}{d\eta'}=\left(\frac{dq}{dx}\right)b+\left(\frac{dq}{dy}\right)b'+\left(\frac{dq}{dz}\right)b'',$$

pour les valeurs particulières $\eta=0$ et $\eta'=0$.

Les parenthèses dont sont enveloppées les différences partielles de q, indiquent qu'elles doivent être prises en regardant les trois variables x, y, z, comme indépendantes; mais nous pouvons aussi considérer z comme une fonction de x et y, donnée par l'équation de la surface du corps; et sous ce point de vue, nous aurons

$$\left(\frac{dq}{dx}\right)=\frac{dq}{dx}-\left(\frac{dq}{dz}\right)\frac{dz}{dx},\quad \left(\frac{dq}{dy}\right)=\frac{dq}{dy}-\left(\frac{dq}{dz}\right)\frac{dz}{dy}.$$

D'ailleurs, l'axe des z positives étant la normale à la surface du corps, menée dans son intérieur par le point M' dont les coordonnées sont x, y, z, et c, c', c'', désignant les cosinus des angles que fait cet axe avec ceux des x, y, z, il s'ensuit qu'on aura

$$c=-\frac{1}{\nu}\frac{dz}{dx},\quad c'=-\frac{1}{\nu}\frac{dz}{dy},\quad c''=\frac{1}{\nu},$$

en donnant à ν le même signe que dans l'expression de V. On a, en outre

$$ac+a'c'+a''c''=0,\qquad bc+b'c'+b''c''=0;$$

il en résultera donc

$$a''=a\frac{dz}{dx}+a'\frac{dz}{dy},\quad b''=b\frac{dz}{dx}+b'\frac{dz}{dy};$$

ce qui fera disparaître $\left(\frac{dq}{dz}\right)$ dans les valeurs de $\frac{dq}{d\eta}$ et $\frac{dq}{d\eta'}$, ou de T et T', et les réduira à

$$\mathrm{T}=\frac{dq}{dx}a+\frac{dq}{dy}a',\quad \mathrm{T}'=\frac{dq}{dx}b+\frac{dq}{dy}b'.\qquad (3)$$

De cette manière, les forces normale et tangentielles V, T, T', sont exprimées en fonctions de coordonnées quelconques x, y, z; il faut, de plus, les transformer en d'autres forces, dont les directions soient aussi quelconques et invariables.

Supposons, pour cela, qu'on ait d'abord pris la résultante de V, T, T', et qu'on la décompose ensuite suivant les axes des x, y, z. Soient X, Y, Z, ses trois nouvelles composantes; nous aurons

$$X = aT + bT' + cV,$$
$$Y = a'T + b'T' + c'V,$$
$$Z = a''T + b''T' + c''V.$$

Je substitue, dans ces formules, les valeurs de T et T' données par les équations (3), et celles de c, c', c''; j'observe que l'on a

$$a^2 + b^2 = 1 - c^2 = \frac{1}{\nu^2}\left(1 + \frac{dz^2}{dy^2}\right),$$
$$a'^2 + b'^2 = 1 - c'^2 = \frac{1}{\nu^2}\left(1 + \frac{dz^2}{dx^2}\right),$$
$$a'' + b''^2 = 1 - c''^2 = \frac{1}{\nu^2}\left(\frac{dz^2}{dx^2} + \frac{dz^2}{dy^2}\right),$$
$$aa' + bb' = -cc' = -\frac{1}{\nu^2}\frac{dz}{dx}\frac{dz}{dy},$$
$$aa'' + bb'' = -cc'' = \frac{1}{\nu^2}\frac{dz}{dx},$$
$$a'a'' + b'b'' = -c'c'' = \frac{1}{\nu^2}\frac{dz}{dy};$$

d'où il résulte

$$X = \frac{1}{\nu^2}\left(1 + \frac{dz^2}{dy^2}\right)\frac{dq}{dx} - \frac{1}{\nu^2}\frac{dz}{dx}\frac{dz}{dy}\frac{dq}{dy} - \frac{1}{\nu}\frac{dz}{dx}V,$$
$$Y = \frac{1}{\nu^2}\left(1 + \frac{dz^2}{dx^2}\right)\frac{dq}{dy} - \frac{1}{\nu^2}\frac{dz}{dx}\frac{dz}{dy}\frac{dq}{dx} - \frac{1}{\nu}\frac{dz}{dy}V,$$
$$Z = \frac{1}{\nu^2}\frac{dz}{dx}\frac{dq}{dx} + \frac{1}{\nu^2}\frac{dz}{dy}\frac{dq}{dy} + \frac{1}{\nu}V;$$

et en y mettant pour V sa valeur donnée par l'équation (2), ces formules pourront s'écrire ainsi :

$$\left.\begin{aligned}
X &= \frac{1}{v}\,\frac{d.\frac{q}{v}\left(1+\frac{dz^2}{dy^2}\right)}{dx} - \frac{1}{v}\,\frac{d.\frac{q}{v}\frac{dz}{dx}\frac{dz}{dy}}{dy},\\
Y &= \frac{1}{v}\,\frac{d.\frac{q}{v}\left(1+\frac{dz^2}{dx^2}\right)}{dy} - \frac{1}{v}\,\frac{d.\frac{q}{v}\frac{dz}{dx}\frac{dz}{dy}}{dx},\\
Z &= \frac{1}{v}\,\frac{d.\frac{q}{v}\frac{dz}{dx}}{dx} + \frac{1}{v}\,\frac{d.\frac{q}{v}\frac{dz}{dy}}{dy}.
\end{aligned}\right\} \quad (4)$$

Il s'agit donc de faire voir que si l'on applique ces trois forces à chacun des points M' de la surface d'un corps solide, de forme quelconque, mais terminé de toutes parts, elles se feront équilibre, c'est-à-dire que la somme de toutes ces forces sera nulle, suivant chacun des trois axes de x, y, z, et la somme de leurs momens, aussi nulle, autour de chacune de ces trois droites.

(78). Pour fixer les idées, je suppose que l'axe des z soit vertical et dirigé de bas en haut, et que le corps que l'on considère soit situé en entier au-dessus du plan des x et y; je suppose, de plus, que chaque perpendiculaire à ce plan, et, généralement, une droite quelconque, tirée dans l'intérieur de ce corps, ne rencontre sa surface qu'en deux points; et comme les formules (4) sont évidemment indépendantes du signe de v, je prendrai ce radical avec le signe $+$ dans toute l'étendue de cette surface.

Cela posé, circonscrivons à cette même surface un cylindre vertical qui la divise en deux parties, l'une inférieure et l'autre supérieure. Dans toute la première partie, la normale intérieure fera un angle aigu avec l'axe des z; et puisque v est une quantité positive, on aura

$$c = -\frac{1}{v}\frac{dz}{dx}, \quad c' = -\frac{1}{v}\frac{dz}{dy}, \quad c'' = \frac{1}{v};$$

les angles dont c, c', c'', sont les cosinus répondant à cette normale. Dans toute la partie supérieure, ce sera la normale extérieure qui fera un angle aigu avec l'axe des z; et, en appelant c_1, c'_1, c''_1, les cosinus des angles qui s'y rapportent, on aura aussi, à cause de v positif,

$$c_{,}=-\frac{1}{v}\frac{dz}{dx},\quad c'_{,}=-\frac{1}{v}\frac{dz}{dy},\quad c''_{,}=\frac{1}{v}.$$

Enfin, si l'on désigne par ds l'élément différentiel de la surface du corps, et si l'on observe que cet élément et sa projection horizontale $dxdy$ doivent être des quantités positives, on aura

$$ds = v dxdy,$$

dans toute l'étendue de cette surface.

Multiplions les équations (4) par ds, puis intégrons dans toute cette étendue; nous aurons

$$\int X ds = \iint\left[\frac{d.\frac{q}{c''}(c'^2+c''^2)}{dx}-\frac{d.\frac{qcc'}{c''}}{dy}\right]dxdy$$

$$+\iint\left[\frac{d.\frac{q}{c''_{,}}(c'^2_{,}+c''^2_{,})}{dx}-\frac{d.\frac{qc_{,}c'_{,}}{c''_{,}}}{dy}\right]dxdy,$$

$$\int Y ds = \iint\left[\frac{d.\frac{q}{c''}(c^2+c''^2)}{dy}-\frac{d.\frac{qcc'}{c''}}{dx}\right]dxdy$$

$$+\iint\left[\frac{d.\frac{q}{c''_{,}}(c^2_{,}+c''^2_{,})}{dy}-\frac{d.\frac{qc_{,}c'_{,}}{c''_{,}}}{dx}\right]dxdy,$$

$$\int Z ds = -\iint\left(\frac{d.qc}{dx}+\frac{d.qc'}{dy}\right)dxdy-\iint\left(\frac{d.qc_{,}}{dx}+\frac{d.qc'_{,}}{dy}\right)dxdy;$$

la première intégrale double de chacune de ces expressions répondant à la surface inférieure du corps, et la seconde à sa partie supérieure. Ces intégrales auront donc pour limite commune, la ligne de contact du corps et du cylindre vertical circonscrit, en sorte qu'elles doivent être étendues aux valeurs de x et y, relatives à tous les points de la base de ce cylindre sur le plan de ces coordonnées.

Menons au contour de cette base deux tangentes parallèles à l'axe des y. Leurs points de contact diviseront cette courbe en deux parties; et nous aurons

$$\iint\frac{d.qc'}{dy}dxdy = \left(\int qc'dx\right)-\left[\int qc'dx\right],$$

$$\iint\frac{d.qc'_{,}}{dy}dxdy = \left(\int qc'_{,}dx\right)-\left[\int qc'_{,}dx\right];$$

les intégrales comprises entre des parenthèses répondant à l'une des deux parties, et celles qui sont renfermées entre des crochets appartenant à l'autre. Mais, pour tous les points de la courbe de contact du corps et du cylindre vertical, et, par conséquent, pour toutes les valeurs de x et y qui répondent à la projection horizontale de cette courbe, la quantité q est la même, soit qu'elle appartienne à la partie supérieure ou à la partie inférieure de la surface du corps; de plus, la normale intérieure à l'une de ces deux parties est, en chacun des mêmes points, le prolongement de la normale extérieure à l'autre partie, ou, autrement dit, les angles qui ont c, c', c'', pour cosinus sont les supplémens de ceux dont les cosinus sont c_1, c'_1, c''_1: dans les intégrales simples qui précèdent, on fera donc $qc' = -qc'_1$; d'où il résultera

$$\left(\int qc'dx\right) + \left(\int qc'_1dx\right) = 0, \quad \left[\int qc'dx\right] + \left[\int qc'_1dx\right] = 0,$$

et, par conséquent,

$$\iint \frac{d.qc'}{dy}\,dxdy + \iint \frac{d.qc'_1}{dy}\,dxdy = 0.$$

On prouvera de même que l'on a

$$\iint \frac{d.qc}{dx}\,dxdy + \iint \frac{d.qc_1}{dx}\,dxdy = 0;$$

et en ajoutant ces deux équations, on en conclura

$$\int Zds = 0.$$

Par un raisonnement semblable, on trouve

$$\int Xds = 0, \qquad \int Yds = 0.$$

Ainsi, les sommes des composantes des forces que nous considérons sont nulles suivant les trois axes des x, y, z.

Les équations (4) donnent

$$Xz - Zx = \frac{1}{\nu}\,\frac{d.\frac{q}{\nu}\left[\left(1+\frac{dz^2}{dy^2}\right)z - \frac{dz}{dx}x\right]}{dx} - \frac{1}{\nu}\,\frac{d.\frac{q}{\nu}\frac{dz}{dy}\left(\frac{dz}{dx}z + x\right)}{dy},$$

$$Yz - Zy = \frac{1}{\nu}\,\frac{d.\frac{q}{\nu}\left[\left(1+\frac{dz^2}{dx^2}\right)z - \frac{dz}{dy}y\right]}{dy} - \frac{1}{\nu}\,\frac{d.\frac{q}{\nu}\frac{dz}{dx}\left(\frac{dz}{dy}z + y\right)}{dx},$$

$$Xy - Yx = \frac{1}{\nu}\,\frac{d\cdot\frac{1}{\nu}\left[\left(1+\frac{dz^2}{dy^2}\right)z+\frac{dz}{dy}\frac{dz}{dx}x\right]}{dx} - \frac{1}{\nu}\,\frac{d\cdot\frac{1}{\nu}\left[\left(1+\frac{dz^2}{dx^2}\right)z+\frac{dz}{dx}\frac{dz}{dy}y\right]}{dy};$$

et, comme les seconds membres de ces nouvelles équations ont la même forme que ceux des équations (4), on en conclura, par une analyse semblable à la précédente,

$$\int (Xz - Zx)\,ds = 0, \quad \int (Yz - Zy)\,ds = 0, \quad \int (Xy - Yx)\,ds = 0;$$

les intégrales s'étendant à la surface entière du corps. Les sommes des momens des forces X, Y, Z, par rapport aux axes des x, y, z, sont donc aussi nulles; par conséquent, ces forces appliquées à tous les points de la surface du corps se détruisent mutuellement; ce qu'il s'agissait de démontrer.

Quoique nous ayons supposé, pour plus de simplicité, que la surface du corps n'était rencontrée qu'en deux points par chaque droite tirée dans son intérieur, il est aisé de voir, cependant, que la démonstration précédente aura encore lieu dans le cas d'un nombre quelconque d'intersections, lequel nombre sera toujours pair, à cause que le corps est terminé de toutes parts. Il faudra alors la diviser en plus de deux parties contiguës, et étendre les intégrales à chacune de ces parties séparément. Mais la démonstration et la proposition elle-même exigent que la surface du corps ne présente aucune arète vive, c'est-à-dire aucune ligne pour laquelle les plans tangens aux deux parties adjacentes de la surface, comprennent un angle fini. Quand il en existe, les forces X, Y, Z, appliquées à la surface entière du corps, ne se font plus équilibre; et d'ailleurs on ne doit pas perdre de vue que, près d'une arète vive, la résultante des forces N, T, T′, déterminées par l'analyse du n° 23, n'exprime plus la véritable pression du liquide, dont la grandeur et la direction doivent alors être déduites de considérations particulières.

(79). Si l'on demande la pression exercée par les forces X, Y, Z, sur une portion seulement de la surface du corps plongé dans le liquide, les intégrales $\int X ds$, $\int Y ds$, $\int Z ds$, ne seront plus nulles, et l'on en pourra déterminer les valeurs de la manière suivante.

Supposons que cette portion de surface appartienne à la partie inférieure du corps, à laquelle répondent les cosinus c, c', c''; il faudra supprimer, dans l'expression de chacune de ces trois intégrales, la partie qui renferme les autres cosinus $c_{,}$, $c'_{,}$, $c''_{,}$; et en considérant la troisième intégrale, on aura alors

$$\int Z ds = -\iint \frac{d.qc}{dx} dxdy - \iint \frac{d.qc'}{dy} dydx.$$

Faisons passer par le contour de la portion de surface que l'on considère, une surface cylindrique parallèle à l'axe des z. Par un point quelconque de ce contour, menons, dans l'intérieur du cylindre et dans l'intérieur du corps, des normales à leurs surfaces. Soient γ, γ', γ'', les cosinus des angles que fait la normale à la surface cylindrique, avec les axes des x, y, z; et ceux des angles qui répondent à l'autre normale étant c, c', c'', si l'on désigne par i l'angle compris entre ces deux droites, on aura

$$\cos i = c\gamma + c'\gamma' + c''\gamma''.$$

Les intégrales relatives à x et y s'étendront à tous les points de la base du cylindre sur le plan de ces coordonnées; or, chacune de ces intégrales doubles se réduira, comme dans le n° 35, à une intégrale simple, étendue au contour entier de cette base; et si nous appelons $d\sigma$ l'élément du contour de la portion de surface dont cette base est la projection, et δ l'angle aigu que fait cet élément avec le plan des x et y, de sorte que $\cos \delta d\sigma$ soit l'élément du contour de la base, nous aurons

$$\iint \frac{d.qc}{dx} dxdy = -\int qc\gamma \cos \delta d\sigma, \quad \iint \frac{d.qc'}{dy} dydx = -\int qc'\gamma' \cos \delta d\sigma;$$

donc, à cause de $\gamma'' = 0$, il en résultera

$$\int Z ds = \int q \cos i \cos \delta d\sigma;$$

l'intégrale s'étendant au contour entier de la portion de surface que l'on considère.

Lorsque cette portion de surface appartiendra à la partie supérieure du corps, on prendra pour i l'angle compris entre la normale extérieure du corps et la normale intérieure du cylindre; quand elle appartiendra à la partie supérieure et à la partie inférieure, on calculera la valeur de $\int Zds$ séparément pour chacune de ces deux parties. L'angle i sera aigu dans l'une et obtus dans l'autre; et il se comptera toujours à partir de la normale intérieure du cylindre parallèle à l'axe des z. On obtiendra de même les valeurs de $\int Xds$ et $\int Yds$.

Si le liquide est homogène, le coefficient q sera constant et sortira en-dehors des signes $\int$. En supposant la portion de surface terminée par une courbe plane et parallèle au plan des x et y, on aura $\cos\delta = 1$; et si, en outre, le corps est un solide de révolution dont l'axe soit parallèle à celui des z, cette courbe sera circulaire, et l'angle i constant dans toute sa longueur; en appelant donc r son rayon, on aura

$$\int Zds = 2\pi rq \cos i.$$

Pour le même contour, l'angle i se rapportera à la normale intérieure ou à la normale extérieure du corps, selon qu'il s'agira de la portion de surface inférieure ou supérieure à cette courbe. Les deux autres intégrales seront évidemment nulles.

(80). Puisque les forces X, Y, Z, appliquées à tous les points de la surface d'un corps terminé de toutes parts, se détruisent complètement, il s'ensuit que quand ce corps est plongé en entier dans un liquide, la pression totale qu'il éprouve est uniquement due à la partie p de la force normale N. Or, on sait que les composantes horizontales de cette force p se détruisent, et que les sommes de ses composantes verticales se réduisent toujours à une force égale et directement contraire au poids du volume de liquide, déplacé par le corps; la diminution du poids du corps entièrement immergé sera donc égale au poids de ce volume de liquide, conformément au principe ordinaire de l'Hydrostatique. Mais il n'en sera plus de même dans le cas d'un corps flottant à la surface d'un liquide : l'action capillaire pourra donner lieu à une différence dans les pressions horizontales, d'où il résultera un mouvement du corps parallèlement à la surface du liquide; et, dans tous les cas, cette action influera sur la perte de poids éprouvée par le corps non entièrement immergé.

Supposons d'abord que le corps soit un solide de révolution, qui ait son axe vertical et sa surface de même nature dans toute son étendue, afin que les forces horizontales se détruisent, et qu'il suffise de considérer les forces verticales. Soit CB (fig. 17) l'axe du corps, CABA' une section de sa surface par un plan passant par cette droite, AOD et A'O'D' les sections de la surface du liquide par le même plan. Les points A et A' où elles rencontrent la surface du corps seront dans une même droite horizontale, au-dessus ou au-dessous du niveau naturel du liquide, selon que ces courbes tourneront leur concavité par en haut ou par en bas. Je représenterai par $2r$ la distance AA', de sorte que r soit le rayon du corps à l'endroit où le liquide s'arrête. Soit M un point du liquide situé à des distances insensibles de sa surface et de celle du corps, qu'on supposera, cependant, plus grandes que le rayon d'activité moléculaire. Par le point M, faisons passer une surface qui coupe à angle droit toutes les normales à la surface du corps, et dont la section par le plan de la figure soit la courbe OGO' terminée en O et O' à la surface du liquide. Tirons la droite horizontale MHM' qui coupe cette courbe en M et M', et l'axe du corps au point H. Par les points M et M', faisons passer une surface qui coupe à angle droit toutes les normales à celle du liquide, et dont les sections soient FME et F'M'E', qui rencontrent en F et F' la surface du corps. Menons par les mêmes points des perpendiculaires MK et M'K' à cette surface, MN et M'N' à celle du liquide. Nous aurons

$$KMN = K'M'N' = \omega,$$
$$KMH = K'M'H = i;$$

ω étant l'angle relatif à la matière du liquide et à la surface du corps, donné par l'expérience, et obtus ou aigu, selon que le liquide s'élève ou s'abaisse; et i désignant le même angle que dans le numéro précédent.

J'appellerai Γ la couche liquide adjacente à la surface du corps, et dont la section se termine, d'autre part, à la courbe MGM', aux normales MN et M'N', et aux portions de courbes AN et A'N'.

Je nommerai L le reste du liquide, et je vais calculer l'action verticale de L sur la couche Γ, à laquelle j'ai donné la forme nécessaire pour que cette force puisse s'exprimer au moyen de quantités qui seront données dans chaque cas.

Pour abréger, j'indiquerai chaque partie de L ou de Γ, ou, généralement, chaque partie du liquide par la partie de la figure à laquelle elle répond. Cela étant, l'action de DOGO'D' sur KMGM'K' n'est autre chose que la force N du n° 76, décomposée verticalement et appliquée à tous les élémens de la partie de surface de Γ qui répond à la courbe MGM'; je la représenterai par P, en la supposant dirigée en sens contraire de la pesanteur. Je désignerai, suivant cette direction, par Q l'action du même liquide sur la partie de Γ qui répond à FMK ou F'M'K', et par R celle qui serait exercée par la partie de Γ correspondante à OMN ou O'M'N', sur sa partie FMGM'F'. Il est évident que pour avoir l'action de L sur cette dernière partie de Γ, il faudra retrancher R de $P+Q$. L'action de L sur le surplus de Γ, c'est-à-dire sur la partie correspondante à NMFA ou N'M'F'A', se composera de l'action de EMGM'E', que je représenterai par S, et de l'action de la couche superficielle ou correspondante à DNME ou D'N'M'E', que je désignerai par T; l'une et l'autre dirigées en sens contraire de la pesanteur. L'action totale de L sur Γ sera donc

$$P+Q-R+S+T;$$

et il s'agira de calculer successivement les cinq parties dont elle se compose.

(81). Si l'on appelle t la distance d'un point quelconque de la courbe MGM' à l'axe GC, la projection horizontale d'une zone infiniment petite de la surface engendrée par cette courbe, sera $2\pi t dt$, et la composante verticale de la force normale N, appliquée à toute cette zone, aura pour valeur $2\pi N t dt$; par conséquent, on aura

$$P = 2\pi \int_0^r N t dt,$$

en prenant r pour la valeur de HM, ce qu'on peut faire sans erreur sensible. La partie de P qui répond au second terme de N est l'intégrale $\int Zds$, dont la valeur sera $2\pi rq \cos i$, d'après le n° 79. En mettant pour le premier terme p de N, sa valeur $c - \rho gz$, on aura donc

$$P = \pi cr^2 - 2\pi g\rho \int_0^r ztdt + 2\pi rq \cos i.$$

J'appellerai V la partie du volume du corps qui est située au-dessous du plan des x et y, et qui répond, conséquemment, aux valeurs négatives de z; je désignerai par v la partie de son volume comprise entre ce plan et la section horizontale du corps, à laquelle le liquide s'arrête et que l'on peut, sans erreur sensible, faire passer par les points M et M', au lieu de A et A'. Soit aussi k la distance de cette section au plan des x et y; en regardant k et v comme des quantités positives ou négatives, selon que les points A et A' seront au-dessus ou au-dessous de ce plan, nous aurons

$$2\pi \int_0^r ztdt = \pi kr^2 - v - V.$$

Si le liquide s'étend indéfiniment autour du corps, sa surface sera sensiblement plane à une certaine distance; en prenant ce plan pour celui des x et y, V sera le volume du corps situé au-dessous du niveau naturel du liquide, et $V + v$ le volume de ce corps, en contact avec le liquide. Dans ce même cas on aura $c = \Pi$; mais, pour plus de généralité, je ferai

$$c = \Pi + g\rho b;$$

b étant une constante qui sera nulle dans le cas d'un liquide indéfini, et dont la valeur dépendra du volume du liquide, quand il aura une grandeur donnée. De cette manière, on aura

$$P = \pi r^2 \Pi + \pi g\rho (b - k) r^2 + g\rho (v + V) + 2\pi rq \cos i.$$

Si l'on décompose en élémens infiniment petits, la partie de T qui répond à NMFA, l'action de la couche superficielle DNME sur un élément dont l'épaisseur est ε, sera la force $U\varepsilon$ du n° 41, perpendiculaire à MN et dirigée de dehors en dedans de l'élément; on aura donc la partie de T qui répond à cet élément, en multipliant $U\varepsilon$ par le sinus de l'angle que fait la droite MN avec la verticale menée de bas en haut par le point M, lequel angle est égal à HMN, moins un angle droit, ou à $i+\omega-\frac{1}{2}\pi$; et comme on a trouvé $U=-q_1$, cette partie de T sera $q_1 \cos(i+\omega)$; or, cette force étant la même pour tous les élémens, on en conclura la valeur totale de T, en y remplaçant ε par la circonférence $2\pi r$; ce qui donne

$$T = 2\pi r q_1 \cos(i+\omega).$$

Chacune des forces Q, R, S, se déduira de même de la force $Z\varepsilon$ du n° 42, en déterminant convenablement les angles a, b, a', b', et remplaçant ε par $2\pi r$. Soit, pour cela (fig. 18), IMI′ une verticale, HM une horizontale, MK et MN des droites qui fassent les angles i et $i+\omega$ avec MH, OMG et FME des droites perpendiculaires à MK et MN. On prendra la droite IMI′ pour l'axe DCE de la figure 12, à partir duquel les angles a, b, a', b', sont comptés ; et la force $Z\varepsilon$ sera dirigée suivant MI. Pour en déduire Q, il faudra faire coïncider les lignes CA, CB, CA′, CB′, de la fig. 12, avec les droites MG, MO, MK, MF, de la fig. 18; cela étant, on aura

$$a = \text{GMI}' = -i, \quad b = \text{OMI}' = \pi - i,$$

$$a' = \text{KMI} = -\frac{1}{2}\pi + i, \quad b' = \text{FMI} = -\pi + i + \omega;$$

et d'après l'une des formules (4) ou (5) du n° 44, on en conclura

$$Q = 4\pi q r \sin i \cot \omega.$$

Relativement à la force R, on fera coïncider les lignes CA, CB, CA′, CB′, de la fig. 12, avec les lignes MN, MO, MG, MF, de la fig. 18; on prendra donc

$$a = \text{NMI}' = \frac{3}{2}\pi - i - \omega, \quad b = \text{OMI}' = \pi - i,$$

$$a' = \text{GMI} = -\pi + i, \quad b' = \text{FMI} = -\pi + i + \omega;$$

et il en résultera

$$R = 2\pi q r \left[\sin i \operatorname{tang}\left(\frac{1}{4}\pi - \frac{1}{2}\omega\right) - \sin(i+\omega)\left(1 - \operatorname{tang}\frac{1}{2}\omega\right)\right].$$

Enfin, à l'égard de la force S, on fera coïncider les lignes CA, CB,

CA', CB', de la fig. 12, avec les lignes MG, ME, MF, MN, de la fig. 18; ce qui exigera que l'on prenne

$$a = \mathrm{GMI}' = -i, \quad b = \mathrm{EMI}' = \pi - i - \omega,$$
$$a' = \mathrm{FMI} = -\pi + i + \omega, \quad b' = \mathrm{NMI} = i + \omega - \tfrac{1}{2}\pi;$$

et d'où l'on conclura

$$\mathrm{S} = 2\pi qr\left[\sin i \tang\left(\tfrac{1}{4}\pi - \tfrac{1}{2}\omega\right) - \sin i \cot\tfrac{1}{2}\omega - \sin(i+\omega)\right].$$

Au moyen de ces valeurs de Q, R, S, on aura

$$\mathrm{Q}-\mathrm{R}+\mathrm{S} = 2\pi qr\left[2\sin i\cot\omega - \sin(i+\omega)\tang\tfrac{1}{2}\omega - \sin i\cot\tfrac{1}{2}\omega\right];$$

équation que l'on peut écrire ainsi :

$$\mathrm{Q}-\mathrm{R}+\mathrm{S} + 2\pi qr\cos i = 2\pi qr\cos(i+\omega).$$

Donc, d'après les valeurs de P et T, la pression totale exercée sur le corps flottant, en sens contraire de la pesanteur, aura pour expression

$$\pi r^2\Pi + \pi g\rho hr^2 + g\rho\mathrm{V} - g\rho\left[\pi kr^2 - v - \pi ra^2\cos(i+\omega)\right],$$

en faisant, comme dans le chapitre précédent,

$$q + q_1 = \tfrac{1}{2}\mathrm{H}, \qquad \mathrm{H} = g\rho a^2.$$

On se rappellera que ω a la même signification que dans ce chapitre, et que $i+\omega$ est l'angle compris entre le rayon du corps dont la longueur est r, et la normale extérieure du liquide, menée par l'extrémité de ce rayon, lequel répond à la section du corps où le liquide s'arrête.

(82). A ce résultat, il faut joindre l'équation relative au volume du liquide que l'on formera de la manière suivante.

L'équation différentielle de sa surface peut s'écrire sous la forme

$$\frac{t\frac{dz}{dt}}{\sqrt{1+\frac{dz^2}{dt^2}}} = \frac{2}{a^2}\int(z-b)\,t\,dt + c';$$

b étant toujours la constante qui provient de la valeur de p, c' désignant une autre constante arbitraire, et le radical étant positif ou négatif, selon que la normale extérieure fait un angle aigu ou obtus avec l'axe des z positives. Pour $t = r$ ou $z = k$, on aura

$$\frac{dz}{dt} = \sqrt{1 + \frac{dz^2}{dt^2}} \cos (i + \omega).$$

Pour $z = 0$, on aura de même

$$\frac{dz}{dt} = \sqrt{1 + \frac{dz^2}{dt^2}} \cos \varkappa;$$

$\varkappa$ étant l'angle que fait la normale extérieure du liquide, au point où la génératrice de sa surface coupe le plan des x et y, avec le rayon t du même point, que je représenterai par r'. On a d'ailleurs

$$2\int ztdt = zt^2 - \int t^2 dz;$$

si donc on fait successivement $z = 0$ et $t = r'$, $z = k$ et $t = r$, dans l'équation de la surface, et qu'on retranche les résultats l'un de l'autre, il en résultera

$$r \cos (i + \omega) - r' \cos \varkappa = \frac{kr^2}{a^2} - \frac{1}{a^2}\int_0^k t^2 dz - \frac{b^2}{a^2}(r^2 - r'^2).$$

Or, si l'on désigne par U le volume du liquide situé au-dessus du plan des x et y, c'est-à-dire au-dessus ou au-dessous, selon que U sera positif ou négatif, et si l'on observe que v est le volume du corps compris entre ce plan et la section horizontale où le liquide s'arrête, on aura

$$U = \pi \int_0^k t^2 dz - v,$$

et par conséquent

$$U = \pi k r^2 - v - \pi b (r^2 - r'^2) - \pi a^2 [r \cos (i + \omega) - r' \cos \varkappa]. \quad (5)$$

Si, par exemple, le liquide est compris entre deux plans horizontaux qui terminent des corps quelconques, et que l'on prenne le plan inférieur pour celui des x et y, on aura $i = \frac{1}{2}\pi$, $\varkappa = \frac{3}{2}\pi - \omega'$, en désignant par ω' l'angle donné que fait la normale extérieure du liquide à son extrémité inférieure, avec la verticale menée dans l'intérieur du corps sur lequel il s'appuie. Dans ce même cas, la quantité v sera nulle; il en résultera donc

$$U = \pi k r^2 - \pi b(r^2 - r'^2) + \pi a^2 (r \sin \omega - r' \sin \omega'). \quad (6)$$

Le volume V sera aussi nul, et la pression exercée de bas en haut sur le plan supérieur, aura pour valeur

$$\pi r^2 \Pi + \pi g \rho b r^2 - \pi g \rho r (k r + a^2 \sin \omega).$$

Elle devra faire équilibre au poids du corps que termine ce plan, augmenté de la composante verticale de la pression atmosphérique, qui agit directement sur toute la partie de la surface non en contact avec le liquide, et fait déjà équilibre à la partie $\pi r^2 \Pi$ de la pression inférieure. En appelant ϖ le poids du corps, nous aurons donc

$$\varpi = \pi g \rho b r^2 - \pi g \rho r (k r + a^2 \sin \omega). \quad (7)$$

Ces équations (6) et (7) serviront à déterminer la constante b, et l'épaisseur k du liquide, d'après son volume U et la charge ϖ qu'il supporte.

(83). Lorsque le liquide s'étend indéfiniment, et qu'on prend le plan de son niveau naturel, pour celui des x et y, on a $b = 0$, l'angle $\varkappa$ est droit, l'équation (5) se réduit à

$$U = \pi k r^2 - v - \pi a^2 r \cos(i + \omega),$$

et U est le volume du liquide soulevé ou abaissé par l'action capillaire autour du corps flottant. D'après cette valeur de U, la pression que ce corps éprouve en sens contraire de la pesanteur est la même chose que

$$\pi r^2 \Pi + g \rho (V - U);$$

par conséquent, l'effet de l'action capillaire est de diminuer ou d'augmenter la pression dont il s'agit d'une quantité égale au poids du liquide soulevé ou abaissé.

Pour que le corps demeure en équilibre, il faudra que cette force soit égale à son poids augmenté de la composante verticale de la pression atmosphérique, qui s'exerce sur la partie de sa surface située hors du liquide, laquelle composante a $\pi r^2\Pi$ pour valeur. En appelant ϖ le poids du corps, pesé dans le vide, on aura donc

$$\varpi = g\rho(V - U).$$

On parvient immédiatement à ce résultat en considérant un large canal composé d'une partie courbe et de deux branches verticales, et dont la section normale soit constante dans toute sa longueur. Si l'on suppose que l'une des deux branches comprenne toute la partie de la surface du liquide qui n'est pas sensiblement horizontale, et qu'on appelle μ le poids du liquide contenu dans l'autre branche, au-dessus d'un plan horizontal choisi arbitrairement, il est évident que le poids du liquide renfermé dans la première branche, au-dessus du même plan, se composera de μ augmenté de $g\rho U$ et diminué de $g\rho V$; ce poids $\mu + g\rho U - g\rho V$, ajouté au poids du corps, devra faire équilibre à μ. On aura donc

$$\mu + g\rho U - g\rho V + \varpi = \mu;$$

ce qui donne l'équation précédente. Mais il était important de faire voir que les formules relatives aux actions moléculaires, qui nous ont servi à trouver les équations de la surface capillaire et de son contour, peuvent aussi conduire directement aux conditions d'équilibre d'un corps solide en contact avec un liquide, et, généralement, aux valeurs des pressions modifiées par l'action capillaire.

Si le corps flottant est attaché au plateau d'une balance, et qu'on ait mis dans l'autre plateau un poids $\varpi + \Delta$, il faudra, pour l'équilibre de ce système, que nous ayons

$$\Delta = g\rho(U - V),$$

ou bien, en remettant pour U sa valeur,

$$\Delta = g\rho[\pi k r^2 - v - \pi a^2 r \cos(i + \omega) - V].$$

Si le corps est un cylindre ou un disque circulaire, et que le liquide se termine à sa base inférieure ou à la circonférence de cette base horizontale, on aura $v = 0$, $V = 0$, et simplement

$$\Delta = \pi g\rho r[kr - a^2 \cos(i + \omega)]. \qquad (8)$$

Quand la ligne où le liquide s'arrête sera tracée sur la base, l'angle i

sera droit; il en résultera

$$\Delta = \pi g \rho r (kr + a^2 \sin \omega);$$

et le rayon r pourra varier sur cette base, en même temps que Δ et k. Mais, lorsque le contour du liquide sera tracé sur l'arète qui termine la base du disque, ou un tant soit peu au-dessus, l'angle i, c'est-à-dire l'inclinaison de la normale à la surface de cette arète, pourra prendre toutes les valeurs, depuis $i = 0$ jusqu'à $i = \frac{1}{2}\pi$; par conséquent, Δ et k pourront varier sans que r change de valeur et cesse d'être égal au rayon du disque. L'équation (8) nous servira, dans le chapitre suivant, à résoudre une des questions les plus intéressantes de la théorie de l'action capillaire.

(84). Pour déterminer l'effet de la capillarité sur les pressions horizontales, je supposerai que le corps flottant soit compris entre deux plans verticaux et parallèles, d'une très grande largeur, afin qu'on puisse négliger, sans erreur sensible, la partie de la pression qui a lieu près de leurs extrémités, relativement à la pression totale, et considérer la hauteur du liquide et la pression comme constantes dans toute la largeur de chaque plan. Le corps sera terminé, en haut et en bas, par des surfaces quelconques; on supposera la surface inférieure entièrement immergée, et la surface supérieure entièrement en-dehors du liquide. La figure 19 représente une section de ce corps, verticale et perpendiculaire à ses deux faces latérales. Les lignes AD et A'D' sont les sections de la surface du liquide, de part et d'autre du corps, qui coupent ses deux faces aux points A et A'. Ces courbes sont différentes, et A et A' n'appartiennent pas à une même droite horizontale. Selon que chacun de ces points est au-dessus ou au-dessous du niveau du liquide, la courbe correspondante tournera sa concavité par en haut ou par en bas. La droite LL' est l'intersection du plan de la figure et d'un plan horizontal, que je prendrai pour celui des x et y, et que je supposerai à une distance h au-dessous du niveau du liquide. Elle coupe les deux faces du liquide aux points C et C', situés au-dessus de la partie courbe du corps et au-dessous de A et A'. Je ferai

$$AC = h + k, \quad A'C' = h + k_1;$$

k et k_1 étant des quantités positives ou négatives, selon que A et A′ sont au-dessus ou au-dessous du niveau du liquide.

Cela posé, les pressions horizontales se détruiront sur la partie du corps située au-dessous du plan des x et y; celles qui proviennent de la pression atmosphérique se détruiront également sur le corps entier. Au-dessus des points C et C′, les rayons de courbure λ et λ' étant infinis, la pression normale N se réduira à sa partie p, dont on pourra représenter la valeur par

$$p = g\rho(h - z),$$

abstraction faite de Π. Les pressions horizontales qui proviennent de cette force p, et qui ont lieu sur les parties du corps correspondantes à CA et C′A′, seront donc

$$g\rho l\int_0^{h+k}(h-z)\,dz, \qquad g\rho l\int_0^{h+k_1}(h-z)\,dz,$$

en désignant par l la largeur du corps, et la supposant la même pour les deux surfaces. Par conséquent, si l'on effectue les intégrations, et qu'on appelle δ l'excès de pression dû à la force p, qui pousse le corps de gauche à droite, on aura

$$\delta = \frac{1}{2}\, g\rho l\,(k^2 - k_1^2).$$

Mais la quantité p n'est pas la pression du liquide dans toute sa hauteur; elle cesse de l'être à une distance de la surface moindre que le rayon d'activité moléculaire; et, quoique cela n'ait lieu que dans une épaisseur insensible, la pression exercée par la couche superficielle du liquide n'en est pas moins une quantité sensible, qu'il n'est pas permis de négliger.

(85). Soit donc M un point du liquide situé à droite de la figure, à des distances de AC et AD, moindres que les rayons d'activité du tube et du liquide. Par ce point, menons une verticale OMG qui coupe AD au point O, une perpendiculaire à cette courbe AD qui la rencontre au point N, une horizontale MH qui rencontre AC au point K, et une courbe FME parallèle à AND. Nous aurons à déterminer les composantes horizontales des mêmes forces dont nous avons précédemment considéré (n° 80) les composantes verticales Q, R, S, T. Je les désignerai par Q′, R′, S′, T′; la valeur de chacune de ces quantités aura l pour facteur ; et, abstraction faite de ce facteur, T' sera la composante suivant MK de la force U du n° 41, qui agit suivant MF, et dont la valeur est $-q_1$; d'où l'on conclut

$$T' = -q_1 l \sin\omega\,;$$

ω étant toujours l'angle donné KMN. Quant aux valeurs de Q', R', S', elles s'obtiendront, comme celles de Q, R, S, d'après les formules (4) et (5) du n° 44 ; seulement, au lieu de compter les angles a, b, a', b', à partir de la verticale IMI' (fig. 18), il faudra leur donner pour origine l'horizontale MH ou son prolongement MH', et faire coïncider les droites MK et MH, ou supposer $i = 0$.

De cette manière, on obtiendra la valeur de Q', en faisant

$$a = \mathrm{GMH'} = -\tfrac{1}{2}\pi, \qquad b = \mathrm{OMH'} = \tfrac{1}{2}\pi,$$
$$a' = \mathrm{KMH} = 0, \qquad b' = \mathrm{FMH} = -\tfrac{1}{2}\pi + \omega\,;$$

ce qui donne

$$Q' = 2ql\cot\omega.$$

Pour déterminer R', on fera

$$a = \mathrm{NMH'} = \pi - \omega, \qquad b = \mathrm{OMH'} = \tfrac{1}{2}\pi,$$
$$a' = \mathrm{GMH'} = -\tfrac{1}{2}\pi, \qquad b' = \mathrm{FMH} = -\tfrac{1}{2}\pi + \omega\,;$$

d'où l'on conclut

$$R' = ql\left[\operatorname{tang}\left(\tfrac{1}{4}\pi - \tfrac{1}{2}\omega\right) - \left(1 - \operatorname{tang}\tfrac{1}{2}\omega\right)\cos\omega\right].$$

Relativement à S', on prendra

$$a = \mathrm{GMH'} = -\tfrac{1}{2}\pi, \qquad b = \mathrm{EMH'} = \tfrac{1}{2}\pi - \omega,$$
$$a' = \mathrm{FMH} = -\tfrac{1}{2}\pi + \omega, \qquad b' = \mathrm{NMH} = \omega\,;$$

et l'on en déduira

$$S' = ql\left[\operatorname{tang}\left(\tfrac{1}{4}\pi - \tfrac{1}{2}\omega\right) - \cos\omega - \cot\tfrac{1}{2}\omega\right].$$

Il résulte de là que la pression horizontale exercée sur la face du corps qui répond à AC, ou plutôt sur la couche liquide adjacente à cette face, devra être augmentée d'une force Q′ — R′ + S′ + T′, dont la valeur sera

$$ql\left(2\cot\omega - \cos\omega \operatorname{tang}\frac{1}{2}\omega - \cot\frac{1}{2}\omega\right) - q_1 l \sin\omega;$$

quantité que l'on peut réduire à

$$-(q+q_1)\,l\sin\omega.$$

La force dont on devra augmenter la pression relative à la face correspondante à A′G′, sera de même

$$-(q+q_1)\,l\sin\omega_1;$$

ω_1 désignant ce que devient l'angle ω par rapport à cette seconde face du corps, qui peut n'être pas de même nature que la première. Ces deux forces agiront en sens contraire l'une de l'autre; et si nous appelons ε la valeur complète de l'excès de pression horizontale qui pousse le corps de gauche à droite, nous aurons

$$\varepsilon = \delta + (q+q_1)\,l(\sin\omega - \sin\omega_1),$$

ou, ce qui est la même chose,

$$\varepsilon = \frac{1}{2}g\rho l\left[k^2 - k_1^2 + a^2(\sin\omega - \sin\omega_1)\right], \qquad (9)$$

en ayant égard à la valeur de la partie δ, et observant que $q + q_1 = \frac{1}{2}g\rho a^2$.

Ce résultat diffère de celui de la *Mécanique céleste*, en ce que l'auteur n'a pas tenu compte de la pression particulière qui a lieu près de la surface du liquide, et qui ne disparaît de la valeur exacte de ε que dans le cas particulier où les deux angles ω et ω_1 sont égaux ou supplémens l'un de l'autre (*).

(*) Le raisonnement qu'on trouve au commencement de la page 43 de la *Théorie de l'Action capillaire*, montre que Laplace avait jugé cette pression tout-à-fait négligeable, parce qu'elle ne répond qu'à une étendue insensible de la surface du corps.

Lorsque cette force ϵ ne sera pas nulle, le corps sera mis en mouvement suivant une direction horizontale et perpendiculaire à ses deux faces latérales, qu'on a supposées d'une très grande largeur; et ce mouvement aura lieu de gauche à droite ou de droite à gauche, selon que la valeur de ϵ sera positive ou négative. De plus, les résultantes des pressions horizontales qui le poussent en sens contraires n'étant pas directement opposées, le corps tournera, en même temps, autour d'un axe passant par son centre de gravité et parallèle à ces mêmes faces latérales.

CHAPITRE VI.

Solutions de différens problèmes.

(86). Reprenons la question du n° 57, relative à l'équilibre d'un liquide contenu entre deux plans verticaux et parallèles, que l'on regardera comme indéfiniment prolongés dans le sens horizontal, afin de n'avoir pas à considérer ce qui arrive à leurs extrémités.

Si l'on prend le plan des y et z parallèle aux deux plans donnés, l'ordonnée z sera indépendante de y, et l'équation (1) du n° 49 se réduira à

$$\frac{a^2 \frac{d^2z}{dx^2}}{\left(1 + \frac{dz^2}{dx^2}\right)^{\frac{3}{2}}} = 2z,$$

en faisant, comme précédemment,

$$\text{H} = g\rho a^2.$$

En multipliant par $-dz$, intégrant et désignant par b la constante arbitraire, on aura

$$\frac{a^2}{\sqrt{1 + \frac{dz^2}{dx^2}}} = b - z^2. \qquad (1)$$

Cette équation sera celle d'une section de la surface du liquide, faite par un plan vertical et perpendiculaire aux deux plans donnés. Les z positives sont comptées en sens contraire de la pesanteur, et à partir du niveau extérieur du liquide dans lequel les deux plans sont plongés par leurs extrémités inférieures. Le radical doit être positif ou négatif, selon que la normale à la courbe fait un angle aigu ou obtus avec la direction des z positives; mais, dans toute sa longueur, la courbe n'est rencontrée qu'en un seul point par chaque verticale, et l'angle dont il s'agit est toujours aigu, en sorte que le radical sera constamment positif.

Aux deux extrémités de la courbe, le cosinus de l'angle compris entre la normale et une horizontale, tirées l'une et l'autre en-dehors du liquide, est une quantité donnée, qui peut être positive ou négative. Si elle est positive en ces deux points, la courbe tournera sa convexité par en-haut, dans toute sa longueur; si elle est négative, la courbe sera concave par en-haut; si elle est positive à l'une des extrémités et négative à l'autre, la courbe se composera, en général, de deux parties qui tourneront leur concavité en sens contraires. Je dis *en général;* car je ferai voir qu'il y a des états d'équilibre possibles, pour lesquels ce dernier cas rentre dans l'un des deux premiers. Dans ces deux premiers cas, il y aura un point C pour lequel la tangente sera horizontale, et dans le dernier, la courbe présentera généralement un point d'inflexion que j'appellerai I. Je vais considérer successivement le cas du point C et celui du point I, qui sont essentiellement distincts.

(87). Je désigne par h la valeur de z qui répond au point C; à cause de $\frac{dz}{dx}=0$ en ce point, on aura

$$a^2=b-h^2;$$

et en éliminant b, l'équation (1) deviendra

$$\frac{a^2}{\sqrt{1+\frac{dz^2}{dx^2}}}=a^2+h^2-z^2. \qquad (2)$$

Le radical étant une quantité positive, il faut que z^2 ne soit pas plus grand que a^2+h^2; et, à cause que le premier membre de cette équation est moindre que a^2, il faut que z^2 ne soit pas plus petit que h^2. Ainsi, l'on voit déjà qu'abstraction faite du signe, la variable z est comprise entre les limites h et $\sqrt{a^2+h^2}$; elle sera positive ou négative, selon que la courbe tournera sa concavité ou sa convexité par en-haut.

On tire de cette équation

$$dx=\frac{(a^2+h^2-z^2)\,dz}{\sqrt{(z^2-h^2)\,(h^2+2a^2-z^2)}}.$$

Je considérerai séparément les deux parties de la courbe qui aboutissent au point C; dans chacune d'elles, la variable x sera regardée comme positive et comptée à partir de ce point; et pour qu'elle croisse depuis ce point jusqu'à chaque bout de la courbe, je supposerai le radical du même signe que dz.

Cela posé, pour exprimer x en fonctions elliptiques, je fais

$$z^2 = \frac{(h^2 + 2a^2)\, h^2}{h^2 + 2a^2 \cos^2 \varphi};$$

d'où l'on tire

$$\operatorname{tang}^2 \varphi = \frac{(h^2 + 2a^2)\,(z^2 - h^2)}{h^2\,(h^2 + 2a^2 - z^2)};$$

et la variable z^2 n'étant pas moindre que h^2, ni plus grande que $h^2 + a^2$, cette valeur de $\operatorname{tang}^2 \varphi$ sera positive; ce qui suffit pour que φ soit un angle réel. L'expression de dx deviendra

$$dx = \frac{(a^2 + h^2)\, d\varphi}{\sqrt{h^2 + 2a^2 \cos^2 \varphi}} - \frac{(h^2 + 2a^2)\, h^2 d\varphi}{(h^2 + 2a^2 \cos^2 \varphi)^{\frac{3}{2}}},$$

ou, ce qui est la même chose,

$$dx = \frac{(2 - c^2)\, a}{c\sqrt{2}} \frac{d\varphi}{\sqrt{1 - c^2 \sin^2 \varphi}} - \frac{2(1 - c^2)\, a}{c\sqrt{2}} \frac{d\varphi}{(1 - c^2 \sin^2 \varphi)^{\frac{3}{2}}},$$

en désignant par c une quantité positive, moindre que l'unité, et donnée par l'équation

$$c^2 = \frac{2a^2}{2a^2 + h^2}.$$

D'ailleurs, on a identiquement

$$d\left(\frac{\sin \varphi \cos \varphi}{\sqrt{1 - c^2 \sin^2 \varphi}}\right) = \frac{1}{c^2} \sqrt{1 - c^2 \sin^2 \varphi}\, d\varphi - \frac{(1 - c^2)}{c^2} \frac{d\varphi}{(1 - c^2 \sin^2 \varphi)^{\frac{3}{2}}};$$

d'où il résulte

$$dx = \frac{(2 - c^2)\, a}{c\sqrt{2}} \frac{d\varphi}{\sqrt{1 - c^2 \sin^2 \varphi}} - \frac{2a}{c\sqrt{2}} \sqrt{1 - c^2 \sin^2 \varphi}\, d\varphi$$
$$+ ac\sqrt{2}\, d\left(\frac{\sin \varphi \cos \varphi}{\sqrt{1 - c^2 \sin^2 \varphi}}\right).$$

D'après les notations connues de M. Legendre, on a aussi

$$\int \frac{d\varphi}{\sqrt{1 - c^2 \sin^2 \varphi}} = \mathrm{F}(c, \varphi),$$

$$\int \sqrt{1 - c^2 \sin^2 \varphi}\, d\varphi = \mathrm{E}(c, \varphi);$$

les intégrales commençant avec la variable φ. En intégrant, on aura donc

$$\frac{x\sqrt{2}}{a} = \frac{2 - c^2}{c}\,\mathrm{F}(c, \varphi) - \frac{2}{c}\,\mathrm{E}(c, \varphi) + \frac{c \sin 2\varphi}{\sqrt{1 - c^2 \sin^2 \varphi}}. \qquad (3)$$

On n'ajoute pas de constante arbitraire, parce que x est nul au point C, pour lequel on a $z = h$, ce qui donne $\varphi = 0$ et fait évanouir le second membre de cette équation. On aura en même temps

$$z^2 = \frac{2a^2 (1 - c^2)}{c^2 (1 - c^2 \sin^2 \varphi)}; \qquad (4)$$

et ces équations (3) et (4) feront connaître les x et z de chacun des points de la courbe, fonctions d'une troisième variable φ, quand on aura déterminé le module c.

Or, si nous faisons

$$\frac{\frac{dz}{dx}}{\sqrt{1 + \frac{dz^2}{dx^2}}} = -\cos \omega,$$

ω sera l'angle qui est donné aux deux extrémités de la courbe, et qui dépend en chacun de ces points, de la matière du corps terminé par le plan vertical et de celle du liquide. En désignant par k la valeur de z qui répond à l'un de ces deux points, et éliminant $\frac{dz}{dx}$ entre l'équation (2) et la précédente, il vient

$$k^2 = h^2 + a^2 (1 - \sin \omega);$$

en ayant égard à la valeur de c^2, nous aurons donc

$$h^2 = \frac{2a^2 (1 - c^2)}{c^2}, \qquad k^2 = \frac{a^2}{c^2} (2 - c^2 - c^2 \sin \omega); \qquad (5)$$

et si l'on appelle θ la valeur de φ qui répond à $z = k$, il en résultera

$$\text{tang}^2\,\theta = \frac{1-\sin\omega}{(1+\sin\omega)(1-c^2)}. \qquad (6)$$

Soit α la valeur correspondante de x, c'est-à-dire la distance du point C à l'un des deux plans verticaux ; on aura

$$\frac{\alpha\sqrt{2}}{a} = \frac{2-c^2}{c}\,F(c,\theta) - \frac{2}{c}\,E(c,\theta) + \frac{c\sin 2\theta}{\sqrt{1-c^2\sin^2\theta}}. \qquad (7)$$

Si nous désignons par α' et ω' la distance et l'angle relatifs à l'autre plan vertical, et par θ' ce que devient θ, quand on y met ω' à la place de ω, nous aurons une seconde équation qui se déduira de la précédente, en y changeant α et θ, en α' et θ'. J'ajoute ces deux équations, et je fais $\alpha+\alpha'=\delta$, de sorte que δ soit la distance comprise entre les deux plans verticaux ; il vient

$$\frac{\delta\sqrt{2}}{a} = \frac{2-c^2}{c}\,[F(c,\theta)+F(c,\theta')]$$
$$-\frac{2}{c}[E(c,\theta)+E(c,\theta')] + \frac{c\sin 2\theta}{\sqrt{1-c^2\sin^2\theta}} + \frac{c\sin 2\theta'}{\sqrt{1-c^2\sin^2\theta'}}, \qquad (8)$$

pour l'équation qui servira à déterminer c.

Dans le cas que nous examinons, les angles ω et ω' seront tous les deux aigus ou tous les deux obtus ; selon qu'ils seront obtus ou aigus, la courbe sera concave ou convexe par en-haut, et l'on prendra avec le signe $+$ ou avec le signe $-$, les valeurs de z et de h données par l'équation (4) et la première équation (5). En appelant k', ce que devient k lorsqu'on y change ω en ω', les ordonnées extrêmes k et k' se déduiront de la formule (4), en y faisant $\varphi=\theta$ et $\varphi=\theta'$, ou bien elles seront données immédiatement par la seconde équation (5). La distance de C à l'un des plans verticaux ou l'une des valeurs extrêmes de x, se déterminera au moyen de la formule (7) ; et en la retranchant de δ, on aura la distance de C à l'autre plan.

(88). Quand on aura $\omega=\varpi'$, les distances α et α' seront égales entre elles et à $\frac{1}{2}\delta$. Si ces angles sont, en outre, zéro ou π, on aura simplement

$$\cot\theta = \sqrt{1-c^2}.$$

Pour résoudre par rapport à c l'équation (7) qui est transcendante, il faudrait donner à c une série de valeurs croissantes par de très petites différences, depuis $c=0$ jusqu'à $c=1$; calculer, au moyen des tables elliptiques de M. Legendre, les valeurs correspondantes du second membre de cette équation; et former ainsi une table des valeurs de $\frac{\alpha\sqrt{2}}{a}$, relatives à toutes ces valeurs de c : cela étant, lorsque la distance δ ou 2α, et la constante a, et par conséquent la quantité $\frac{\alpha\sqrt{2}}{a}$ seraient données, on chercherait dans cette table la valeur correspondante de c. Mais le problème sera bien plus simple si l'on donne l'élévation h du point C et la constante a, et qu'on demande quelle doit être la distance 2α comprise entre les deux plans.

Supposons, par exemple, qu'on doive avoir

$$h^2=2a^2;$$

il en résultera

$$c=\frac{1}{\sqrt{2}},\qquad \cot\theta=\frac{1}{\sqrt{2}},\qquad \theta=54^\circ\,44',$$

et l'équation (7) deviendra

$$\frac{\delta}{h}=\frac{3}{\sqrt{2}}\,F(c,\,\theta)-2\sqrt{2}\,E(c,\,\theta)+\sqrt{\frac{2}{3}}.$$

Pour ces valeurs de c et θ, les tables de M. Legendre donnent

$$F(c,\theta)=1,02806,$$
$$E(c,\theta)=0,89111;$$

d'où l'on conclut

$$\frac{\delta}{h}=0,4776,$$

pour le rapport de la distance des deux plans à la plus petite ordonnée de la courbe.

D'après les équations (5), la plus grande ordonnée est

$$k=h\sqrt{\frac{3}{2}};$$

l'ordonnée moyenne est donc

$$z=\frac{1}{2}\,h\left(1+\sqrt{\frac{3}{2}}\right);$$

et la valeur correspondante de φ sera

$$\varphi = 38^\circ\, 16'\, 30''.$$

Pour cette valeur de φ et $c = \sin 45^\circ$, on trouve, dans les tables de M. Legendre,

$$F(c, \varphi) = 0{,}69300,$$
$$E(c, \varphi) = 0{,}64457;$$

et l'équation (5) donne ensuite

$$x = h(0{,}2061).$$

En comparant cette valeur de x à celle de α ou de $\frac{1}{2}\delta$, on a

$$x = \alpha(0{,}8628);$$

en sorte que, dans cet exemple, les ordonnées moyennes sont beaucoup plus rapprochées des plans verticaux que du point C; ce qui tient au peu de courbure du liquide près de ce point.

(89). Si h est très grand par rapport à a, le module c sera une très petite fraction, et l'on pourra développer les fonctions elliptiques en séries très convergentes, suivant les puissances de c; ce qui donne

$$F(c, \theta) = \theta + \frac{c^2}{4}(\theta - \sin\theta\cos\theta) + \text{etc.},$$
$$E(c, \theta) = \theta - \frac{c^2}{4}(\theta - \sin\theta\cos\theta) + \text{etc.}$$

L'équation (7) deviendra

$$\frac{\alpha\sqrt{2}}{a} = c\sin\theta\cos\theta + \frac{c^3}{8}(\theta - \sin\theta\cos\theta + 6\sin^3\theta\cos\theta),$$

en négligeant la cinquième puissance de c. Pour plus de simplicité, je supposerai que ω soit zéro ou π; on aura alors, en vertu de l'équation (6),

$$\tang\theta = 1 + \frac{1}{2}c^2 + \text{etc.},\quad \theta = \frac{1}{4}\pi + \frac{1}{4}c^2 + \text{etc.},$$

et, par conséquent,

$$\frac{\alpha\sqrt{2}}{a}=\frac{1}{2}c+\frac{c^3}{8}\left(1+\frac{1}{4}\pi\right).$$

Il faudra que le rapport $\frac{\alpha}{a}$ soit une très petite fraction, dont on négligera la cinquième puissance; d'où il résultera

$$c=\frac{2\alpha\sqrt{2}}{a}-\frac{4\alpha^3\sqrt{2}}{a^3}\left(1+\frac{1}{4}\pi\right).$$

La première équation (5) donne ensuite

$$h=\pm\left[\frac{a^2}{2\alpha}-\alpha\left(1-\frac{1}{4}\pi\right)\right],$$

où l'on prendra le signe supérieur ou inférieur, selon que ω sera zéro ou π, c'est-à-dire selon que le liquide sera concave ou convexe par en haut.

Si les deux plans verticaux qui terminent le liquide sont de la même nature, c'est-à-dire si ω' est aussi zéro ou π, de sorte que 2α soit leur distance mutuelle, on voit que le premier terme de cette valeur de h sera le même que dans le cas d'un tube qui aurait cette distance pour rayon; ce qui n'a plus lieu pour la valeur totale de h.

M. Gay-Lussac a observé l'élévation de l'eau entre deux plans verticaux et parallèles, préalablement mouillés de ce liquide. Leur distance étant

$$2\alpha = 1^{mm},069,$$

il a trouvé

$$h = 13^{mm},574.$$

Mais la température s'élevant à 16° pendant cette expérience, il faut augmenter la valeur de h, pour rendre la valeur de a^2, qu'on en déduira, comparable à celle du n° 56, qui répond à une température de 8°,5. On prendra donc

$$h=(13^{mm},574)\left(1+\frac{7,5}{2300}\right)=13,5872,$$

à cause que l'augmentation de densité de l'eau est d'environ $\frac{1}{2300}$ pour chaque degré d'abaissement dans la température, et que l'accroissement de h est proportionnel à cette augmentation (n° 53).

Au moyen de cette dernière valeur de h et de celle de 2α, on trouve

$$a^2 = (14,6473) \text{ millimètres carrés};$$

ce qui diffère peu de la valeur de a^2 du n° 56, qu'il faudra préférer, comme étant conclue d'une observation plus susceptible d'exactitude.

(90). En négligeant le cube de c, l'équation (8) se réduit à

$$\frac{\delta\sqrt{2}}{a} = c\,(\sin\theta\cos\theta + \sin\theta'\cos\theta').$$

Si nous faisons $\omega = \frac{1}{2}\pi + \mu$ et $\omega' = \frac{1}{2}\pi + \mu'$, les angles θ et θ' différeront très peu de $\frac{1}{2}\mu$ et $\frac{1}{2}\mu'$, d'après l'équation (6); et l'on en conclura

$$\frac{\delta\sqrt{2}}{a} = \frac{1}{2}c\,(\sin\mu + \sin\mu').$$

La première équation (5) donnera donc

$$h = \frac{a^2}{2\delta}(\sin\mu + \sin\mu'),$$

en observant que μ et μ' sont positifs ou négatifs, selon que ω et ω' sont obtus ou aigus, ou selon que le liquide s'élève ou s'abaisse. Au même degré d'approximation, la courbe du liquide sera un arc de cercle, d'un rayon égal à $\frac{a^2}{h}$.

Cette valeur approchée de h nous montre que quand les deux plans verticaux, qu'on suppose très rapprochés, ne sont pas dans le même état, l'élévation ou la dépression du liquide est la demi-somme de celles que l'on observerait si ces deux plans étaient successivement de la même nature que chacun d'eux; ce qui n'a lieu toutefois que dans la première approximation.

(91). Je retranche les équations (3) et (7) l'une de l'autre, et je fais $\alpha - x = u$, en sorte que u soit la distance d'un point quelconque de la courbe du liquide au plan vertical qui répond à l'angle ω; il vient

$$\frac{u\sqrt{2}}{a} = \frac{2-c^2}{c}[F(c, \theta) - F(c, \varphi)]$$
$$-\frac{2}{c}[E(c, \theta) - E(c, \varphi)] + \frac{c \sin 2\theta}{\sqrt{1-c^2 \sin^2\theta}} - \frac{c \sin 2\varphi}{\sqrt{1-c^2 \sin^2\varphi}}.$$

Maintenant, si l'on supprime l'autre plan vertical, la courbe sera asymptotique de l'axe des u, et l'ordonnée h du point C sera infiniment petite; en appelant donc b le complément du module, de sorte qu'on ait

$$1 - c^2 = b^2,$$

b sera aussi infiniment petit, en vertu de la première équation (5); et si l'on fait, pour abréger,

$$\frac{1+\sin\omega}{1-\sin\omega} = \theta'^2,$$

l'équation (6) donnera

$$\theta = \frac{1}{2}\pi - \theta' b.$$

D'après l'équation (4), z sera infiniment petit, excepté pour les valeurs de φ infiniment peu différentes de $\frac{1}{2}\pi$; je fais donc aussi

$$\varphi = \frac{1}{2}\pi - \varphi' b;$$

et il en résulte

$$z^2 = \frac{2a^2}{1+\varphi'^2},$$

c'est-à-dire,

$$\varphi' = \frac{1}{z}\sqrt{2a^2 - z^2}.$$

Pour ces valeurs de φ et θ, on aura

$$E(c, \theta) - E(c, \varphi) = \int_\varphi^\theta \sqrt{1 - c^2 \sin^2 \nu}\, d\nu = 0.$$

On a aussi

$$F(c, \theta) - F(c, \varphi) = \int_\varphi^\theta \frac{d\nu}{\sqrt{1 - c^2 \sin^2 \nu}};$$

et en faisant

$$\nu = \frac{1}{2}\pi - b\nu', \qquad d\nu = -b d\nu',$$

cette dernière équation devient

$$\mathrm{F}(c,\,\theta)-\mathrm{F}(c,\,\varphi)=\int_{\theta'}^{\varphi'}\frac{dv'}{\sqrt{1+v'^2}}=\log\frac{\varphi'+\sqrt{1+\varphi'^2}}{\theta'+\sqrt{1+\theta'^2}}.$$

On a d'ailleurs

$$\frac{c\sin 2\theta}{\sqrt{1-c^2\sin^2\theta}}=\frac{2\theta'}{\sqrt{1+\theta'^2}},$$

$$\frac{c\sin 2\varphi}{\sqrt{1-c^2\sin^2\varphi}}=\frac{2\varphi'}{\sqrt{1+\varphi'^2}};$$

on aura donc

$$\frac{u\sqrt{2}}{a}=\log\frac{\varphi'+\sqrt{1+\varphi'^2}}{\theta'+\sqrt{1+\theta'^2}}+\frac{2\theta'}{\sqrt{1+\theta'^2}}-\frac{2\varphi'}{\sqrt{1+\varphi'^2}};$$

et si l'on y substitue pour φ' et θ' leurs valeurs, et qu'on fasse $\omega=\frac{1}{2}\pi+\mu$, on aura finalement

$$\frac{u\sqrt{2}}{a}=\log\frac{(a\sqrt{2}+\sqrt{2a^2-z^2})\sin\frac{1}{2}\mu}{z\left(1+\cos\frac{1}{2}\mu\right)}+2\cos\frac{1}{2}\mu-\frac{2\sqrt{2a^2-z^2}}{a\sqrt{2}}, \quad (9)$$

pour l'équation de la courbe formée par le liquide qui s'élève ou s'abaisse le long d'un plan vertical; μ étant l'angle aigu que fait la normale à son extrémité, avec la verticale, et qu'on regardera comme positif ou comme négatif, selon que cette courbe tournera sa concavité ou sa convexité par en-haut, afin que l'angle ω soit obtus dans le premier cas et aigu dans le second. La variable z sera, par conséquent du même signe que μ, et le radical $\sqrt{2a^2-z^2}$ devra être positif, pour que l'on ait $u=\infty$, quand $z=0$, ainsi qu'on l'a supposé.

Si l'on appelle l la valeur de z qui répond à $u=0$, on aura, d'après la seconde équation (5),

$$l=a\sqrt{2}\sin\frac{1}{2}\mu;$$

et cette quantité rend effectivement nulle la formule (9), quand on la substitue à la place de z. Il en résulte que la constante a, relative à la matière d'un liquide, exprime son élévation au-dessus du niveau, le long d'un plan vertical qui a été préalablement mouillé dans toute sa hauteur par ce même liquide; car on a alors $\omega=\pi$, $\mu=\frac{1}{2}\pi$, et, par conséquent, $l=a$. Dans le cas de l'eau à la température de 8°,5 (n° 56), on aura

$$l=a=3^{mm},8888,$$

pour cette élévation.

(92). Maintenant, considérons le cas où la courbe du liquide présente un point d'inflexion I.

Je désignerai par i l'angle inconnu que fait la tangente en ce point avec la droite horizontale, menée par le même point. Comme il faut que la partie de la courbe qui tourne sa concavité par en haut, soit plus élevée que la partie concave par en bas, il s'ensuit que l'angle i sera moindre que chacun des angles aigus que font les tangentes aux points extrêmes, avec la droite horizontale menée par le point I, et moindre qu'un angle droit quand ces tangentes seront verticales. De plus, $\frac{d^2z}{dx^2}$ changeant de signe de part et d'autre de I, il faudra que cette quantité soit nulle ou infinie en ce point; l'ordonnée z sera, en même temps, nulle ou infinie, en vertu de la première équation du n° 86; et puisqu'elle ne saurait être infinie, il faudra que les quantités $\frac{d^2z}{dx^2}$ et z soient nulles au point I, qui se trouvera, par conséquent, dans le plan du niveau du liquide.

Je fais donc $z=0$ et $\frac{dz}{dx}=\operatorname{tang} i$ dans l'équation (1); il en résulte $b=a^2\cos i$. Cette équation devient

$$\frac{a^2}{\sqrt{1+\frac{dz^2}{dx^2}}}=a^2\cos i-z^2;$$

et, à cause que le radical est une quantité positive, on voit que z^2 sera moindre que $a^2\cos i$. On tire de là

$$dx=\frac{(a^2\cos i-z^2)\,dz}{\sqrt{[z^2+a^2(1-\cos i)]\,[a^2(1+\cos i)-z^2]}}.$$

Je fixerai au point I l'origine des x; je considérerai séparément chacune des deux parties de la courbe qui aboutissent en ce point, et je regarderai le radical comme étant de même signe que dz.

Pour exprimer x en fonctions elliptiques, je fais

$$\cos\tfrac{1}{2}i=c,$$

et ensuite

$$z^2 = \frac{2a^2c^2(1-c^2)\sin^2\varphi}{1-c^2\sin^2\varphi}; \qquad (10)$$

d'où il résulte

$$\tang^2\varphi = \frac{z^2}{(2a^2c^2-z^2)(1-c^2)};$$

quantité positive, à cause de $z^2 < a^2\cos i$ et $\cos i < 2c^2$; ce qui suffit pour que l'angle φ soit réel. Nous aurons

$$dx = \frac{ad\varphi}{\sqrt{2}\sqrt{1-c^2\sin^2\varphi}} - \frac{(1-c^2)a\sqrt{2}\,d\varphi}{(1-c^2\sin^2\varphi)^{\frac{3}{2}}},$$

ou, ce qui est la même chose,

$$dx = \frac{ad\varphi}{\sqrt{2}\sqrt{1-c^2\sin^2\varphi}} - a\sqrt{2}\sqrt{1-c^2\sin^2\varphi}\,d\varphi + c^2a\sqrt{2}\,d\left(\frac{\sin\varphi\cos\varphi}{\sqrt{1-c^2\sin^2\varphi}}\right).$$

En intégrant, on aura donc

$$\frac{x\sqrt{2}}{a} = \mathrm{F}(c,\varphi) - 2\mathrm{E}(c,\varphi) + \frac{2c^2\sin\varphi\cos\varphi}{\sqrt{1-c^2\sin^2\varphi}}. \qquad (11)$$

On n'ajoute pas de constante arbitraire, parce qu'au point I on a, à la fois, $x=0$, $z=0$, $\varphi=0$.

Je désigne par ω le même angle que précédemment (n° 87), par α la distance du point I au plan vertical qui répond à cet angle, et par k la valeur de z relative à $x=\alpha$; en sorte qu'on ait

$$\frac{\frac{dz}{dx}}{\sqrt{1+\frac{dz^2}{dx^2}}} = -\cos\omega, \qquad \frac{a^2}{\sqrt{1+\frac{dz^2}{dx^2}}} = a^2\cos i - k^2,$$

pour $x=\alpha$. En éliminant $\frac{dz}{dx}$, il vient

$$k^2 = a^2(\cos i - \sin\omega). \qquad (12)$$

L'angle ω sera obtus pour le plan vertical, le long duquel le liquide s'élève, et aigu pour l'autre plan, le long duquel il s'abaisse; le signe de k sera contraire à celui de $\cos\omega$. En appelant θ l'angle φ qui répond à $z=k$ et $x=\alpha$, on aura

$$\tang^2\theta = \frac{2c^2-1-\sin\omega}{(1-c^2)(1+\sin\omega)};$$

et, en vertu de l'équation (11),

$$\frac{\alpha\sqrt{2}}{a}=\mathrm{F}(c,\theta)-2\mathrm{E}(c,\theta)+\frac{2c^2\sin\theta\cos\theta}{\sqrt{1-c^2\sin^2\theta}}. \qquad (13)$$

Cette équation répondra à l'une des extrémités de la courbe du liquide. Si l'on désigne par α', ω', θ', ce que deviennent α, ω, θ, relativement à l'autre extrémité, on aura une seconde équation qui se déduira de celle-là, en y mettant α' et θ' à la place de α et θ; en faisant la somme de ces équations, et appelant δ la distance des deux plans verticaux qui terminent la courbe, nous aurons

$$\frac{\delta\sqrt{2}}{a}=\mathrm{F}(c,\theta)+\mathrm{F}(c,\theta')-2\mathrm{E}(c,\theta)-2\mathrm{E}(c,\theta')$$
$$+\frac{2c^2\sin\theta\cos\theta}{\sqrt{1-c^2\sin^2\theta}}+\frac{2c^2\sin\theta'\cos\theta'}{\sqrt{1-c^2\sin^2\theta'}}. \qquad (14)$$

Cette dernière équation servira à déterminer le module c, et, par conséquent, l'angle i; les équations (10) et (11) donneront ensuite les valeurs des coordonnées z et x en fonctions d'une troisième variable φ; ce qui est la solution complète du problème.

Lorsque l'angle i, sous lequel la courbe vient couper le niveau naturel du liquide, sera donné, l'équation précédente fera connaître immédiatement, au moyen des tables des fonctions elliptiques, la distance des deux plans qui devra avoir lieu. Nous allons faire successivement, sur cet angle, différentes suppositions.

(93). Je retranche les équations (11) et (13) l'une de l'autre, et je fais $\alpha-u=x$; il vient

$$\frac{u\sqrt{2}}{a}=\mathrm{F}(c,\theta)-\mathrm{F}(c,\varphi)-2\mathrm{E}(c,\theta)+2\mathrm{E}(c,\varphi)$$
$$+\frac{2c^2\sin\theta\cos\theta}{\sqrt{1-c^2\sin^2\theta}}-\frac{2c^2\sin\varphi\cos\varphi}{\sqrt{1-c^2\sin^2\varphi}}.$$

Si l'angle i est infiniment petit, c différera infiniment peu de l'unité, et cette équation, jointe à la formule (10), devra conduire à l'équation (9), relative à la courbe asymptotique; c'est, effectivement, ce que l'on vérifiera sans difficulté par un calcul semblable à celui du n° 91. Mais on parvient aussi à cette équation (9), par l'intégration directe de l'expression de dx du numéro précédent.

En effet, en faisant $dx = -du$ et $i = 0$, on a

$$du = -\frac{(a^2 - z^2)\,dz}{z\sqrt{2a^2 - z^2}}.$$

Pour intégrer cette formule, soit

$$z = a\sqrt{2}\cos v;$$

nous aurons

$$du = \frac{a}{\sqrt{2}}\frac{dv}{\cos v} - a\sqrt{2}\cos v\,dv;$$

d'où l'on tire

$$\frac{u\sqrt{2}}{a} = \frac{1}{2}\log\frac{1+\sin v}{1-\sin v} - 2\sin v + c';$$

c' étant la constante arbitraire. Cette équation est la même chose que

$$\frac{u\sqrt{2}}{a} = \log\frac{a\sqrt{2} + \sqrt{2a^2 - z^2}}{z} - \frac{2\sqrt{2a^2 - z^2}}{a\sqrt{2}} + c'.$$

Si l'on fait, dans l'équation (12), $i = 0$ et $\omega = \frac{1}{2}\pi + \mu$, et qu'on appelle l la valeur correspondante de k, on aura

$$l = a\sqrt{2}\sin\frac{1}{2}\mu;$$

et comme l est la valeur de z qui répond à $u = 0$, il en résultera

$$c' = \log\frac{\sin\frac{1}{2}\mu}{1 + \cos\frac{1}{2}\mu} + 2\cos\frac{1}{2}\mu,$$

et, par conséquent,

$$\frac{u\sqrt{2}}{a} = \log\frac{(a\sqrt{2} + \sqrt{2a^2 - z^2})\sin\frac{1}{2}\mu}{z\left(1 + \cos\frac{1}{2}\mu\right)} + 2\cos\frac{1}{2}\mu - \frac{2\sqrt{2a^2 - z^2}}{a\sqrt{2}};$$

ce qui coïncide avec l'équation (9).

(94). Faisons $\omega = \frac{1}{2}\pi + \mu$ et $\omega' = \frac{1}{2}\pi + \mu'$, de sorte que μ et μ' soient les angles sous lesquels les tangentes extrêmes à la courbe du liquide viendront couper son niveau naturel. L'un de ces angles sera positif et l'autre négatif, puisque l'un des angles ω et ω' est obtus et l'autre aigu. Abstraction faite du signe, ils surpasseront l'angle i. Soit μ le plus petit des deux angles μ et μ', et supposons que i diffère très peu de μ. L'angle θ sera très petit; car la valeur de $\text{tang}^2\theta$ du n° 92 peut s'écrire ainsi :

$$\text{tang}^2\theta = \frac{\cos i - \cos \mu}{2\sin^2\frac{1}{2}i\cos^2\frac{1}{2}\mu}; \qquad (15)$$

et si nous faisons

$$i = \mu - \frac{1}{2}\psi^2 \sin\mu,$$

de sorte que ψ soit une quantité très petite, nous aurons $\theta = \psi$, en négligeant le cube de ψ. Le rapport $\frac{\alpha}{a}$ sera aussi une très petite fraction; et, d'après l'équation (13), nous aurons

$$\frac{\alpha\sqrt{2}}{a} = (2c^2 - 1)\psi = \psi\cos\mu.$$

Le point I sera donc alors très rapproché de l'un des deux plans verticaux, et l'ordonnée k du point où le liquide s'arrête le long de ce plan, sera très petite; en vertu de l'équation (12), elle aura pour valeur

$$k = \frac{a\psi}{\sqrt{2}}\sin\mu = \alpha\,\text{tang}\,\mu.$$

Mais il n'en sera pas de même à l'autre extrémité de la courbe, si l'angle μ' n'est pas très peu différent de μ, abstraction faite du signe.

En effet, on aura, à très peu près,

$$\text{tang}^2\theta' = \frac{\cos\mu - \cos\mu'}{2\sin^2\frac{1}{2}\mu\cos^2\frac{1}{2}\mu'};$$

et l'angle θ' n'étant pas très petit, le rapport $\frac{\alpha'}{a}$, déterminé par l'équation (13), ne le sera pas non plus. Prenons, par exemple,

$$\mu = -60^\circ, \quad \mu' = 90^\circ;$$

il en résultera

$$\tang^2 \theta' = 2, \qquad \theta' = 54^\circ\, 44'.$$

Pour cette valeur de θ' et $c = \sin 60^\circ$, on a

$$F(c, \theta') = 1{,}07833,$$
$$E(c, \theta') = 0{,}85544;$$

et l'équation (13) donne

$$\frac{\alpha'}{a} = 0{,}7775.$$

On aura, en même temps,

$$k' = a\sqrt{\cos\mu - \cos\mu'} = \frac{a}{\sqrt{2}},$$

pour l'ordonnée du point où le liquide s'arrête le long du plan vertical correspondant à α'.

Toutes les fois que la distance δ sera très petite par rapport à a, et qu'en même temps les angles μ et μ' ne seront pas très peu différens l'un de l'autre, abstraction faite du signe, aucun des deux angles θ et θ' ne sera très petit; les distances α et α' du point I aux deux points verticaux, aussi bien que les coordonnées d'un autre point de la courbe du liquide, ne pourront se déterminer, même par approximation, sans recourir aux fonctions elliptiques; et cette courbe ne se réduira, en aucune manière, à une ligne algébrique.

(95). Dans le cas de $\mu' = -\mu$, la courbe du liquide sera symétrique au-dessus et au-dessous de son niveau naturel; on aura $\alpha = \frac{1}{2}\delta$; et si la distance δ est très petite par rapport à a, on pourra supposer l'angle θ très petit, et l'angle i très peu différent de μ. D'après le numéro précédent, on aura généralement

$$\frac{\alpha\sqrt{2}}{a} = \psi\cos\mu,$$

et, par conséquent,

$$\psi = \frac{\delta}{a\sqrt{2}\cos\mu}, \qquad i = \mu - \frac{\delta^2\sin\mu}{4a^2\cos^2\mu}, \qquad k = \frac{1}{2}\delta\tang\mu.$$

L'angle φ qui entre dans les équations (10) et (11), étant toujours moindre que θ, sera aussi très petit. En négligeant le cube de φ, ces équations deviendront

$$\frac{x\sqrt{2}}{a} = (2c^2 - 1)\varphi, \qquad z^2 = 2a^2c^2(1 - c^2)\varphi^2;$$

et si l'on élimine φ entre elles, et qu'on y fasse $c = \cos\frac{1}{2}i = \cos\frac{1}{2}\mu$, il vient

$$z = x \operatorname{tang} \mu;$$

en sorte que la courbe du liquide se réduira, à très peu près, à une ligne droite. L'élévation ou la dépression de ses extrémités sera proportionnelle à la distance δ des deux plans verticaux, et indépendante de la matière du liquide. Mais cela n'aura plus lieu lorsque l'angle μ sera droit ou à peu près droit; car alors le premier terme de chacune des formules (11) et (13) s'évanouira ou sera très petit, ce qui rendra nécessaire la considération du terme suivant.

En tenant compte de la troisième puissance de φ et de θ, on aura

$$\frac{x\sqrt{2}}{a} = (2c^2 - 1)\varphi + c^4\varphi^3 - \frac{5c^2}{6}\varphi^3,$$

$$\frac{\alpha\sqrt{2}}{a} = (2c^2 - 1)\theta + c^4\theta^3 - \frac{5c^2}{6}\theta^3.$$

Si l'on suppose $\mu = \frac{1}{2}\pi$, on tirera de l'équation (15),

$$i = \frac{1}{2}\pi - \frac{1}{2}\theta^2, \qquad c^2 = \frac{1}{2} + \frac{1}{4}\theta^2,$$

en négligeant la quatrième puissance de θ; on aura donc

$$\frac{x\sqrt{2}}{a} = \frac{1}{2}\theta^2\varphi - \frac{1}{6}\varphi^3, \qquad \frac{\alpha\sqrt{2}}{a} = \frac{1}{3}\theta^3,$$

et, par conséquent,

$$\frac{x\sqrt{2}}{a} = \frac{1}{2}\varphi\sqrt[3]{\frac{18x^2}{a^2}} - \frac{1}{6}\varphi^3.$$

D'après l'équation (10), on aura, en même temps,

$$z = \frac{a\varphi}{\sqrt{2}};$$

d'où il résulte

$$x = \frac{1}{2} z \sqrt[3]{\frac{18\alpha^2}{a^2} - \frac{z^3}{3a^2}},$$

pour l'équation de la courbe du liquide qui sera une parabole cubique. Les ordonnées de ses extrémités, c'est-à-dire les valeurs de z qui répondent à $\varphi = \pm \theta$, seront

$$z = \pm \sqrt[3]{\frac{3a^2\alpha}{2}},$$

pour lesquelles on a effectivement $x = \pm \alpha$. L'élévation ou la dépression du liquide dépendra donc de la constante a, et sera, en outre, proportionnelle à la racine cubique de la distance mutuelle 2α des deux plans extrêmes.

(96). Si l'on plonge dans un liquide deux lames verticales, parallèles et d'une grande largeur, les formules précédentes serviront à déterminer, dans tous les cas, la figure du liquide en-dedans et en-dehors de ces deux lames. En même temps, l'équation (9) du n° 85 fera connaître l'excès de pression horizontale, qui pousse chacune de ces lames perpendiculairement à leur direction ; et l'expression de cette force sera très simple, d'après les valeurs que nous avons trouvées pour les ordonnées verticales des points extrêmes de la couche du liquide.

En effet, lorsque le liquide s'élèvera ou s'abaissera à la fois le long des deux faces intérieures de ces deux lames, on aura (n° 87)

$$k^2 = h^2 + a^2(1 - \sin \omega),$$

pour le carré de l'ordonnée de l'extrémité de la courbe intérieure du liquide, qui répond à l'angle donné ω. Si l'on appelle k_1 l'ordonnée de l'extrémité de la courbe extérieure, et ω_1 l'angle correspondant, on aura, en même temps,

$$k_1^2 = a^2(1 - \sin \omega_1);$$

car le point de cette courbe où la tangente est horizontale, et dont l'ordonnée est h, se trouvant au niveau du liquide, on a $h = 0$.

Or, ces valeurs de k^2 et k^2_1 réduisent l'équation (9) du n° 85 à

$$\varepsilon = g\rho l h^2.$$

L'excès de pression qui pousse chaque lame de dehors en dedans est donc une quantité positive; ce qui montre que dans ce premier cas les deux lames se rapprocheront l'une de l'autre, quel que soit l'état de leurs faces extérieures. La force ε qui produit cette attraction apparente sera la même pour ces deux corps, et proportionnelle au carré de l'ordonnée du point C de la courbe intérieure, où la tangente est horizontale; et comme h est, à peu près, en raison inverse de la distance mutuelle des deux lames, quand elle est très petite par rapport à la constante a, il s'ensuit qu'alors cette force sera en raison inverse du carré de la distance.

Quand le liquide s'élèvera le long de la face intérieure de l'une des lames, et s'abaissera le long de la face intérieure de l'autre, le carré de l'ordonnée k de l'extrémité de la courbe intérieure qui répond à l'angle donné ω, aura pour valeur, d'après l'équation (12),

$$k^2 = a^2(\cos i - \sin \omega);$$

i étant l'angle sous lequel la courbe intérieure coupe le niveau naturel du liquide. A l'extérieur, cet angle est nul, et l'on a

$$k^2_1 = a^2(1 - \sin \omega_1),$$

comme dans le premier cas. En vertu de l'équation (9) du n° 85, on aura donc

$$\varepsilon = g\rho l a^2(\cos i - 1),$$

pour la force qui pousse chaque lame de dehors en dedans; et comme sa valeur est négative, on en conclut que, quel que soit l'état des faces extérieures des deux lames, elles s'écarteront toujours l'une de l'autre dans le second cas que nous examinons actuellement, c'est-à-dire dans le cas où la courbe intérieure présente un point d'inflexion. Si, en outre, cette courbe est symétrique au-dessus et au-dessous du niveau naturel du liquide, et que de plus la distance des deux lames soit très petite par rapport à la constante a, l'angle i, réduit au premier terme de sa valeur, sera égal à $\omega - \frac{1}{2}\pi$, d'après le numéro précédent; par conséquent, la force ϵ se trouvera indépendante de la distance des deux lames, et à peu près égale à $g\rho la^2(1 - \sin\omega)$, abstraction faite du signe. Il en sera de même toutes les fois que le point d'inflexion sera seulement très rapproché de l'une des deux lames à laquelle on supposera que répond l'angle ω, comme dans l'exemple du n° 94.

Il est très remarquable que la force ϵ ne dépende jamais de la figure extérieure du liquide et de l'état des faces externes des deux lames; il l'est également qu'on puisse toujours déterminer cette force, sans connaître la courbe intérieure du liquide, et au moyen, seulement, de l'ordonnée h ou de l'angle i, qui répondent aux points que j'ai désignés par C et I.

S'il n'y a qu'une lame flottante à la surface du liquide, la force ϵ sera nulle, quel que soit l'état de ses deux faces; en sorte que la lame ne prendra aucun mouvement horizontal; mais elle pourra tourner, ainsi que je l'ai dit précédemment (n° 85), autour d'un axe horizontal et parallèle à sa largeur, passant par son centre de gravité.

S'il y a plus de deux lames flottantes verticales et parallèles, les valeurs précédentes de ϵ conviendront encore à chacune des deux lames extrêmes. A l'égard d'une lame intermédiaire, on aura

$$\epsilon = g\rho l(h^2 - h'^2),$$

en supposant que les deux courbes adjacentes ne présentent aucun point d'inflexion, et désignant par h et h' les ordonnées de leurs points C : la lame sera poussée du côté de la courbe à laquelle répond la plus grande de ces deux quantités, abstraction faite du signe. Si l'une de ces courbes présente un point d'inflexion I, et l'autre un point C, auxquels répondront l'angle i et l'ordonnée h, on trouvera

$$\epsilon = g\rho l(h^2 - a^2 \cos i),$$

pour la force qui poussera la lame du côté du point C ou du point I, selon qu'elle sera positive ou négative. Enfin, lorsque chacune de ces courbes aura un point d'inflexion, on aura

$$\epsilon = g\rho la^2(\cos i - \cos i');$$

i et i' désignant les inclinaisons de la tangente qui répondent aux deux points d'inflexion : la lame sera alors poussée du côté de la courbe à laquelle appartient le plus petit de ces deux angles. Ces résultats se concluent, sans difficulté, de l'équation (9) du nº 85, combinée avec les valeurs de k^a et $k^a{}_1$ dont nous venons de faire usage, dans le cas de deux lames flottantes.

(97). Avant de quitter ce sujet, il nous reste à faire voir que quand l'un des angles représentés par ω et ω' est aigu et l'autre obtus, il y a, comme je l'ai dit précédemment (nº 86), d'autres états d'équilibre possibles en général, et dans lesquels la couche du liquide ne présente pas de point d'inflexion entre les deux plans auxquels ces angles répondent.

Pour cela, considérons d'abord la courbe qui a lieu lorsque les angles ω et ω' sont égaux, et supposons-les obtus. Soit ACB cette courbe (fig. 20), C le point où la tangente est horizontale, ED et GF les faces internes des deux lames flottantes, A et B les points où elles sont rencontrées par la courbe ACB. Par le point A, menons une horizontale AK dans la matière de la lame adjacente, et une normale AN en dehors du liquide; KAN sera l'angle ω, et l'on aura

$$\cos\omega = -\frac{\frac{dz}{dx}}{\sqrt{1+\frac{dz^2}{dx^2}}}, \qquad (16)$$

en regardant le radical comme une quantité positive, comptant les x positives à gauche d'un point O choisi arbitrairement, et faisant $x = \text{OD}$ après les différentiations. Par un point A' de la courbe, situé entre A et C, menons une verticale A'D' qui tombe à droite du point O, une horizontale A'H à gauche de A'D', et une normale extérieure A'N'. Si l'on appelle φ l'angle obtus HA'N', il est évident que la valeur de $\cos\omega$ se changera dans celle de $\cos\varphi$, en y faisant $x = -\text{OD}'$ après les différentiations. Par conséquent, si nous faisons généralement $x = -x'$, et si nous désignons par ω' le supplément N'A'K' de l'angle φ, nous aurons

$$\cos\omega' = -\frac{\frac{dz}{dx'}}{\sqrt{1+\frac{dz^2}{dx'^2}}}, \qquad (17)$$

en faisant $x' = OD'$ après avoir différentié.

Or, maintenant, plaçons dans le liquide une lame parallèle à EAD, dont la face E'A'D', tournée du côté de EAD, passe par le point A', et supposons que ω' soit l'angle spécial qui répond à la matière de cette lame et à celle du liquide. Il est évident que l'équilibre du liquide ne sera pas troublé entre AD et A'D'; car la courbe AA' satisfait, par hypothèse, à l'équation générale de la surface capillaire, réduite à une seule dimension; et, de plus, les équations (16) et (17), auxquelles ses extrémités A et A' satisfont également, sont celles qui doivent avoir lieu, en particulier, pour l'équilibre du liquide que l'on considère entre les deux lames EAD et E'A'D', en y regardant ω et ω' comme des angles donnés. Voilà donc un état d'équilibre dans lequel le liquide s'élève à la fois le long des deux lames parallèles, quoique les cosinus des angles ω et ω' qui s'y rapportent soient de signes contraires. Le liquide s'élève et sa surface est concave par en haut, parce que nous avons supposé l'angle obtus ω plus grand que le supplément de l'angle aigu ω'; il s'abaisserait, au contraire, et sa surface serait concave par en bas, si l'angle obtus était moindre que le supplément de l'angle aigu.

La courbe AA' sera déterminée par le système des équations (3) et (4); mais si l'on représente par δ la distance comprise entre ces deux lames, δ ne sera plus la somme, mais la différence de leurs distances α et α' au point C, qui se déduisent de l'équation (7); et, pour déterminer le module c, on aura

$$\pm\frac{\delta\sqrt{2}}{a} = \frac{2-c^2}{c}[F(c,\theta)-F(c,\theta')]$$
$$-\frac{2}{c}[E(c,\theta)-E(c,\theta')] + \frac{c\sin 2\theta}{\sqrt{1-c^2\sin^2\theta}} - \frac{c\sin 2\theta'}{\sqrt{1-c^2\sin^2\theta'}}, \quad (18)$$

au lieu de l'équation (8); θ étant toujours déterminé par l'équation (6), et θ' désignant ce que θ devient quand on y met ω' au lieu de ω. On prendra le signe supérieur ou inférieur devant δ, selon que cette formule (18) sera positive ou négative.

Quant aux ordonnées verticales k et k' des points A et A' au-dessus du niveau du liquide, elles seront données par les équations

$$k^2 = h^2 + a^2(1 - \sin\omega), \qquad k'^2 = h^2 + a^2(1 - \sin\omega');$$

h étant l'ordonnée du point C, situé sur le prolongement de AA', dont la valeur sera

$$h = \frac{a\sqrt{2}}{c}\sqrt{1 - c^2}.$$

Ces ordonnées seront de même signe; et on les regardera comme positives ou comme négatives, selon que celui des deux angles ω et ω', qui est obtus, sera plus grand ou moindre que le supplément de l'angle aigu. On verra, comme dans le numéro précédent, que les deux lames flottantes seront poussées l'une vers l'autre, quel que soit l'état de leurs faces externes.

(98). Au lieu de la courbe qui présente un point C où la tangente est horizontale, si l'on considère celle qui contient un point d'inflexion I, on en pourra prendre une portion, située d'un même côté du point I, pour la figure d'équilibre d'un liquide compris entre deux lames parallèles, telles que les cosinus des angles spéciaux ω et ω' soient de signes contraires. Ce nouvel état d'équilibre aura cela de commun avec celui du numéro précédent, que le liquide s'élèvera ou s'abaissera à la fois le long des deux lames; mais ils différeront l'un de l'autre par la nature de la surface. La portion de courbe qui termine le liquide sera maintenant déterminée par le système des équations (10) et (11); le module c étant donné par l'équation

$$\pm\frac{\delta\sqrt{2}}{a} = F(c,\theta) - F(c,\theta') - 2E(c,\theta) + 2E(c,\theta') + \frac{c^2\sin 2\theta}{\sqrt{1 - c^2\sin^2\theta}} - \frac{c^2\sin 2\theta'}{\sqrt{1 - c^2\sin^2\theta'}}, \qquad (19)$$

qui remplacera l'équation (14), et dans laquelle δ continuera de représenter la distance mutuelle des deux lames, regardée comme une quantité positive.

Les ordonnées k et k' des points extrêmes seront données par les équations

$$k^2 = a^2(\cos i - \sin \omega), \qquad k'^2 = a^2(\cos i - \sin \omega'),$$

en faisant $c = \cos \frac{1}{2} i$, et regardant k et k', qui doivent être de même signe, comme des quantités positives ou négatives, selon que celui des deux angles donnés ω et ω' qui sera obtus, surpassera le supplément de l'autre ou en sera surpassé. On en conclura, comme dans le nº 96, que, dans cet état d'équilibre, la pression horizontale du liquide tendra à écarter les deux lames l'une de l'autre.

Nous voyons donc que si l'on rapproche l'une de l'autre deux lames verticales et parallèles, qui soient telles que le liquide s'élèverait le long de l'une et s'abaisserait le long de l'autre, si elles étaient isolées, il pourra généralement prendre entre elles trois formes différentes : dans l'une de ces formes, la courbe qui le termine présentera un point d'inflexion; dans les deux autres, elle ne présentera ni un point d'inflexion, ni un point où la tangente soit horizontale; mais son prolongement en dehors des deux lames contiendra un point de l'une ou l'autre de ces deux espèces. Toutefois, lorsque ω, ω', δ, sont donnés, ces différentes formes du liquide supposent que les valeurs de c tirées des équations (14), (18), (19), sont moindres que l'unité; et si cette condition n'est pas remplie pour l'une de ces équations, la figure correspondante ne peut avoir lieu.

(99). Pour éclaircir ces résultats par un exemple, supposons que l'une des deux lames ait été préalablement mouillée par le liquide, et prenons, en conséquence, $\omega = \pi$; supposons, en même temps, que l'autre lame n'exerce qu'une très petite attraction sur le liquide; en sorte que ω' soit un très petit angle, que nous représenterons par 2ν. L'angle ω étant plus grand que le supplément de ω', le liquide sera concave et élevé au-dessus de son niveau naturel, dans les deux cas des numéros précédens.

En vertu de l'équation (6), on aura

$$\cot \theta = b, \quad \theta' = \theta - \frac{2b\nu}{1+b^2},$$

en négligeant le carré de ν, et désignant par b le complément $\sqrt{1-c^2}$ du module c. Si l'on développe la formule (18) suivant les puissances de $\theta'-\theta$, le terme indépendant de cette différence n'existera pas, et l'on trouve que la valeur de $\cot\theta$ fait disparaître celui qui dépend de sa première puissance; en s'arrêtant à son carré, il vient

$$\frac{\delta\sqrt{2}}{a}=\frac{(\theta'-\theta)^2(1+b^2)^{\frac{3}{2}}c}{2\sqrt{2}\,b^2},$$

ou, ce qui est la même chose,

$$\frac{\delta}{a}=\nu^2\sqrt{\frac{1-b^2}{1+b^2}};$$

d'où l'on tire

$$b=\sqrt{\frac{a^2\nu^4-\delta^2}{a^2\nu^4+\delta^2}},\qquad c=\frac{\delta\sqrt{2}}{\sqrt{a^2\nu^4+\delta^2}}.$$

Par conséquent, pour que l'équilibre que l'on a considéré dans le n° 97 puisse avoir lieu, il sera nécessaire et il suffira que la distance δ soit très petite et moindre que $a\nu^2$.

Cette condition étant remplie, nous aurons

$$h=\frac{a}{\delta}\sqrt{a^2\nu^4-\delta^2},$$

et par suite

$$k=\frac{a^2\nu^2}{\delta},\qquad \varepsilon=\frac{g\rho la^2}{\delta^2}(a^2\nu^4-\delta^2);$$

pour une même valeur de ν, l'élévation du liquide sera donc en raison inverse de la distance δ des deux lames; et si cette distance est très petite par rapport à $a\nu^2$, la force ε qui les pousse l'une vers l'autre, sera en raison inverse du carré de δ.

Si l'on fait successivement $\mu=\frac{1}{2}\pi$ et $\mu=-\frac{1}{2}\pi+2\nu$, dans l'équation (15), ce qui répond à $\omega=\pi$ et $\omega'=2\nu$, et qu'on néglige le carré de ν, on en déduira

$$\cot\theta=\frac{\sin\frac{1}{2}i}{\sqrt{\cos i}},\qquad \theta'=\theta-\frac{2\nu\sin\frac{1}{2}i}{\sqrt{\cos i}}.$$

En développant la formule (19) suivant les puissances de $\theta'-\theta$, jusqu'au carré inclusivement, et mettant $\cos\frac{1}{2}i$ à la place de c, on trouve

$$\frac{\delta\sqrt{2}}{a}=\frac{(\theta'-\theta)^2\sqrt{\cos i}}{2\sqrt{2}\sin^2\frac{1}{2}i}=\frac{v^2\sqrt{2}}{\sqrt{\cos i}};$$

d'où l'on tire

$$\cos i=\frac{a^2v^4}{\delta^2}.$$

Pour que l'angle i soit réel, il suffirait qu'on eût $\delta>av^2$; mais notre calcul suppose très petite la différence $\theta'-\theta$; ce qui exige que $\frac{v}{\sqrt{\cos i}}$ soit aussi très petit, et, par conséquent, que $\frac{\delta}{av}$ le soit également. En supposant donc que la distance δ surpasse av^2, et soit néanmoins très petite par rapport à av, l'équilibre dont il a été question dans le numéro précédent pourra avoir lieu; et, dans cet état, on aura

$$k=\frac{a^2v^2}{\delta},\quad \varepsilon=-gpla^2\left(1-\frac{a^2v^4}{\delta^2}\right),$$

pour l'élévation du liquide et pour l'expression de la force qui tend à écarter les deux lames l'une de l'autre.

Dans ces deux formes du liquide, la force ε s'évanouit à la limite qui les sépare, c'est-à-dire quand $\delta=av^2$, et k est le même pour toutes les valeurs de δ. Si la distance δ surpasse d'abord av^2, que la seconde forme s'établisse, et qu'ensuite on rapproche les deux lames, de sorte que δ devienne moindre que av^2, la première forme succédera à la seconde, et la répulsion se changera en attraction.

(100). En rapprochant ce résultat de celui que nous avons trouvé précédemment pour le cas où il existe un point d'inflexion entre les deux lames, on voit que, dans l'exemple que nous examinons, le liquide peut prendre deux figures d'équilibre différentes, pour une même distance δ très petite par rapport à a. L'une de ces figures sera, à très peu près, une parabole cubique (nº 95); elle subsistera, quelque petite que soit la distance δ, et les deux lames se repousseront constamment avec une force indépendante de δ et égale à $gpla^2$ (n° 96). Dans l'autre figure, la courbe du liquide sera de deux natures différentes, selon qu'on aura $\delta > av^2$ ou $\delta < av^2$ entre les deux lames; elle sera tout entière au-dessus du niveau, et ne présentera ni inflexion ni point où la tangente soit horizontale; elle fera partie d'une parabole cubique, quand δ surpassera av^2, et d'un arc de cercle, d'un rayon égal à $\frac{1}{2}\delta$, quand δ sera moindre que av^2. Dans ce changement de courbure, la force ε changera de signe; à mesure que δ diminuera, elle croîtra ou décroîtra, abstraction faite du signe, suivant qu'on aura $\delta < av^2$ ou $\delta > av^2$.

Mais, laquelle de ces deux figures différentes le liquide prendra-t-il effectivement? Il y a lieu de croire que si l'on a d'abord placé les deux lames parallèles à une grande distance l'une de l'autre, en sorte que le liquide se soit élevé près de l'une et abaissé près de l'autre, et qu'ensuite on les ait rapprochées graduellement jusqu'à ce que la partie horizontale du liquide, comprise entre elles, ait disparu, ce sera la première figure, présentant un point d'inflexion, qui s'établira. Mais, au contraire, le liquide s'étant élevé près de l'une des lames, si l'on plonge l'autre verticalement dans la partie courbe du liquide, on peut croire qu'alors la seconde figure aura lieu, et qu'il ne se produira pas d'inflexion.

Le changement de répulsion en attraction qui a lieu dans le cas de la seconde figure, quand la distance δ diminue convenablement, fournit l'explication d'un phénomène observé par Haüy et cité dans la *Mécanique céleste* (*). Ayant plongé dans l'eau une lame d'ivoire, le long de laquelle le liquide s'est élevé, et une feuille de talc laminaire, substance non susceptible d'être mouillée par l'eau, il a observé que ces deux lames se repoussaient tant que leur distance mutuelle dépassait une certaine limite, et qu'elles s'attiraient, au contraire, lorsque leur distance était moindre. Il serait à désirer que cette expérience curieuse fût répétée; et pour que l'observation fût complète, il faudrait vérifier qu'en plaçant d'abord les deux lames parallèles à une assez grande distance l'une de l'autre, et les rap-

(*) *Supplément à la Théorie de l'Action capillaire*, page 47.

prochant ensuite avec précaution, la courbe du liquide présenterait une inflexion, qui se maintiendrait, ainsi que la force répulsive, quelque petite que devienne la distance des deux lames.

(101). Occupons-nous actuellement d'un autre genre de questions. Supposons qu'un volume donné d'un liquide soit compris entre deux plans horizontaux, et proposons-nous de déterminer la surface latérale de ce liquide. Son équation différentielle sera

$$p + \frac{1}{2}\mathrm{H}\left(\frac{1}{\lambda} + \frac{1}{\lambda'}\right) = \Pi; \qquad (a)$$

H étant la constante relative à la matière du liquide, λ et λ' les rayons de courbure principaux en un point quelconque M de sa surface, Π la pression atmosphérique, p la pression intérieure qui a lieu à une distance de M, insensible, mais plus grande que le rayon d'activité moléculaire. En appelant z l'ordonnée du point M, verticale et dirigée de bas en haut, ρ la densité du liquide, g la gravité, et $\mathcal{C}$ une constante arbitraire, on pourra représenter la valeur de p par

$$p = \Pi + \mathcal{C}\mathrm{H} - g\rho z;$$

et aucune partie plane de la surface du liquide n'étant soumise à la pression de l'atmosphère, la constante $\mathcal{C}$ ne sera pas nulle, et sa valeur devra se déterminer d'après le volume du liquide. Si les deux plans horizontaux entre lesquels il est compris sont parfaitement homogènes, et qu'on fasse abstraction des sinuosités de leurs superficies, il est évident que la surface latérale du liquide sera une surface de révolution, qui aura son axe vertical. D'après l'expression de $\frac{1}{\lambda} + \frac{1}{\lambda'}$ relative à ce genre de surfaces, l'équation (a) deviendra donc

$$\frac{\frac{d^2z}{dt^2} + \frac{1}{t}\left(1 + \frac{dz^2}{dt^2}\right)\frac{dz}{dt}}{\left(1 + \frac{dz^2}{dt^2}\right)^{\frac{3}{2}}} + 2\mathcal{C} = \frac{2z}{a^2}, \qquad (b)$$

en désignant par t la distance du point quelconque M à l'axe de figure, et faisant $\mathrm{H} = g\rho a^2$. Selon la règle que l'on doit suivre pour déterminer le signe ambigu du dénominateur dans l'expression de $\frac{1}{\lambda}+\frac{1}{\lambda'}$ (n° 49), il faudra prendre le radical $\sqrt{1+\frac{dz^2}{dt^2}}$ avec un signe contraire à celui de dt; la différentielle dz étant positive dans toute la longueur de la génératrice.

A l'extrémité supérieure de cette courbe, je désignerai par ω l'angle que fait la normale extérieure avec la verticale tirée en sens contraire de la pesanteur, et à l'extrémité inférieure, j'appellerai ω' l'angle compris entre la normale extérieure et la verticale menée dans le sens de la pesanteur. Ces deux angles seront donnés; et, par exemple, chaque angle sera égal à deux droits, quand les deux plans auront été préalablement mouillés par le liquide. Je considérerai, par la suite, un cas dans lequel l'un de ces angles est aigu et l'autre obtus; maintenant, je supposerai qu'ils sont tous les deux aigus ou tous les deux obtus : la courbe sera alors, dans toute sa longueur, concave ou convexe en-dehors, et il y aura un point C pour lequel sa tangente sera verticale. Je fixerai en ce point l'origine de la variable z, et je désignerai par h la valeur correspondante de t, en sorte qu'on ait à la fois

$$t=h,\quad z=0,\quad \frac{dz}{dt}=\infty.$$

Il en résultera

$$\mathcal{E}=\frac{1}{2}\left(\frac{1}{h}-\frac{1}{\gamma}\right);$$

γ étant le rayon de courbure de la génératrice au point C, que l'on regardera comme positif ou comme négatif, suivant que cette courbe sera concave ou convexe en-dehors. On a pris $-h$ pour l'autre rayon de courbure, c'est-à-dire que l'on a considéré le radical $\sqrt{1+\frac{dz^2}{dt^2}}$ comme négatif, parce que la ligne de courbure circulaire à laquelle il répond tourne sa convexité en-dehors.

Soient r et r' les rayons des cercles de contact du liquide avec les plans supérieur et inférieur, et α et α' leurs distances au plan horizontal passant par le point C; à l'extrémité supérieure de la génératrice, nous aurons

$$t=r,\quad z=\alpha,\quad \frac{dz}{dt}+\sin\omega\sqrt{1+\frac{dz^2}{dt^2}}=0,\qquad (c)$$

et, à son extrémité inférieure,

$$t = r', \quad z = -\alpha', \quad \frac{dz}{dt} + \sin\omega' \sqrt{1 + \frac{dz^2}{dt^2}} = 0; \qquad (d)$$

le signe des radicaux étant le même que dans l'équation (*b*).

Appelons enfin m la valeur moyenne de t, et k la distance mutuelle des deux plans qui comprennent le liquide; son volume pourra être représenté par $\pi m^2 k$, et l'on aura

$$\alpha + \alpha' = k, \quad \int_{-\alpha'}^{\alpha} t^2 dz = m^2 k. \qquad (e)$$

Les équations (*b*), (*c*), (*d*), (*e*), sont celles qu'il s'agira de résoudre par approximation; mais, pour cela, il faudra procéder différemment, selon les dimensions du liquide. Je les supposerai d'abord très petites par rapport à a, en sorte que $\frac{m}{a}$ et $\frac{k}{a}$, et, par suite, $\frac{t}{a}$ et $\frac{z}{a}$, soient de très petites fractions.

(102). Dans ce cas, je multiplie l'équation (*b*) par tdt, et j'intègre ses deux membres; il vient

$$\frac{t\frac{dz}{dt}}{\sqrt{1 + \frac{dz^2}{dt^2}}} + 6t^2 + 6' = \frac{t^2 z}{a^2} - \frac{1}{a^2}\int t^2 dz; \qquad (f)$$

et si l'on suppose que l'intégrale $\int t^2 dz$ commence avec z, la constante arbitraire $6'$ aura pour valeur

$$6' = h - 6h^2 = \frac{1}{2} h\left(1 + \frac{h}{\gamma}\right).$$

En combinant les équations (*c*), (*d*), (*f*), on en conclura

$$\left.\begin{aligned} 6r^2 + 6' - r\sin\omega &= \frac{\alpha r^2}{a^2} - \frac{1}{a^2}\int_0^{\alpha} t^2 dz, \\ 6r'^2 + 6' - r'\sin\omega' &= -\frac{\alpha' r'^2}{a^2} - \frac{1}{a^2}\int_0^{-\alpha'} t^2 dz; \end{aligned}\right\} \qquad (g)$$

et en retranchant ces équations (*g*) l'une de l'autre, et ayant égard à la seconde équation (*e*), on aura

$$6(r^2 - r'^2) = r\sin\omega - r'\sin\omega' + \frac{1}{a^2}(\alpha r^2 + \alpha' r'^2 - km^2);$$

résultat qui coïncide avec l'équation (6) du n° 82, en observant que, d'après les expressions de p qu'on a employées dans les nos 81 et 101, la constante b doit être la même chose que $a^2 6 + \alpha'$.

Dans une première approximation, je négligerai les termes divisés par a^2; ce qui réduit l'équation (f) à

$$\frac{t\frac{dz}{dt}}{\sqrt{1+\frac{dz^2}{dt^2}}} + 6t^2 + 6' = 0;$$

d'où l'on tire

$$dz = \frac{(6t^2 + 6')\,dt}{\sqrt{t^2 - (6t^2 + 6')^2}}.$$

Le radical $\sqrt{1+\frac{dz^2}{dt^2}}$ ayant un signe contraire à celui de dt, et la différentielle dz étant positive, la quantité $6t^2 + 6'$ est aussi positive; par conséquent, le radical contenu dans l'expression de dz devra être de même signe que dt.

Cette formule s'intègrera toujours au moyen des fonctions elliptiques, et, dans quelques cas, au moyen seulement des arcs de cercle et des logarithmes. La valeur de z que l'on en déduira sera le premier terme d'une série ordonnée suivant les puissances de $\frac{1}{a^2}$, qui sera d'autant plus convergente que les dimensions du liquide seront plus petites par rapport à a, et dont on formera autant de termes que l'on voudra, par la méthode des approximations successives. En faisant successivement $t = r$ et $t = r'$ dans l'expression de z, on aura celles de α et $-\alpha'$; et, cela étant, les quatre équations (e) et (g) feront connaître les valeurs de r, r', h et γ. Par conséquent, il ne restera rien d'inconnu dans l'expression de z, qui sera la solution complète du problème.

Si l'épaisseur k de la goutte est très petite, non-seulement à l'égard de a, mais aussi par rapport à sa largeur, la génératrice de la surface latérale du liquide se confondra, à très peu près, avec son cercle osculateur au point C. C'est, en effet, ce que l'on déduit de l'expression de dz; car, dans ce cas, le rayon γ de ce cercle est très petit par rapport au demi-diamètre h de la goutte; on a, à peu près,

$$\mathcal{C} = -\frac{1}{2\gamma}, \qquad \mathcal{C}' = \frac{h^2}{2\gamma};$$

si l'on fait

$$t = h + t', \qquad dt = dt',$$

la variable t' sera aussi très petite; on aura, à très peu près,

$$dz = \frac{(\gamma - t')\,dt'}{\sqrt{2\gamma t' - t'^2}},$$

et, par conséquent,

$$z = \sqrt{2\gamma t' - t'^2},$$

à cause de $z = 0$, quand $t = h$ ou $t' = 0$. On regardera le radical comme positif, selon qu'il s'agira d'un point situé au-dessus ou au-dessous de C; la variable t' aura le même signe que γ; et, pour vérifier l'équation (f), il faudra prendre

$$\sqrt{1 + \frac{dz^2}{dt^2}} = -\frac{\gamma}{\sqrt{2\gamma t' - t'^2}},$$

en ayant égard au signe que doit avoir le radical $\sqrt{1 + \frac{dz^2}{dt^2}}$ dans cette équation. On aura, en même temps,

$$h = m, \qquad \gamma = \frac{k}{\cos\omega + \cos\omega'},$$

pour les valeurs approchées de h et γ.

(103). Pour appliquer les équations (f) et (g) au cas d'une très petite goutte de liquide posée sur un plan horizontal et libre à sa partie supérieure, il suffira de supprimer le plan supérieur où l'on supposait que le liquide venait se terminer, et de faire, conséquemment, $r = 0$. L'inconnue r sera remplacée par l'inconnue k, qui ne sera plus donnée comme précédemment, et qui représentera la hauteur du sommet de la goutte au-dessus du plan inférieur; à ce sommet, le plan tangent sera horizontal, et ω égal à zéro. Je supposerai l'angle ω' aigu, de sorte qu'il s'agisse par exemple, d'une très petite goutte de mercure non oxidé, posée sur une plaque horizontale de verre, et qui sera convexe dans toute la partie qui n'est pas en contact avec le plan inférieur.

En faisant $r = 0$ dans la première équation (g), on voit que $\mathcal{C}'$

sera une quantité très petite qui aura a^2 pour diviseur; ce qui exige que γ diffère très peu de h. Soit donc

$$\frac{1}{\gamma} = -\frac{1}{h} - \frac{2\gamma'}{a^2};$$

γ' étant une nouvelle inconnue : nous aurons

$$6 = \frac{1}{h} + \frac{\gamma'}{a^2}, \quad 6' = -\frac{h^2\gamma'}{a^2}.$$

La valeur de z serait $\sqrt{h^2 - t^2}$, si l'on négligeait les termes divisés par a^2; je ferai donc

$$z = \sqrt{h^2 - t^2} + \frac{uh^2}{a^2}.$$

En substituant ces différentes valeurs dans l'équation (f), les termes indépendans de a^2 disparaîtront; et si l'on multiplie les autres par a^2, et qu'on supprime ensuite ceux qui auront encore a^2 pour diviseur, on aura

$$\frac{t}{h}(h^2 - t^2)^{\frac{3}{2}} \frac{du}{dt} - \gamma'(h^2 - t^2) + \frac{2}{3}(h^2 - t^2)^{\frac{3}{2}} = 0.$$

Au sommet de la goutte, on a $t = 0$; il faudra donc qu'on ait

$$\gamma' = \frac{2h}{3}.$$

On aura ensuite

$$du = \frac{2htdt}{3\sqrt{h^2 - t^2}(h + \sqrt{h^2 - t^2})};$$

en intégrant et observant que $u = 0$ quand $t = 0$, on aura la valeur de u; et en la substituant dans celle de z, il en résultera

$$z = \sqrt{h^2 - t^2} - \frac{2h^3}{3a^2} \log \frac{h + \sqrt{h^2 - t^2}}{h},$$

pour l'équation de la courbe génératrice qu'il s'agissait d'obtenir. On se rappellera que le radical doit être pris avec le signe $+$, au-dessus du point C, et avec le signe $-$, au-dessous; au sommet de la goutte on aura $t = 0$, $z = \alpha$, et à la base, $t = r'$, $z = -\alpha'$; et il en résultera

$$\alpha = h - \frac{2h^3}{3a^2}\log 2,$$

$$\alpha' = \sqrt{h^2 - r'^2} + \frac{2h^3}{3a^2}\log\frac{h - \sqrt{h^2 - r'^2}}{h};$$

le radical $\sqrt{h^2 - r'^2}$ étant regardé comme une quantité positive.

Il reste encore à déterminer h et r'. Or, en faisant

$$6 = \frac{1}{h} + \frac{2h}{3a^2}, \quad 6' = -\frac{2h^3}{3a^2},$$

dans la seconde équation (g), elle devient

$$r'^2 + \frac{2r'^2h^2}{3a^2} - hr'\sin\omega' - \frac{2h^4}{3a^2} = \frac{2h}{a^2}\int_h^{r'} ztdt;$$

dans l'étendue de cette intégrale, on peut prendre

$$z = -\sqrt{h^2 - t^2},$$

à cause qu'elle est divisée par a^2; on aura donc

$$r'^2 - hr'\sin\omega' = \frac{2h\,(h^2 - r'^2)}{3a^2}\,(h + \sqrt{h^2 - r'^2});$$

par conséquent la valeur approchée de r' sera

$$r' = h\sin\omega' + \frac{2h^3\,(1 + \cos\omega')\cos^2\omega'}{3a^2\sin\omega'},$$

excepté lorsque ω' sera zéro ou très petit : dans le cas de $\omega' = 0$, par exemple, on aurait

$$r' = \frac{2h^2}{a\sqrt{3}}.$$

En appelant ϵ le rayon de la sphère équivalente au volume de la goutte de liquide, ou $\frac{4\pi\epsilon^3}{3}$ ce volume, la seconde équation (e) sera la même chose que

$$\frac{4\epsilon^3}{3} = \alpha' r'^2 - 2\int_{r'}^{0} ztdt.$$

D'après la valeur de z, et en ayant égard au signe du radical qu'elle renferme, on a

$$\int_h^0 ztdt = -\frac{1}{3}h^3 + \frac{h^5}{6a^2},$$

$$\int_{r'}^h ztdt = -\frac{1}{3}(h^2 - r'^2)^{\frac{3}{2}} + \frac{h^3 r'^2}{3a^2}\log\frac{h - \sqrt{h^2 - r'^2}}{h}$$
$$+ \frac{h^5}{6a^2} - \frac{h^3}{6a^2}(h + \sqrt{h^2 - r'^2})^2,$$

où l'on regardera le radical $\sqrt{h^2 - r'^2}$ comme une quantité positive. Si l'on ajoute les valeurs de ces deux intégrales, on aura celle de l'intégrale qui entre dans l'équation précédente; et d'après la valeur de α', cette équation deviendra

$$4\epsilon^3 = 3r'^2\sqrt{h^2 - r'^2} + 2h^3 + 2(h^2 - r'^2)^{\frac{3}{2}} - \frac{2h^5}{a^2} + \frac{h^3}{a^2}(h + \sqrt{h^2 - r'^2})^2.$$

Si l'on y substitue pour r' sa valeur, et qu'on en tire ensuite celle de h, il vient

$$h = \epsilon\eta + \frac{\epsilon^3\eta^6}{12a^2}(1 + \cos^2\omega' - 2\cos^3\omega' - 2\cos^4\omega'),$$

en faisant, pour abréger,

$$2 + 3\cos\omega' - \cos^3\omega' = \frac{4}{\eta^3}.$$

Cela étant, si l'on ajoute les valeurs de α et α' pour avoir la hauteur k du sommet de la goutte au-dessus de sa base, et qu'on y mette pour r' et h leurs valeurs, on aura

$$k = \epsilon\eta(1 + \cos\omega') + \frac{4\epsilon^3\eta^3}{3a^2}\log\sin\frac{1}{2}\omega'$$
$$-\frac{\epsilon^3\eta^6}{12a^2}(1 + \cos\omega')(2\cos^3\omega' + 5\cos^2\omega' + 4\cos\omega' - 1). \qquad (h)$$

Si l'on avait mesuré directement la hauteur k d'une gouttelette de mercure, d'un volume ou d'un poids connu, cette équation (h) pourrait servir à déterminer l'angle ω' relatif au contact du mercure avec le verre sur lequel il est posé; mais une petite erreur sur le poids en produirait une trop grande sur la valeur de ω'; et il vaudra mieux employer à cette détermination la hauteur observée d'une goutte très large, dont nous donnerons tout à l'heure l'expression en fonction de l'angle dont il s'agit.

(104). Considérons maintenant le cas où les dimensions horizontales du liquide sont très grandes par rapport à son épaisseur verticale. Je multiplie alors l'équation (b) par dz, et j'intègre ses deux membres ; ce qui donne

$$2\beta z - \frac{z^2}{a^2} = \frac{1}{\sqrt{1 + \frac{dz^2}{dt^2}}} - \int \frac{\frac{dz}{dt}\,dz}{t\sqrt{1 + \frac{dz^2}{dt^2}}}. \qquad (k)$$

On n'ajoute pas de constante arbitraire, parce qu'on suppose que l'intégrale contenue dans le second membre commence avec z, et qu'au point C, on a $z = 0$ et $\frac{dz}{dt} = 0$. En vertu des équations (c) et (d), et en ayant égard au signe contraire à celui de dt, que le radical $\sqrt{1 + \frac{dz^2}{dt^2}}$ doit avoir, sa valeur sera $\frac{1}{\cos\omega}$ à l'extrémité supérieure de la courbe, et $-\frac{1}{\cos\omega'}$ à l'extrémité inférieure : en ces deux points on aura donc

$$\left.\begin{aligned} 2\beta\alpha - \frac{\alpha^2}{a^2} &= \cos\omega - \int_0^{\alpha} \frac{\frac{dz}{dt}\,dz}{t\sqrt{1 + \frac{dz^2}{dt^2}}}, \\ 2\beta\alpha' + \frac{\alpha'^2}{a^2} &= \cos\omega' + \int_0^{-\alpha'} \frac{\frac{dz}{dt}\,dz}{t\sqrt{1 + \frac{dz^2}{dt^2}}}. \end{aligned}\right\} (i)$$

La variable t étant très grande pour tous les points de la surface latérale du liquide, nous pourrons, dans une première approximation, négliger les intégrales que contiennent ces trois équations. En résolvant la première par rapport à dt, on aura, de cette manière

$$dt = \frac{\left(\frac{z^2}{a^2} - 2\beta\right)dz}{\sqrt{1 - \left(2\beta z - \frac{z^2}{a^2}\right)^2}};$$

et comme, d'après l'équation (k) et le signe du radical $\sqrt{1 + \frac{dz^2}{dt^2}}$, le numérateur de cette formule est de même signe que dt, il faudra considérer son dénominateur comme une quantité positive. On pourra toujours la réduire en fonctions elliptiques; mais je supposerai l'épaisseur du liquide, et par suite l'ordonnée z, très petite par rapport à la constante a; négligeant en conséquence la fraction $\frac{z^2}{a^2}$, intégrant et observant qu'on a $t=h$ quand $z=0$, il vient

$$t=h-\frac{1}{2\beta}+\frac{1}{2\beta}\sqrt{1-4\beta^2z^2}.$$

Nous nous arrêterons à cette valeur de t, dans laquelle il restera à déterminer les constantes h et β. Or, les équations (i) donnent, à très peu près,

$$2\beta\alpha=\cos\omega,\qquad 2\beta\alpha'=\cos\omega';$$

d'où l'on tire

$$\frac{1}{\beta}=\frac{k}{\cos\omega},$$

en supposant $\omega'=\omega$, pour plus de simplicité. Je supposerai aussi que ω diffère beaucoup d'un angle droit; $\frac{1}{\beta}$ sera alors une ligne très petite, comme l'épaisseur k; il en résultera, à très peu près,

$$\int_{-\alpha'}^{\alpha} t^2dz=\left(h-\frac{k}{2\cos\omega}\right)^2k+\frac{hk^2}{4\cos^2\omega}(\pi-2\omega+\sin 2\omega);$$

et l'on déduira de la seconde équation (e),

$$h=m+\frac{k}{2\cos\omega}-\frac{k}{8\cos^2\omega}(\pi-2\omega+\sin 2\omega).$$

(105). Si l'épaisseur k du liquide n'est pas donnée, mais qu'il soit chargé d'un poids ϖ posé sur le plan supérieur qui le termine, il faudra, pour déterminer k, recourir à l'équation (7) du n° 82, dans laquelle on mettra $a^2\beta+\alpha'$ à la place de la constante b, ainsi qu'on l'a dit précédemment (n° 102). En ayant égard aux valeurs de β et α', on aura alors

$$\varpi=\pi g\rho r\left[\left(\frac{a^2\cos\omega}{k}-\frac{1}{2}k\right)r-a^2\sin\omega\right];$$

équation dans laquelle r est la valeur de t qui répond à $z=\alpha$. A cause que k est très petit par rapport à m, on pourra prendre m pour cette valeur de r; et comme on a aussi supposé k très petit par rapport à a, on pourra réduire l'équation précédente à

$$\varpi = \frac{\pi g \rho m^2 a^2 \cos \omega}{k};$$

d'où l'on tire

$$k = a \sqrt{\frac{g \rho v \cos \omega}{\varpi}},$$

en appelant v le volume $\pi m^2 k$ du liquide.

Lorsque l'angle ω sera obtus, il faudra, pour que cette valeur de k soit réelle et que l'équilibre soit possible, que le plan supérieur, au lieu d'être chargé d'un poids donné, soit, au contraire, tiré de bas en haut, ce qui rendra ϖ négatif; il faudra, par exemple, que ce plan soit suspendu au plateau d'une balance, et qu'on place le poids ϖ dans l'autre plateau. Quand ω sera aigu, le poids ϖ devra agir dans le sens de la pesanteur, et sera alors une quantité positive. La différence de ces deux cas tient à la figure du liquide, concave dans la première hypothèse, et convexe dans la seconde. La valeur de k variera, pour un même liquide et entre les mêmes plans, suivant la racine carrée du rapport du poids $g\rho v$ du liquide à la charge positive ou négative. Il serait intéressant de vérifier ce résultat par l'expérience, en ayant soin de prendre la charge très grande, par rapport au poids du liquide, et la largeur du liquide aussi très grande relativement à son épaisseur, sans quoi la formule précédente ne serait pas applicable.

Si les deux plans ont été préalablement mouillés par le liquide, en sorte qu'on ait $\omega = \pi$, et si l'on met $-\varphi$ au lieu de ϖ, il en résultera

$$\varphi = \frac{\pi g \rho m^2 a^2}{k}.$$

Ce sera la mesure de l'effort qu'il faudra faire pour séparer ou écarter l'un de l'autre deux disques horizontaux, entre lesquels il existe une couche de liquide, d'une très petite épaisseur k et d'un très grand rayon m; la quantité $\frac{a^2}{k}$ étant, à très peu près, la hauteur à laquelle le même liquide s'élèverait dans un tube vertical d'un rayon égal à k.

(106). Supprimons actuellement le plan supérieur, supposons

l'angle ω' aigu, et proposons-nous de déterminer la figure d'une large goutte de mercure, par exemple, posée sur un plan horizontal de verre. La hauteur k du sommet de la goutte au-dessus de sa base sera inconnue; nous la supposerons très petite par rapport à sa largeur, mais non plus, comme précédemment, par rapport à la constante a.

Jusqu'à une petite distance du bord de la goutte, sa surface sera, à très peu près, plane et horizontale; on pourra négliger, dans l'équation (b), le cube de $\frac{dz}{dt}$ et le produit $\frac{dz^2}{dt^2}\frac{d^2z}{dt^2}$; ce qui la réduit à

$$t\frac{d^2z}{dt^2}+\frac{dz}{dt}+2\mathfrak{C}t=\frac{2zt}{a^2}.$$

Si l'on désigne par α la valeur de z qui répond au sommet de la goutte, par μ une autre constante inconnue, et qu'on fasse

$$\mathfrak{C}=\frac{\alpha}{a^2}+\frac{1}{\mu},$$

on satisfera à cette équation et aux conditions $z=\alpha$ et $\frac{dz}{dt}=0$, quand $t=0$, en prenant

$$z=\alpha+\frac{a^2}{\pi\mu}\int_0^\pi\left(1-e^{\frac{t\sqrt{2}}{a}\cos\psi}\right)d\psi, \quad (l)$$

ainsi qu'il est facile de le vérifier: π et e représentent, à l'ordinaire, le rapport de la circonférence au diamètre et la base des logarithmes népériens. Pour des valeurs de t très petites par rapport à a, on pourra développer cette intégrale définie en série convergente ordonnée suivant les puissances de t^2, et en s'arrêtant au second terme, on aura

$$z=\alpha-\frac{t^2}{2\mu};$$

d'où il résulte que μ sera positif et représentera la grandeur du rayon de courbure du liquide à son sommet. Quand, au contraire, t sera très grand par rapport à a, on pourra calculer, d'une autre manière, la valeur de l'intégrale définie. En effet, on a

$$\int_0^\pi e^{\frac{t\sqrt{2}}{a}\cos\psi}d\psi=e^{\frac{t\sqrt{2}}{a}}\int_0^\pi e^{-\frac{2t\sqrt{2}}{a}\sin^2\frac{1}{2}\psi}d\psi;$$

si donc on fait

$$\frac{2t\sqrt{2}}{a}=b, \qquad \frac{2t\sqrt{2}}{a}\sin^2\tfrac{1}{2}\psi=x^2,$$

on en conclura

$$\int_0^\pi e^{\frac{t\sqrt{2}}{a}\cos\psi}d\psi=2e^{\frac{t\sqrt{2}}{a}}\int_0^b e^{-x^2}(b-x^2)^{-\frac{1}{2}}dx.$$

Après avoir développé $(b-x^2)^{-\frac{1}{2}}$ suivant les puissances de x^2, on aura une suite d'intégrales de la forme $\int_0^b e^{-x^2}x^{2n}dx$, qui pourront s'étendre, sans erreur sensible, depuis zéro jusqu'à l'infini, à cause de la grandeur de b, et dont on obtiendra ensuite facilement les valeurs; il en résultera une série ordonnée suivant les puissances négatives de b, qui sera très convergente, du moins dans les premiers termes. En s'arrêtant au premier, et observant que

$$\int_0^\infty e^{-x^2}dx=\frac{1}{2}\sqrt{\pi},$$

on aura

$$\int_0^\pi e^{\frac{t\sqrt{2}}{a}\cos\psi}d\psi=\sqrt{\frac{\pi}{b}}\,e^{\frac{t\sqrt{2}}{a}},$$

et, par conséquent,

$$z=\alpha+\frac{a^2}{\mu}-\frac{a^2}{\mu\sqrt{2\pi\sqrt{2}}}\sqrt{\frac{a}{t}}\,e^{\frac{t\sqrt{2}}{a}}. \qquad (m)$$

Ce sera l'équation de la surface de la goutte, à une grande distance de son sommet, pour laquelle, cependant, le plan tangent soit encore très peu incliné.

Au-delà de cette distance, j'emploierai, pour déterminer la courbe du liquide, l'équation (k), de laquelle je retrancherai la première équation (i). En mettant pour $\mathfrak{C}$ sa valeur, et faisant $\cos\omega=1$, il en résultera

$$\frac{a^2-(\alpha-z)^2}{a^2}-\frac{2(\alpha-z)}{\mu}=\frac{1}{\sqrt{1+\frac{dz^2}{dt^2}}}-\int\frac{\frac{dz}{dt}dz}{t\sqrt{1+\frac{dz^2}{dt^2}}};$$

cette dernière intégrale commençant maintenant à $z=\alpha$, c'est-à-dire au sommet de la goutte, où l'on a $\frac{dz}{dt}=0$. Dans toute son étendue, la quantité comprise sous le signe $\int$ est très petite, soit à cause du facteur $\frac{dz}{dt}$, soit à raison du diviseur t. En négligeant donc cette intégrale, faisant $z=z'+\frac{a^2}{\mu}$, et négligeant aussi le terme divisé par μ^2, dans une première approximation, on aura simplement

$$\frac{a^2-(\alpha-z')^2}{a^2}=\frac{1}{\sqrt{1+\frac{dz^2}{dt^2}}};$$

d'où l'on tire

$$dt=\frac{[(\alpha-z')^2-a^2]\,dz'}{(\alpha-z')\sqrt{2a^2-(\alpha-z')^2}}.$$

Comme $\alpha-z'$ est positif, et que le numérateur de cette formule est de même signe que dt, d'après l'équation précédente et le signe de $\sqrt{1+\frac{dz'^2}{dt^2}}$, il s'ensuit qu'il faudra regarder comme positif le radical $\sqrt{2a^2-(\alpha-z')^2}$. En intégrant, on aura

$$t=l+\sqrt{2a^2-(\alpha-z')^2}-\sqrt{2a^2-\left(\alpha+\frac{a^2}{\mu}\right)^2}$$
$$-\frac{a}{\sqrt{2}}\log\frac{\left[a\sqrt{2}+\sqrt{2a^2-(\alpha-z')^2}\right]\left(\alpha+\frac{a^2}{\mu}\right)}{\left[a\sqrt{2}+\sqrt{2a^2-\left(\alpha+\frac{a^2}{\mu}\right)^2}\right](\alpha-z')};\qquad (n)$$

l étant la constante arbitraire, laquelle représentera le demi-diamètre de la goutte dans sa plus grande largeur, qui répond à $z=0$ ou $z'=-\frac{a^2}{\mu}$, et à $\frac{dz}{dt}=\infty$.

On pourra, si l'on veut, pousser plus loin l'approximation; mais nous nous bornerons aux formules (l), (m) et (n), qui feront connaître la figure du liquide dans toute son étendue, après toutefois qu'on aura déterminé les valeurs des constantes μ, α et l, et de la constante α', nécessaire pour avoir la hauteur k ou $\alpha+\alpha'$ du sommet de la goutte au-dessus de sa base.

(107). Pour y parvenir, j'observe que les équations (m) et (n) ont lieu en même temps et doivent coïncider pour les points qui répondent à des coordonnées t et z très peu différentes de l et α. Or, en négligeant le carré de $\alpha - z'$ dans l'équation (n), faisant, pour abréger,

$$l + (\sqrt{2} - 1)a = l',$$

et observant que $\alpha + \frac{a^2}{\mu}$ diffère très peu de a, comme on le verra tout à l'heure, cette équation devient

$$t = l' + \frac{a}{\sqrt{2}} \log \frac{(1+\sqrt{2})(\alpha - z')}{2a\sqrt{2}},$$

ou, ce qui est la même chose,

$$\alpha + \frac{a^2}{\mu} - z = \frac{2a\sqrt{2}}{1+\sqrt{2}} e^{\frac{(t-l')\sqrt{2}}{a}}.$$

D'un autre côté, pour des valeurs de t très peu différentes de l ou de l', l'équation (m) peut être remplacée par celle-ci :

$$\alpha + \frac{a^2}{\mu} - z = \frac{a^2\sqrt{2}}{2\mu\sqrt{\pi\sqrt{2}}} \sqrt{\frac{a}{l}}\, e^{\frac{t\sqrt{2}}{a}};$$

pour qu'elle coïncide avec la précédente, il faudra donc et il suffira qu'on ait

$$\mu = \frac{a(1+\sqrt{2})}{4\sqrt{\pi\sqrt{2}}} \sqrt{\frac{a}{l}}\, e^{\frac{l'\sqrt{2}}{a}};$$

ce qui fait déjà connaître le rayon de courbure μ.

Si l'on met dans la première équation (i), au lieu de β, sa valeur, et qu'on y fasse $\cos\omega = 1$, il vient

$$\frac{\alpha^2}{a^2} + \frac{2\alpha}{\mu} = 1 - \int_0^\alpha \frac{\frac{dz}{dt}\,dz}{t\sqrt{1+\frac{dz^2}{dt^2}}}.$$

On peut négliger la partie de cette intégrale qui répond aux points de la surface où le plan tangent est très peu incliné; dans l'autre partie, on peut aussi mettre simplement l' au lieu de t; elle s'étendra ensuite depuis $z = 0$ jusqu'à une valeur de z très peu différente de α, telle que $z = a$, par exemple; et comme on a dans cette seconde partie, à très peu près,

$$\frac{\frac{dz}{dt}}{\sqrt{1+\frac{dz^2}{dt^2}}} = -\frac{(a-z)}{a^2}\sqrt{2a^2-(a-z)^2},$$

il en résultera

$$\int_0^\alpha \frac{\frac{dz}{dt}dz}{t\sqrt{1+\frac{dz^2}{dt^2}}} = -\frac{a}{3l'}(2\sqrt{2}-1).$$

On aura donc

$$\frac{\alpha^2}{a^2}+\frac{2\alpha}{\mu} = 1+\frac{a}{3l'}(2\sqrt{2}-1);$$

d'où l'on tire

$$\alpha = a - \frac{a^2}{\mu} + \frac{a^2}{6l'}(2\sqrt{2}-1),$$

pour la valeur approchée de α.

On aura de même, à très peu près,

$$\int_0^{-\alpha'} \frac{\frac{dz}{dt}dz}{t\sqrt{1+\frac{dz^2}{dt^2}}} = \frac{a}{3l'} - \frac{1}{3l'a^2}\left[2a^2-(\alpha+\alpha')^2\right]^{\frac{3}{2}};$$

et si l'on ajoute, membre à membre, les deux équations (i), on en conclura

$$\frac{k^2}{a^2}+\frac{2k}{\mu} = 1+\cos\omega'+\frac{2a\sqrt{2}}{3l'}-\frac{1}{3l'a^2}(2a^2-k^2)^{\frac{3}{2}};$$

ce qui donne

$$k = a\sqrt{2}\cos\frac{1}{2}\omega' - \frac{a^2}{\mu} + \frac{a^2}{3l'\cos\frac{1}{2}\omega'}\left(1-\sin^3\frac{1}{2}\omega'\right), \qquad (o)$$

pour l'expression de la hauteur de la goutte.

Si l'on a mesuré directement le diamètre de la goutte, on en prendra la moitié pour la valeur de l; quand son poids ou son volume sera donné, on en déduira l au moyen de la seconde équation (e), ou, plus simplement, au moyen de celle qu'on obtient en retranchant les équations (g) l'une de l'autre; ce qui donne

$$\pi\left(k+\frac{a^2}{\mu}\right)r'^2 = v + \pi a^2 r' \sin\omega',$$

en appelant v le volume de la goutte, faisant $r=0$, et mettant pour $\mathcal{C}$ sa valeur : r' est ici la valeur de t qui répond à $z=-\alpha'$, en sorte que l'on a, à très peu près,

$$r' = l + a\sqrt{2}\sin\tfrac{1}{2}\omega' - a - \frac{a}{\sqrt{2}}\log\frac{\left(1+\sin\frac{1}{2}\omega'\right)}{(1+\sqrt{2})\cos\frac{1}{2}\omega'}.$$

L'équation précédente devient aussi, à très peu près,

$$\pi r'^2 a\sqrt{2}\cos\tfrac{1}{2}\omega' = v + \pi a^2 r'\left[\sin\omega' - \frac{1}{3\cos\frac{1}{2}\omega'}\left(1-\sin^3\tfrac{1}{2}\omega'\right)\right], \quad (p)$$

en vertu de la formule (o). Elle donnera la valeur de r', et, par suite, celle de l, lorsque les valeurs numériques de v, ω', a, seront connues.

(108). M. Gay-Lussac a trouvé

$$k = 3^{mm},378,$$

pour la hauteur d'une goutte de mercure posée sur un plan de verre; le rayon étant

$$l = 50^{mm},$$

et la température 12°,8. D'après le n° 75, on a

$$a^2 \cos\omega' = 4,5746,$$

à cette même température, en prenant le millimètre pour unité. Si donc on réduit d'abord la formule (o) à son premier terme, on aura

$$(3,378)^2 \cos\omega' = (4,5746)(1+\cos\omega');$$

ce qui donne

$$\omega' = 48°.$$

On aura, en même temps,

$$a = 2,6146, \quad l' = 51,083;$$

et, à cause de l'exponentielle $e^{-\frac{l'\sqrt{2}}{a}}$, la quantité $\frac{1}{\mu}$ sera tout-à-fait insensible. Cela étant, si l'on supprime le deuxième terme de la formule (o), et que l'on mette dans le troisième ces valeurs approchées de ω', l', a, on aura

$$(3,778)^2 \cos\omega' = (4,5746)(1 + \cos\omega') + (0,3098)\cos\omega';$$

d'où l'on tire

$$\omega' = 45^\circ\, 30',$$

pour la valeur de ω' à laquelle on pourra s'arrêter.

Il résulte de là qu'en faisant $\cos\omega' = b$, nous aurons, à la température ordinaire,

$$a^2 = (6,5262) \text{ millimètres carrés}, \qquad b = 0,70091,$$

pour les valeurs des deux constantes qui entrent dans les différentes formules de l'action capillaire; l'une relative à la matière du mercure non oxidé, et l'autre à son contact avec le verre, ou plutôt avec la couche d'eau qui est toujours adhérente à la surface du verre (n° 75). Ces valeurs diffèrent un peu de celles de la *Mécanique céleste*, qui satisfont moins exactement à l'observation de M. Gay-Lussac; car elles donnent $3^{mm},396$ (*), au lieu de $3^{mm},378$, pour la hauteur de la goutte d'un décimètre de diamètre.

(109). Voici les poids et les hauteurs de plusieurs autres gouttes de mercure que M. Gay-Lussac a aussi déterminées, et qu'il a bien voulu me communiquer.

Poids en grammes.	Hauteurs en millimètres.
6,013	3,34
3,370	3,29
2,865	3,25
2,147	3,20

(*) *Supplément à la Théorie de l'Action capillaire,* page 66.

Poids en grammes.	Hauteurs en millimètres.
1,187	2,95
0,813	2,80
0,667	2,71
0,507	2,32
0,233	2,19
0,095	1,78
0,059	1,60
0,031	1,38.

Dans toutes ces mesures, faites à la température ordinaire, M. Gay-Lussac a remarqué que l'angle compris entre la surface inférieure de la goutte et son image dans le verre qui la supporte, était très sensiblement un angle droit; ce qui donnerait $\omega' = 45°$.

Ces hauteurs croissent de moins en moins à mesure que les poids, et, par conséquent, les largeurs deviennent plus considérables; mais la formule (o) montre de plus que quand le diamètre est devenu très grand, les hauteurs finissent par décroître avant de parvenir à une grandeur constante, qui sera exprimée par le premier terme de cette formule. Dans le cas du mercure, cette hauteur extrême est $3^{mm},3318$: ce serait la hauteur d'une goutte de ce liquide dont on regarderait le diamètre comme infini.

Si l'on veut appliquer les formules du n° 107 à la première de ces mesures, il faudra prendre

$$v = \frac{770.6013}{10435} = 444,07,$$

pour le volume de la goutte, exprimé en millimètres cubes. Au moyen de cette valeur et de celles de a et b ou $\cos \omega'$, l'équation (p) donne

$$r' = 6^{mm},8687.$$

On aura ensuite

$$l = 7^{mm},1097, \qquad \mu = 16^{mm},14,$$

pour le demi-diamètre et le rayon de courbure de la goutte; et si l'on calcule sa hauteur au moyen de la formule (o), on trouve

$$k = 3^{mm},1996.$$

La différence avec l'observation, qui s'élève à $0^{mm},2$, peut être attribuée au calcul d'approximation.

La formule (o) serait tout-à-fait en défaut si l'on en faisait l'application aux hauteurs des autres gouttes; et déjà elle ne donne que $2^{mm},33$, au lieu de $3^{mm},29$, pour la hauteur de la goutte dont le poids est $3^{g},37$. Toutefois, les plus petites gouttes ne le sont point encore assez pour qu'on puisse recourir à la formule (h); car celle-ci ne donne que $1^{mm},28$, au lieu de $1^{mm},38$, pour la hauteur de la plus petite goutte, dont le poids est $0^{g},031$.

(110). L'analyse précédente peut aussi servir à déterminer l'élévation ou la dépression d'un liquide dans un tube vertical et cylindrique, dont le diamètre n'est plus très petit, comme on le supposait dans le chapitre IV, et est, au contraire, très grand par rapport à la constante a relative à la matière du liquide.

Si l'on compte les z positives à partir du niveau extérieur du liquide, et toujours en sens contraire de la pesanteur, la constante β sera nulle; et en appelant h l'ordonnée du point où la surface du liquide coupe l'axe du tube, et γ le rayon de courbure en ce point, considéré comme positif ou comme négatif, selon que le liquide sera concave ou convexe, on aura

$$h = \frac{a^2}{\gamma}.$$

On mettra h et $-\gamma$ à la place de α et μ dans les équations (l) et (m); la dernière, dont nous aurons seulement besoin, deviendra

$$z = \frac{a^2}{\gamma\sqrt{2\pi\sqrt{2}}}\sqrt{\frac{a}{t}}\,e^{\frac{t\sqrt{2}}{a}}:$$

elle appartient, comme on a vu, aux points de la surface pour lesquels t est très grand par rapport à a, et où, cependant, le plan tangent est très peu incliné. A l'égard des points situés entre ceux-ci et le tube, on emploiera l'équation (k), qui deviendra

$$1-\frac{(z^2-h^2)}{a^2}=\frac{1}{\sqrt{1+\frac{dz^2}{dt^2}}}-\int\frac{\frac{dz}{dt}dz}{t\sqrt{1+\frac{dz^2}{dt^2}}}, \qquad (q)$$

en faisant commencer l'intégrale à $z=h$, et observant qu'on a $\frac{dz}{dt}=0$ pour cette valeur de z. Cette intégrale sera une quantité très petite, que nous négligerons, ainsi que le terme divisé par γ^2, en intégrant cette équation. On aura alors

$$a^2-z^2=\frac{a^2}{\sqrt{1+\frac{dz^2}{dt^2}}}.$$

Le radical est positif dans toute l'étendue de la surface; on a donc $z^2<a^2$; on aura aussi

$$dt=\frac{(a^2-z^2)dz}{z\sqrt{2a^2-z^2}};$$

et comme dz est de même signe que z, et que dt est positif, il faudra, par conséquent, regarder comme positif ce nouveau radical. En intégrant, il vient

$$t=l+\sqrt{2a^2-z^2}-\sqrt{2a^2-c^2}+\frac{a}{\sqrt{2}}\log\frac{(a\sqrt{2}+\sqrt{2a^2-c^2})z}{(a\sqrt{2}+\sqrt{2a^2-z^2})c};$$

l étant le demi-diamètre du tube, et c la valeur de z qui répond à $t=l$, laquelle sera de même signe que z. Pour les points dont l'ordonnée z est très petite par rapport à a, cette équation donnera

$$z=\frac{2ac\sqrt{2}}{a\sqrt{2}+\sqrt{2a^2-c^2}}\,e^{\frac{(t-l')\sqrt{2}}{a}},$$

en négligeant le carré de z, et faisant, pour abréger,

$$l'=l+\sqrt{2a^2}-\sqrt{2a^2-c^2}.$$

Cela posé, si l'on compare cette expression de z à la précédente, appliquée aux points qui répondent à des valeurs de t très peu différentes de l ou de l', on en conclura

$$\gamma = \frac{a\sqrt{2}+\sqrt{2a^2-c^2}}{4\sqrt{\pi\sqrt{2}}} \cdot \frac{a}{c}\sqrt{\frac{a}{l'}}\, e^{\frac{l'\sqrt{2}}{a}},$$

et, par conséquent,

$$h = \frac{4\sqrt{\pi\sqrt{2}}\, c\sqrt{al'}}{a\sqrt{2}+\sqrt{2a^2-c^2}}\, e^{-\frac{l'\sqrt{2}}{a}}.$$

Il restera à déterminer la valeur de c. Or, si l'on appelle ω l'angle relatif à la matière du liquide et du tube, c'est-à-dire l'angle compris entre les normales à leurs surfaces, obtus ou aigu, selon que le liquide s'élève ou s'abaisse, on aura

$$\frac{1}{\sqrt{1+\frac{dz^2}{dt^2}}} = \sin\omega,$$

pour la valeur particulière $t = l$, à laquelle cet angle répond. En faisant donc $t = l$ et $z = c$ dans l'équation (q), il en résultera

$$1 - \frac{c^2}{a^2} = \sin\omega - \int_h^c \frac{\frac{dz}{dt}dz}{t\sqrt{1+\frac{dz^2}{dt^2}}},$$

en continuant de négliger h^2, à cause de son diviseur γ^2. On négligera aussi la partie de cette intégrale qui répond aux points où le plan tangent est très peu incliné; dans l'autre partie, on fera simplement $t = l'$; et comme on a

$$\frac{\frac{dz}{dt}}{\sqrt{1+\frac{dz^2}{dt^2}}} = \frac{z}{a^2}\sqrt{2a^2-z^2},$$

il en résultera

$$\int_h^c \frac{\frac{dz}{dt}dz}{t\sqrt{1+\frac{dz^2}{dt^2}}} = \frac{2\sqrt{2}}{3}\,\frac{a}{l'} - \frac{1}{3a^2l'}(2a^2-c^2)^{\frac{3}{2}},$$

en négligeant h^2. On aura donc

$$1-\frac{c^2}{a^2}=\sin\omega-\frac{2\sqrt{2}}{3}\frac{a}{l'}+\frac{1}{3a^2l'}(2a^2-c^2)^{\frac{3}{2}};$$

et en faisant

$$\omega=\tfrac{1}{2}\pi+2\theta,$$

et négligeant les termes divisés par l'^2, on en déduit

$$c=a\sqrt{2}\sin\theta+\frac{a^2}{3l\sin\theta}(1-\cos^3\theta). \qquad (r)$$

Cette valeur de c sera de même signe que θ, c'est-à-dire positive ou négative, selon que ω sera obtus ou aigu. Son premier terme coïncide, comme cela doit être, avec l'élévation du liquide le long d'un plan vertical, qui a été désigné par l dans le n° 91. Il suffira de le substituer dans l'expression de h, qui deviendra

$$h=\frac{4\sqrt{\pi\sqrt{2}}\sqrt{al'}\sin\theta}{1+\cos\theta}\,e^{-\frac{l'\sqrt{2}}{a}}; \qquad (s)$$

et l'on aura, en même temps,

$$l'=l+(1-\cos\theta)\,a\sqrt{2}.$$

(111). Dans le cas du mercure et d'un tube de verre, on aura

$$\theta=-22°\,15', \qquad a=2^{\text{mm}},5546,$$

et la formule (r), réduite à son premier terme, donnera

$$c=-1^{\text{mm}},3680.$$

Abstraction faite du signe, ce sera la hauteur de la partie sensiblement plane du mercure contenu dans un vase cylindrique et vertical, d'un diamètre extrêmement grand par rapport à a, au-dessus de l'intersection de sa surface avec la paroi du vase. M. Gay-Lussac a trouvé $1^{\text{m}},455$ pour cette hauteur; la petite différence $0^{\text{mm}},087$ peut être due, en partie, au second terme de la formule (r) que nous avons négligé, faute de connaître le diamètre du vase, ou la valeur de $2l$.

Dans le cas d'un tube préalablement mouillé par le liquide qu'il contient, on aura

$$\omega = 180°, \qquad \theta = 45°,$$

et la formule (r) deviendra

$$c = a + \frac{1}{6}(2\sqrt{2} - 1)\frac{a^2}{l}.$$

Elle exprimera la hauteur à laquelle le liquide s'élève, au-dessus de son niveau naturel, le long des parois verticales d'un tube ou d'un vase dont le demi-diamètre est supposé très grand par rapport à a. Si le liquide déborde le vase, cette valeur de c exprimera aussi la plus grande hauteur à laquelle le liquide pourra s'élever au-dessus du bord supérieur, en prenant pour l le rayon de la surface extérieure du vase. Comme l'exponentielle contenue dans la formule (s) décroît beaucoup plus rapidement que le second terme de la formule (r), à mesure que l augmente de plus en plus, il en résulte que la courbure du vase peut encore influer sensiblement sur l'élévation du liquide près de sa paroi, et n'avoir plus aucune influence appreciable sur la partie centrale du liquide. Dans le cas de l'eau, la valeur précédente de c, réduite à son premier terme, s'élève à près de 4 millimètres.

Pour comparer la formule (s) à l'observation, je prends la hauteur de l'alcohol dans un tube mouillé de ce liquide et dont le rayon était

$$l = 5^{mm},254.$$

A la température de 16°, et la densité du liquide étant 0,813467 de celle de l'eau, M. Gay-Lussac a trouvé

$$h = 0^{mm},3835,$$

pour l'élévation du point le plus bas au-dessus du niveau extérieur. Or, dans un tube capillaire préalablement humecté, et dont le rayon est $0^{mm},6472$, M. Gay-Lussac a aussi trouvé que le même alcohol s'élève à une hauteur de $9^{mm},1823$. En mettant ces valeurs à la place de α et h dans la formule du n° 56, on en conclut

$$a = 2^{mm},4635,$$

pour la constante relative à cet alcohol. Je substitue cette valeur et celle de l dans la formule (s); j'y fais en même temps

$$\sin\theta = \cos\theta = \frac{1}{\sqrt{2}};$$

il en résulte d'abord

$$l' = 6^{mm},274,$$

et ensuite

$$h = 0^{mm},3744;$$

ce qui ne diffère pas de l'observation de $0^{mm},01$.

(112). Maintenant, supposons, comme dans le n° 83, qu'un disque circulaire horizontal et suspendu au plateau d'une balance, soit d'abord mis en contact avec un liquide, et qu'on le soulève ensuite graduellement, en augmentant, par de petites parties, le poids placé dans l'autre plateau. Le liquide s'élèvera en même temps, jusqu'à une certaine hauteur, pour laquelle il se détachera du disque, et reprendra son niveau naturel. Désignons par Δ l'excès du poids placé dans le second plateau, sur le poids du disque, quand la base du disque est à une hauteur k au-dessus du niveau du liquide. Si le disque n'est aucunement plongé dans le liquide, et que leur surface de contact soit la base entière du disque, nous aurons, d'après l'équation (8) du numéro cité,

$$\Delta = \pi g\rho k r^2 - \pi g\rho r a^2 \cos(i + \omega); \qquad (1)$$

r étant le rayon du disque, $\pi g\rho k r^2$ le poids d'un cylindre du liquide qui a pour base celle du disque et k pour hauteur, a^2 la constante relative à la matière du liquide, et ω l'angle donné qui dépend de cette matière et de celle du disque. Quant à l'angle i, il exprime l'inclinaison sur un plan horizontal de la normale OK (fig. 21), à la surface DOB de l'arête vive qui termine la base du disque, laquelle normale est menée de dehors en dedans du disque par un point O du contour supérieur du liquide. Il est de même pour tous les points O de ce contour; mais quoique la courbe DOB soit extrêmement petite, et que le rayon r du point O puisse être regardé comme constant dans toute l'étendue de DOB, cependant, l'angle i varie depuis zéro jusqu'à 90°, avec la position du point O sur cette courbe : il est zéro, lorsque le point O atteint ou surpasse son extrémité supérieure D, c'est-à-dire lorsque le liquide s'étend jusqu'à la partie cylindrique et verticale de la surface du disque; il est un angle droit, quand le point O coïncide avec l'extrémité inférieure B de l'arète vive, ou bien encore, si le liquide se terminait à la base du disque, en-deçà de sa circonférence, auquel cas le rayon r pourrait avoir une grandeur quelconque, moindre que le rayon de cette circonférence. L'angle ω, au contraire, ne variera pas avec la position de O; ce sera l'angle KON, en supposant que ON soit la normale extérieure à la surface latérale AO du liquide; il pourra être aigu ou obtus, selon la matière du liquide et du disque : on aura toujours $\omega = \pi$, quand le disque aura été préalablement mouillé par le liquide.

La surface latérale du liquide sera une surface de révolution, asymptotique de son niveau naturel FG, et ayant pour axe la verticale CH menée par le centre C de la base du disque. Si l'angle ω est aigu, comme dans le cas du mercure et d'un disque de verre, le liquide sera convexe, tant qu'il s'élèvera au-dessus du point D de l'arète vive. Dès qu'en soulevant le disque cette arète atteindra la surface du liquide, l'angle $\omega + i$ augmentant, la convexité du liquide diminuera de plus en plus; sa surface sera plane et la même que son niveau naturel, lorsque $i + \omega$ sera un angle droit, ou i complément de ω. Le disque continuant de s'élever, et l'angle i d'augmenter, le liquide deviendra concave, et sa concavité augmentera de plus en plus, jusqu'à ce que le point B de l'arète vive ait atteint la surface latérale du liquide, et que i soit devenu un angle droit. Cette surface, dans le cas de ω aigu, tournera sa convexité ou sa concavité par en haut, dans toute son étendue, et son rayon croîtra continuellement depuis la base du disque jusqu'au niveau du liquide. Dans le cas de ω obtus, le liquide sera toujours concave; la courbe OA tournera sa concavité par en haut, et son rayon croîtra depuis le disque jusqu'au niveau du liquide, tant que le liquide sera au-dessus de l'extrémité supérieure D de l'arète vive; il en sera encore de même lorsqu'en soulevant le disque, l'arète vive aura atteint la surface du liquide, et que cependant $i + \omega$ sera moindre que π; mais dès que $i + \omega$ aura dépassé deux angles droits, il se formera un rétrécissement de la surface latérale du liquide. La courbe OA tournera sa concavité par en bas, depuis son extrémité supérieure O jusqu'en un certain point M, et par en haut, depuis M jusqu'au niveau du liquide; et le plus petit rayon de cette surface aura lieu au point M.

Cela posé, il s'agira de déterminer, pour un angle donné i, la valeur de k, et par suite celle du poids Δ dont le *maximum* répondra à l'instant où le liquide se détachera du disque.

(113). Pour cela, reprenons l'équation de la surface capillaire de révolution, ou de sa génératrice, savoir :

$$\frac{\frac{d^2z}{dt^2}+\frac{1}{t}\left(1+\frac{dz^2}{dt^2}\right)\frac{dz}{dt}}{\left(1+\frac{dz^2}{dt^2}\right)^{\frac{3}{2}}}=\frac{2z}{a^2}, \qquad (2)$$

dans laquelle t exprimera la distance d'un point quelconque de la courbe AO à l'axe CH, et z la distance de ce même point au plan FG, positive ou négative, selon que la courbe AO sera située au-dessus ou au-dessous de ce plan. D'après la règle suivant laquelle on doit déterminer le signe du radical $\sqrt{1+\frac{dz^2}{dt^2}}$ (n° 49), il sera positif dans toute l'étendue de cette courbe, excepté depuis O jusqu'à M, quand ce point M existera, ou, autrement dit, il sera constamment de signe contraire à dt, en regardant dz comme étant de même signe que z. Au point O, qui répond à $t=r$ et $z=k$, on aura, en outre,

$$\frac{1}{\sqrt{1+\frac{dz^2}{dt^2}}}=\sin(i+\omega), \qquad \frac{\frac{dz}{dt}}{\sqrt{1+\frac{dz^2}{dt^2}}}=\cos(i+\omega);$$

par conséquent, l'équation (2) pourra être remplacée par l'une ou l'autre de celles-ci :

$$\left.\begin{aligned}&\frac{1}{\sqrt{1+\frac{dz^2}{dt^2}}}-\sin(i+\omega)+\frac{z^2-k^2}{a^2}=\int\frac{\frac{dz}{dt}dz}{t\sqrt{1+\frac{dz^2}{dt^2}}},\\&\frac{t\frac{dz}{dt}}{\sqrt{1+\frac{dz^2}{dt^2}}}-r\cos(i+\omega)=\frac{2}{a^2}\int ztdt,\end{aligned}\right\}\qquad(3)$$

en supposant que les intégrales contenues dans leurs seconds membres s'évanouissent quand $z = k$ ou $t = r$.

Je supposerai que le rayon r du disque soit très grand par rapport à la constante a relative à la matière du liquide; la variable t sera aussi très grande; et, cela étant, je ferai usage de la première équation (3). Si l'on y fait

$$i + \omega = \frac{1}{2}\pi + 2\nu,$$

et si l'on observe qu'on a en même temps $t = \infty$, $z = 0$, $\frac{dz}{dt} = 0$, il en résultera

$$2\sin^2\nu - \frac{k^2}{a^2} = \int_k^0 \frac{\frac{dz}{dt}\,dz}{t\sqrt{1 + \frac{dz^2}{dt^2}}}, \qquad (4)$$

pour l'équation d'où dépendra la valeur de k.

Dans une première approximation, je néglige son second membre et celui de la première équation (3). En retranchant l'une de l'autre, on aura

$$\frac{1}{\sqrt{1 + \frac{dz^2}{dt^2}}} - 1 + \frac{z^2}{a^2} = 0;$$

d'où l'on tire

$$\frac{\frac{dz}{dt}}{\sqrt{1 + \frac{dz^2}{dt^2}}} = -\frac{z}{a^2}\sqrt{2a^2 - z^2}, \qquad dt = \frac{(z^2 - a^2)\,dz}{z\sqrt{2a^2 - z^2}},$$

en regardant le radical $\sqrt{2a^2 - z^2}$ comme une quantité positive. La valeur de t qui résultera de l'intégration pourra s'écrire ainsi :

$$t = t' + \zeta,$$

en faisant, pour abréger,

$$r - \frac{a}{\sqrt{2}}\log\frac{z}{k} = t',$$

$$\sqrt{2a^2 - k^2} - \sqrt{2a^2 - z^2} + \frac{a}{\sqrt{2}}\log\frac{a\sqrt{2} + \sqrt{2a^2 - z^2}}{a\sqrt{2} + \sqrt{2a^2 - k^2}} = \zeta,$$

et observant que $t = r$ quand $z = k$.

On aura, en même temps,

$$k = a\sqrt{2}\sin\varphi.$$

Le *maximum* de cette quantité répondra à $i = \frac{1}{2}\pi$ et sera égal à $a\sqrt{2}\sin\frac{1}{2}\omega$. Le point M répondant à $\frac{dz}{dt} = \infty$, a sera son ordonnée. Pour que ce point existe, il suffira et il sera nécessaire qu'elle soit moindre que la valeur de k; ce qui aura lieu lorsque l'angle ω sera obtus, ainsi que nous l'avons dit précédemment. En appelant δ la distance du point M à la base du disque, quand elle est le plus élevée, on aura

$$\delta = a\left(\sqrt{2}\sin\tfrac{1}{2}\omega - 1\right).$$

Soit aussi $r - r'$ sa distance à l'axe CH, ou la valeur de t qui répond à $z = a$ et $k = a\sqrt{2}\sin\frac{1}{2}\omega$; il en résultera

$$r' = a\left(1 - \sqrt{2}\cos\tfrac{1}{2}\omega\right) - \frac{a}{\sqrt{2}}\log\frac{(1+\sqrt{2})\sin\frac{1}{2}\omega}{1+\cos\frac{1}{2}\omega},$$

pour le rétrécissement du liquide au point M. Lorsque le disque a été préalablement mouillé par le liquide, on a $\omega = \pi$, et simplement

$$\delta = a(\sqrt{2} - 1), \qquad r' = a - \frac{a}{\sqrt{2}}\log(1 + \sqrt{2}).$$

S'il s'agit de l'eau, par exemple, ces quantités seront

$$\delta = 1^{mm},6108, \qquad r' = 1^{mm},6421,$$

d'après la valeur de a du n° 56.

Ces expressions de k, δ, r', sont celles qui auraient lieu à la limite où le rayon r du disque serait considéré comme infini; mais pour comparer la formule (1) à l'expérience, il sera nécessaire d'y substituer une valeur plus approchée de k.

(114). En retranchant l'équation (4) de la première équation (3), nous aurons, dans une seconde approximation,

$$\frac{1}{\sqrt{1+\frac{dz^2}{dt^2}}}-1+\frac{z^2}{a^2}=-\frac{1}{a^2}\int\frac{z\sqrt{2a^2-z^2}}{t'+\zeta}\,dz;$$

l'intégrale commençant avec z. En négligeant son carré, on déduira de cette équation

$$\frac{\frac{dz}{dt}}{\sqrt{1+\frac{dz^2}{dt^2}}}=-\frac{z}{a^2}\sqrt{2a^2-z^2}-\frac{(a^2-z^2)}{a^2z\sqrt{2a^2-z^2}}\int\frac{z\sqrt{2a^2-z^2}}{t'+\zeta}\,dz;$$

et si l'on fait, pour abréger,

$$\int\frac{z\sqrt{2a^2-z^2}}{t'+\zeta}\,dz=Z,$$

$$\int_0^k\frac{z\sqrt{2a^2-z^2}}{t'+\zeta}\,dz=\mathrm{K},$$

$$\int_0^k\frac{(a^2-z^2)\,Zdz}{z(t'+\zeta)\sqrt{2a^2-z^2}}=\mathrm{K}',$$

l'équation (4) deviendra

$$k^2-2a^2\sin^2\nu+\mathrm{K}+\mathrm{K}'=0. \qquad (5)$$

La quantité ζ étant très petite par rapport à t', je développe sous les signes $\int$ suivant les puissances de ζ; ce qui donne

$$Z=\frac{1}{3t'}\left[2a^3\sqrt{2}-(2a^2-z^2)^{\frac{3}{2}}\right]+\text{etc.},$$

$$\mathrm{K}=-\frac{1}{3}\int_0^k\frac{1}{t'}d.(2a^2-z^2)^{\frac{3}{2}}-\int_0^k\frac{z\zeta}{t'^2}\sqrt{2a^2-z^2}\,dz+\text{etc.},$$

$$\mathrm{K}'=\frac{1}{3}\int_0^k\frac{(a^2-z^2)\left[2a^3\sqrt{2}-(2a^2-z^2)^{\frac{3}{2}}\right]}{zt'^2\sqrt{2a^2-z^2}}\,dz+\text{etc.}$$

En intégrant par partie, de manière que l'intégrale s'évanouisse avec z, on a

$$\int\frac{1}{t'}d.(2a^2-z^2)^{\frac{3}{2}}=\frac{1}{t'}\left[(2a^2-z^2)^{\frac{3}{2}}-2a^3\sqrt{2}\right]$$

$$-\frac{a}{t'^2\sqrt{2}}\int\left[(2a^2-z^2)^{\frac{3}{2}}-2a^3\sqrt{2}\right]\frac{dz}{z}+\text{etc.}$$

J'opère de même sur les autres intégrales contenues dans K et K'; je fais ensuite $z = k$ et $t' = r$, puis je néglige les termes divisés par r^3 : il en résulte

$$K = \frac{1}{3r}\left[2a^3\sqrt{2} - (2a^2 - k^2)^{\frac{3}{2}}\right]$$
$$-\frac{a\sqrt{2}}{6r^2}\int_0^k \left[2a^3\sqrt{2} - (2a^2 - z^2)^{\frac{3}{2}}\right]\frac{dz}{z} - \frac{1}{r^2}\int_0^k \zeta z\sqrt{2a^2 - z^2}\,dz,$$

$$K' = \frac{1}{3r^2}\int_0^k \frac{(a^2 - z^2)\left[2a^3\sqrt{2} - (2a^2 - z^2)^{\frac{3}{2}}\right]}{z\sqrt{2a^2 - z^2}}\,dz.$$

D'après la valeur de ζ, on a

$$\int_0^k \zeta z\sqrt{2a^2 - z^2}\,dz = \frac{2a^3\sqrt{2}}{3}\sqrt{2a^2 - k^2} - \frac{4a^4}{3} + \frac{a^2k^2}{3} - \frac{1}{12}k^4$$
$$+ \frac{a\sqrt{2}}{6}\int_0^k \frac{\left[2a^3\sqrt{2} - (2a^2 - z^2)^{\frac{3}{2}}\right]zdz}{(a\sqrt{2} + \sqrt{2a^2 - z^2})\sqrt{2a^2 - z^2}}.$$

Après avoir substitué cette expression dans celle de K, si l'on ajoute les valeurs de K et K', on trouve que les termes divisés par r^2 se détruisent, et l'on a simplement

$$K + K' = \frac{1}{3r}\left[2a^3\sqrt{2} - (2a^2 - k^2)^{\frac{3}{2}}\right].$$

L'équation (5) devient donc

$$k^2 - 2a^2\sin^2 \nu + \frac{1}{3r}\left[2a^3\sqrt{2} - (2a^2 - k^2)^{\frac{3}{2}}\right] = 0,$$

et l'on peut la remplacer par celle-ci :

$$k^2 = 2a^2\sin^2 \nu - \frac{2a^3\sqrt{2}}{3r}(1 - \cos^3 \nu)\left(1 - \frac{a\sqrt{2}\cos \nu}{2r}\right), \quad (6)$$

à cause que l'on néglige les termes divisés par r^3.

(115). Pour chaque valeur de l'angle ν, cette équation fera connaître la valeur de k qu'il s'agissait d'obtenir. Le rayon r étant très grand par rapport à a, le *maximum* de k, relativement à l'angle i, répondra à la plus grande valeur de ν, laquelle a lieu quand $i = \frac{1}{2}\pi$;

par conséquent, on obtiendra ce *maximum* en faisant $\varphi = \frac{1}{2}\omega$ dans l'équation précédente.

La plus grande valeur de Δ aura aussi lieu quand $i = \frac{1}{2}\pi$; c'est donc à l'instant où son extrémité supérieure O atteint l'extrémité inférieure B de l'arète vive qui termine le disque, que le liquide commence à se détacher. Si l'on appelle p la valeur correspondante de Δ, et m le poids d'un centimètre cube du liquide, on aura, d'après l'équation (1),

$$p = \pi m k r^2 + \pi m a^2 r \sin \omega\,; \qquad (7)$$

formule qui suppose les lignes a, r, k, exprimées en centimètres, et dans laquelle on mettra pour k sa valeur *maxima*, déterminée comme on vient de le dire.

Si le disque a été préalablement mouillé dans toute son étendue par le liquide, en sorte qu'on ait $\omega = \pi$, le second terme de cette formule s'évanouira, et le poids p, qui est celui du liquide soulevé au-dessus de son niveau naturel, sera le poids d'un cylindre du même liquide qui aurait pour base celle du disque, et pour hauteur l'élévation du disque au-dessus de ce niveau; ce qui tient à ce que le volume du liquide soulevé qui est situé en-dehors de ce cylindre, compense exactement le rétrécissement du liquide situé au-dessous du disque. Dans ce même cas, l'équation (6) donne

$$k = a\sqrt{2} - \frac{a^2}{3r}, \qquad (8)$$

en négligeant toujours les termes divisés par r^3, et la formule (7) devient

$$p = \pi m \left(a r^2 \sqrt{2} - \frac{a^2 r}{3}\right). \qquad (9)$$

(116). Appliquons maintenant ces différentes formules aux expériences de M. Gay-Lussac qui sont citées dans la *Mécanique céleste*. Elles ont toutes été faites avec un disque dont le rayon était

$$r = 5^{cm},9183,$$

et à une température d'à peu près 8°,5. L'auteur a vérifié que la

30

matière du disque n'a aucune influence, quand il a été préalablement mouillé par le liquide.

Dans le cas de l'eau, on a

$$a = 0^{cm},38888,$$

et l'on peut prendre un gramme pour m, à cause que la température s'écarte peu de celle du *maximum* de densité. La formule (9) donne alors

$$p = 59^{g},568,$$

et, suivant l'observation, ce poids est $59^{g},40$.

M. Gay-Lussac a déterminé le poids p pour trois alcohols différens dont les densités étaient

$$0,81961, \quad 0,85950, \quad 0,94153;$$

celle de l'eau étant prise pour unité. Dans un tube capillaire dont le rayon α était

$$\alpha = 0^{cm},06472,$$

les hauteurs h auxquelles ces mêmes liquides se sont élevés au-dessus du niveau extérieur ont été

$$h = 0^{cm},91823, \quad h = 0^{cm},93008, \quad h = 0^{cm},99973.$$

Au moyen de la formule du n° 56, on en conclut

$$a = 0^{cm},24655, \quad a = 0^{cm},24827, \quad a = 0^{cm},25703,$$

pour les valeurs correspondantes de la constante a. Cela étant, on aura, d'après la formule (9),

$$p = 31^{g},137, \quad p = 32^{g},878, \quad p = 37^{g},273,$$

et l'observation a donné

$$p = 31^{g},08, \quad p = 32\ ,87, \quad p = 37^{g},15.$$

De l'huile de térébenthine, dont la densité était 0,86946 de celle de l'eau, s'est élevée dans le tube du rayon α à une hauteur h au-dessus de son niveau, égale à $0^{cm},99516$. Il en résulte, d'après la formule du n° 56,

$$a = 0^{cm},25645.$$

En vertu de la formule (9), on aura

$$p = 34^{g},343,$$

et, suivant l'observation, ce poids est $34^{g},104$.

Dans ces cinq expériences, la valeur de p observée s'accorde, comme on voit, d'une manière très satisfaisante avec sa valeur calculée; cependant, on peut remarquer que celle-ci surpasse toujours un peu l'autre; ce qui semblerait indiquer que les différens liquides se sont détachés du disque un peu avant que le poids que j'ai appelé Δ ait atteint son *maximum* p: et, en effet, on conçoit que l'équilibre de chaque liquide étant très peu stable près de ce *maximum*, des causes accidentelles, par exemple, de légères agitations, peuvent facilement en amener la rupture.

Quoique les hauteurs *maxima* du disque n'aient pas été mesurées, il est bon d'en donner les valeurs déduites de la formule (8). Dans l'ordre des cinq expériences, ces valeurs sont

$$k = 0^{cm},54143,$$
$$k = 0^{cm},34524,$$
$$k = 0^{cm},34763,$$
$$k = 0^{cm},35977,$$
$$k = 0^{cm},35897.$$

Relativement au mercure non oxidé, en contact avec un disque de verre ou d'une autre matière, pourvu que ce disque soit recouvert d'une couche d'humidité aussi mince qu'on voudra, on a (n° 108)

$$a = 0^{cm},25547, \qquad \upsilon = \tfrac{1}{2}\,\omega = 22^{\circ}\,45'.$$

Au moyen de ces valeurs et de celle de r, l'équation (6) donne

$$k = 0^{cm},13773,$$

pour l'élévation du disque à l'instant où le liquide commence à s'en détacher. Pour calculer le poids correspondant p, exprimé en grammes, on prendra

$$m = \frac{10449}{770},$$

à la température de 8°,5; et, en vertu de la formule (7), on aura

$$p = 222^{g},464.$$

Avec le même disque, d'un rayon égal à $5^{cm},9183$, M. Gay-Lussac n'a pas trouvé constamment la même valeur de p. En faisant croître très lentement le poids employé à soulever le disque, le poids total, à l'instant de la séparation du liquide, s'est élevé depuis 158 grammes jusqu'à 296 grammes. Les valeurs de p moindres que le *maximum* donné par le calcul, peuvent s'expliquer par l'instabilité de l'équilibre du mercure. Quant à celles qui sont plus grandes, on peut les attribuer à la même cause qui donne lieu à des élévations ou des dépressions très différentes dans un tube capillaire, excepté lorsqu'il a été préalablement mouillé par le liquide, ou bien, lorsqu'il n'exerce aucune attraction sur la matière du liquide (n° 62). Il est possible, en effet, qu'à raison des irrégularités de l'arète vive qui termine la base du disque, l'angle i, au lieu d'être droit, comme nous l'avons supposé, à l'extrémité inférieure de cette arète, soit obtus dans une partie de son contour; ce qui augmenterait le *maximum* de la quantité Δ déterminée par la formule (1).

D'après la remarque de M. Dulong (n° 75), l'angle ω augmente et peut même devenir obtus, quand le mercure renferme une petite proportion d'oxide. Le *maximum* de Δ augmenterait en même temps; et il suffirait que, pour cette cause, l'angle ω fût de 60° pour que ce *maximum* atteignît le plus grand poids observé par M. Gay-Lussac.

(117). Si l'on remplace le disque par un cylindre vertical d'un très petit diamètre, l'équation (1) fera encore connaître le poids Δ qui répond à une hauteur k de la base du cylindre au-dessus du niveau du liquide; mais l'expression de k en fonction de l'angle i, ne sera plus la même que précédemment, et sa détermination sera plus difficile.

Nous supposerons le rayon r du cylindre très petit par rapport à la constante a; et, pour de semblables valeurs de t, nous emploierons la seconde équation (3), dont nous négligerons le second membre, dans une première approximation. On en déduira alors

$$z = k + r\cos\varphi \log \frac{t + \sqrt{t^2 - r^2\cos^2\varphi}}{(1+\sin\varphi)r}, \qquad (10)$$

en faisant $i + \omega = \varphi$, et observant qu'on a $z = k$ quand $t = r$. On pourra, si l'on veut, pousser plus loin l'approximation; mais nous nous arrêterons à cette valeur de z; et l'équation (10) sera celle de la surface du liquide près du cylindre.

A la distance où le plan tangent est très peu incliné, on réduira l'équation (2) à la forme linéaire, savoir :

$$\frac{d^2z}{dt^2} + \frac{1}{t}\frac{dz}{dt} = \frac{2z}{a^2}. \qquad (11)$$

Pour y satisfaire par une valeur de z qui devienne insensible pour de grandes valeurs de t, on prendra

$$z = \alpha \int_0^\infty e^{-\frac{t\sqrt{2}}{a}\sqrt{1+\theta^2}} \frac{d\theta}{\sqrt{1+\theta^2}};$$

e étant la base des logarithmes népériens, et α une constante arbitraire. On aura, en effet,

$$\frac{dz}{dt} = -\frac{\alpha\sqrt{2}}{a}\int_0^\infty e^{-\frac{t\sqrt{2}}{a}\sqrt{1+\theta^2}} d\theta,$$

$$\frac{d^2z}{dt^2} = \frac{2\alpha}{a^2}\int_0^\infty e^{-\frac{t\sqrt{2}}{a}\sqrt{1+\theta^2}} \frac{d\theta}{\sqrt{1+\theta^2}} + \frac{2\alpha}{a^2}\int_0^\infty e^{-\frac{t\sqrt{2}}{a}\sqrt{1+\theta^2}} \frac{\theta^2 d\theta}{\sqrt{1+\theta^2}};$$

en intégrant par partie, on a

$$\int_0^\infty e^{-\frac{t\sqrt{2}}{a}\sqrt{1+\theta^2}} \frac{\theta^2 d\theta}{\sqrt{1+\theta^2}} = \frac{a}{t\sqrt{2}}\int_0^\infty e^{-\frac{t\sqrt{2}}{a}\sqrt{1+\theta^2}} d\theta;$$

au moyen de quoi les valeurs de z, $\frac{dz}{dt}$, $\frac{d^2z}{dt^2}$, rendent identique l'équation (11). D'après la manière dont nous avons déjà satisfait à cette même équation (n° 107), on peut remarquer que son intégrale complète est

$$z = \alpha\int_0^\infty e^{-\frac{t\sqrt{2}}{a}\sqrt{1+\theta^2}}\frac{d\theta}{\sqrt{1+\theta^2}} + 6\int_0^\pi e^{-\frac{t\sqrt{2}}{a}\cos\psi}d\psi;$$

α et 6 désignant les deux constantes arbitraires. En faisant

$$\sqrt{1+\theta^2} = x - \theta, \qquad \frac{d\theta}{\sqrt{1+\theta^2}} = \frac{dx}{x},$$

et observant que les limites $\theta = 0$ et $\theta = \infty$, répondent à $x = 1$ et $x = \infty$, l'intégrale particulière dont nous voulons faire usage deviendra plus simplement

$$z = \alpha\int_1^\infty e^{-\frac{t}{a\sqrt{2}}\left(x+\frac{1}{x}\right)}\frac{dx}{x}. \qquad (12)$$

Les équations (10) et (12) représenteront la courbe OA du liquide dans toute son étendue; elles devront coïncider pour des valeurs de t très petites par rapport à a, comme le suppose l'équation (10), et cependant très grandes par rapport à r, afin que la tangente à la courbe OA soit très peu inclinée, ainsi que l'exige l'équation (12). C'est d'après cette condition que nous allons déterminer les deux constantes k et α contenues dans ces formules.

(118). Si nous faisons

$$t = ua\sqrt{2},$$

l'équation (12) pourra s'écrire ainsi :

$$z = \alpha\int_1^\infty e^{-ux}e^{-\frac{u}{x}}\frac{dx}{x}.$$

La fraction $\frac{u}{x}$ étant très petite dans toute l'étendue de cette intégrale, on pourra développer, en série convergente, la seconde exponentielle contenue sous le signe $\int$; on aura, de cette manière,

$$z = \alpha\left(\int_1^\infty e^{-ux}\frac{dx}{x} - u\int_1^\infty e^{-ux}\frac{dx}{x^2} + \frac{1}{2}u^2\int_1^\infty e^{-ux}\frac{dx}{x^3} - \text{etc.}\right).$$

Par des intégrations par partie, on réduira toutes ces intégrales à la première; et si l'on fait

$$\int_1^\infty e^{-ux}\frac{dx}{x} = v,$$

il en résultera

$$z = av\left(1 + u^2 + \frac{1}{4}u^4 + \text{etc.}\right)$$
$$- aue^{-u}\left(1 - \frac{1}{4}u + \frac{5}{18}u^2 - \text{etc.}\right).$$

En différentiant v par rapport à u, on a

$$\frac{dv}{du} = -\int_1^\infty e^{-ux}dx = -\frac{1}{u}e^{-u};$$

d'où l'on tire

$$v + c + \log u = u - \frac{1}{1.2}\frac{u^2}{2} + \frac{1}{1.2.3}\frac{u^3}{3} - \frac{1}{1.2.3.4}\frac{u^4}{4} + \text{etc.};$$

c étant une quantité indépendante de u. Plusieurs géomètres se sont occupés de l'intégrale v (*) et de la détermination de la constante c, dont la valeur a été calculée à un grand degré d'approximation. En se bornant à cinq décimales, on a

$$c = 0,57721.$$

D'après cela, si l'on substitue la valeur de v dans celle de z, et que l'on néglige les termes multipliés par u, nous aurons

$$z = a\left(\log\frac{a\sqrt{2}}{t} - c\right),$$

pour ce que devient la formule (12), relativement à des valeurs de t très petites par rapport à a.

D'un autre côté, ces mêmes valeurs de t étant très grandes, relativement à r, on a, d'après la formule (10),

$$z = k + r\cos\varphi\log\frac{2t}{(1+\sin\varphi)r}.$$

En égalant ces deux valeurs de z, on aura donc

$$a = -r\cos\varphi,\quad k - r\cos\varphi\log\tfrac{1}{2}(1+\sin\varphi)r = a(\log a\sqrt{2} - c),$$

(*) *Traité des Différences et des Séries* de M. Lacroix, page 552. *Voyez* aussi, sur ce sujet, un très bon Mémoire de M. Soldner, imprimé à Munich en 1809, sous le titre de *Théorie et Tables d'une nouvelle fonction transcendante*.

et, par conséquent,

$$k = - r\cos\varphi\left(\log\frac{2a\sqrt{2}}{(1+\sin\varphi)\,r} - c\right). \quad (13)$$

En faisant $i = 0$ ou $\varphi = \omega$ dans cette formule, elle exprimera l'élévation ou la dépression d'un liquide le long d'un cylindre dont le diamètre est très petit; et l'on voit que cette quantité, contrairement à ce qui a lieu dans l'intérieur d'un tube capillaire, diminuera de plus en plus avec le diamètre. Lorsque le cylindre aura été préalablement mouillé par le liquide, on aura $\varphi = \pi$ et

$$k = r\left(\log\frac{2a\sqrt{2}}{r} - c\right).$$

Si l'on substitue la formule (13) à la place de k dans l'équation (1), on aura

$$\Delta = - \pi\rho g r\cos\varphi\left[r^2\left(\log\frac{2a\sqrt{2}}{(1+\sin\varphi)\,r} - c\right) + a^2\right].$$

A cause que r est supposé très petit par rapport à a, le *maximum* de cette quantité répondra à $\varphi = \pi$ ou $i = \pi - \omega$, lorsque l'angle ω sera obtus, et à $i = \frac{1}{2}\pi$, quand il sera aigu. Ainsi, dans le premier cas, le liquide se détachera du cylindre lorsque son extrémité O sera parvenue au point de l'arête DB, pour lequel l'angle i est supplément de l'angle donné ω; et, dans le second cas, il ne se détachera que quand le point O aura atteint l'extrémité inférieure B de cette arète.

Si le cylindre est mouillé par le liquide, c'est-à-dire si l'on a $\omega = \pi$, la valeur de i qui répond au *maximum* de Δ sera zéro; le liquide se détachera du cylindre dès que le point O atteindra l'extrémité supérieure D de l'arète DB; et si l'on appelle q ce *maximum*, ou le poids nécessaire pour séparer le cylindre du liquide, on aura

$$q = \pi m r\left[r^2\left(\log\frac{2a\sqrt{2}}{r} - c\right) + a^2\right], \quad (14)$$

en désignant par m le poids d'un centimètre cube du liquide, et supposant les lignes r et a exprimées en centimètres.

(119). Pour que ces différentes formules soient suffisamment approchées, il faudra que le rapport $\frac{r}{a}$ soit une fraction peu considérable. Voici deux expériences que M. Gay-Lussac a faites sur l'adhésion de l'eau à la base d'un cylindre vertical, dont la première satisfait beaucoup mieux que la seconde à cette condition.

Le diamètre du cylindre étant $0^{cm},268$, et la température 16°, il a trouvé pour le poids qui soulevait le cylindre à l'instant de la séparation du liquide, différentes valeurs comprises depuis $0^{g},066$ jusqu'à $0^{g},072$; en sorte qu'on peut prendre ce dernier nombre pour le *maximum* donné par l'expérience. Or, en faisant

$$r = 0^{cm},134, \qquad a = 0^{cm},38834,$$

dans la formule (14), elle donne

$$q = 0^{g},07499,$$

pour ce *maximum;* ce qui ne diffère que de $0^{g},003$.

Dans la seconde expérience, faite à la même température, le cylindre avait un diamètre de $0^{cm},578$. M. Gay-Lussac a jugé que le poids nécessaire pour le détacher de l'eau était compris entre $0^{g},230$ et $0^{g},235$. En mettant dans la formule (14) la valeur précédente de a, et $0^{cm},289$ au lieu de r, on trouve

$$q = 0^{g},1943;$$

résultat qui diffère de l'observation d'environ un sixième de l'inconnue; ce qu'on peut attribuer à ce que le rapport $\frac{r}{a}$, au lieu d'être très petit, s'élève à environ $\frac{3}{4}$.

(120). Occupons-nous maintenant d'un problème relatif à deux liquides en partie superposés, dont la solution n'avait pas encore été donnée, et qui présente une application particulière des principes de cette théorie.

Supposons qu'on ait versé sur un liquide, sur du mercure, par exemple, une large goutte d'un autre liquide; et proposons-nous de déterminer la figure de cette goutte et la surface du mercure.

J'appellerai, pour abréger, S la partie de cette surface qui n'est pas en contact avec la goutte, S' la partie de la surface de la goutte non en contact avec le mercure, S_1 la portion de surface commune au mercure et à la goutte. Ces trois surfaces auront un même axe vertical; près de la goutte, S tournera sa convexité par en haut, et deviendra plane à une distance peu considérable; S_1 sera concave par en haut. Dans toute son étendue, la goutte sera convexe; elle tournera sa convexité par en bas depuis son contact avec le mercure jusqu'à sa plus grande section horizontale, et par en haut, depuis cette section jusqu'à son sommet.

Si l'on désigne par t la distance d'un point quelconque de l'une de ces surfaces à leur axe commun; que l'on compte les coordonnées verticales en sens contraire de la pesanteur et à partir du niveau du mercure, qui est la partie plane de S; et que l'on désigne par z, z_1, z', les ordonnées respectives d'un point quelconque de S, S_1, S', leurs équations seront (nos 29 et 30)

$$\left.\begin{aligned} &\frac{1}{2}H\left[\frac{d^2z}{dt^2}+\frac{1}{t}\left(1+\frac{dz^2}{dt^2}\right)\frac{dz}{dt}\right]=\rho gz\left(1+\frac{dz^2}{dt^2}\right)^{\frac{3}{2}},\\ &\frac{1}{2}G\left[\frac{d^2z_1}{dt^2}+\frac{1}{t}\left(1+\frac{dz_1^2}{dt^2}\right)\frac{dz_1}{dt}\right]=[(\rho-\rho')gz_1+c]\left(1+\frac{dz_1^2}{dt^2}\right)^{\frac{3}{2}},\\ &\frac{1}{2}H'\left[\frac{d^2z'}{dt^2}+\frac{1}{t}\left(1+\frac{dz'^2}{dt^2}\right)\frac{dz'}{dt}\right]=(\rho'gz'-c)\left(1+\frac{dz'^2}{dt^2}\right)^{\frac{3}{2}}; \end{aligned}\right\} \quad (a)$$

H et H' étant les constantes relatives au mercure et à la matière de la goutte, G une troisième constante qui dépendra de la matière des deux liquides, ρ et ρ' leurs densités, c une constante arbitraire, et g la gravité. Les radicaux contenus dans les seconds membres des deux premières équations seront positifs; celui que renferme le second membre de la dernière sera positif dans la partie supérieure de la goutte, et négatif dans la partie inférieure; en sorte que si l'on représente par r le rayon de contour du S_1, et par l celui de la plus grande section horizontale de la goutte, ou son demi-diamètre, ce radical $\sqrt{1+\frac{dz'^2}{dt^2}}$ sera positif depuis $t=0$ jusqu'à $t=l$, et négatif depuis $t=l$ jusqu'à $t=r$.

Outre ces trois équations, il y en aura deux autres qui n'auront lieu que pour le contour de S_1. Pour les former, soit BACD (fig. 22) une section de la surface de la goutte, par un plan passant par son axe CB; et supposons que la partie DCA appartienne à S', et la partie DBA à S_1. Soient aussi DG et AF les sections de la surface du mercure par le même plan vertical. Prenons sur DBA deux points O et O', et sur DG et AC des points M et M', tels que O et M soient situés à des distances insensibles de D, et O' et M' à des distances insensibles de A. Dans les portions de courbe ODM et O'AM', l'inclinaison de la tangente variera très rapidement, et elles ne seront pas comprises dans les équations (*a*). Nous supposerons que O, M, O', M', soient les extrémités de ces courbes particulières, ou, autrement dit, nous supposerons que les distances insensibles OD, MD, O'A, M'A, surpassent, cependant, les rayons d'activité moléculaire du mercure et de la goutte. Cela posé, par les points O et O' je mène les tangentes OT et O'T' à la courbe DBA; par les points M et M', j'abaisse sur ces droites les perpendiculaires MK et M'K', et j'élève les normales MN et M'N' aux courbes GD et CA. En appelant ω et ω' les angles aigus KMN et K'M'N', ces angles seront donnés et dépendront de la matière de la goutte et de celle du liquide inférieur, qu'on suppose être le mercure. Ces angles seront ceux qui se conclueraient de la dépression de l'un des liquides, dans un tube qui serait formé de la matière de l'autre liquide. Ainsi, l'angle ω sera de 45° 30' dans le cas d'une goutte d'eau, et un peu moindre, d'après ce qu'on a vu dans le n° 74, s'il s'agissait d'une goutte d'alcohol; en même temps, ω' sera l'angle qui aurait lieu à l'extrémité de la surface de l'eau ou de l'alcohol, contenu dans un tube de mercure solidifié. Or, si l'on appelle i et i' les inclinaisons sur un plan horizontal, des normales MN et M'N', et i_1 celle de la normale MK ou M'K', on aura

$$\omega = i - i_1, \quad \omega' = i_1 - i',$$

et, de plus,

$$\begin{aligned}
\frac{dz}{dt} &= \cos i \sqrt{1 + \frac{dz^2}{dt^2}}, & 1 &= \sin i \sqrt{1 + \frac{dz^2}{dt^2}}, \\
\frac{dz'}{dt} &= -\cos i' \sqrt{1 + \frac{dz'^2}{dt^2}}, & 1 &= -\sin i' \sqrt{1 + \frac{dz'^2}{dt^2}}, \\
\frac{dz_1}{dt} &= \cos i_1 \sqrt{1 + \frac{dz_1^2}{dt^2}}, & 1 &= \sin i_1 \sqrt{1 + \frac{dz_1^2}{dt^2}};
\end{aligned}$$

on aura, par conséquent,

$$\left.\begin{array}{l}\frac{dz_i}{dt}-\frac{dz}{dt}=\sin\omega\sqrt{1+\frac{dz^2}{dt^2}}\sqrt{1+\frac{dz_i^2}{dt^2}},\\ \frac{dz_i}{dt}-\frac{dz'}{dt}=\sin\omega'\sqrt{1+\frac{dz'^2}{dt^2}}\sqrt{1+\frac{dz_i^2}{dt^2}};\end{array}\right\}\quad(b)$$

équations dans lesquelles on pourra faire $t=r$, sans erreur sensible.

Soit encore h l'abaissement du contour de S_i au-dessous du niveau du mercure; $h+f$ l'abaissement du point le plus bas de la goutte, ou f la flèche de sa portion de surface S_i; k l'élévation de sa plus grande section, au-dessus du même niveau; $k+\alpha$ l'élévation de son sommet, et, enfin, ϵ son épaisseur totale, c'est-à-dire

$$k+\alpha+h+f=\epsilon.$$

Nous aurons les équations particulières :

$$\left.\begin{array}{l}t=r,\quad z=z_i=z'=-h;\\ t=l,\quad z'=k,\quad \frac{dz'}{dt}=\infty;\\ t=0,\quad z_i=-h-f,\quad \frac{dz_i}{dt}=0,\quad z'=k+\alpha,\quad \frac{dz'}{dt}=0;\\ t=\infty,\quad z=0,\quad \frac{dz}{dt}=0.\end{array}\right\}\quad(c)$$

La question consistera maintenant à résoudre ces équations (a), (b), (c), par approximation, en supposant les rayons l et r très grands par rapport à l'épaisseur de la goutte.

(121). Après avoir fait

$$\mathrm{H}=g\rho a^2,$$

nous pourrons remplacer la première équation (a) par celle-ci :

$$\frac{1}{\sqrt{1+\frac{dz^2}{dt^2}}}=1-\frac{z^2}{a^2}+\int\frac{\frac{dz^2}{dt^2}dt}{t\sqrt{1+\frac{dz^2}{dt^2}}},$$

en supposant que l'intégrale s'évanouisse quand $t=\infty$. Dans toute l'étendue de la surface S à laquelle cette équation appartient, la variable t est très grande. On peut donc négliger cette intégrale; on aura alors

$$dt = \frac{(z^2 - a^2)\,dz}{z\sqrt{2a^2 - z^2}},$$

en considérant le radical comme une quantité positive; et l'on en conclura

$$t = r + \sqrt{2a^2 - h^2} - \sqrt{2a^2 - z^2} + \frac{a}{\sqrt{2}} \log \frac{(\sqrt{2a^2 - h^2} - a\sqrt{2})z}{(a\sqrt{2} - \sqrt{2a^2 - z^2})h}, \quad (d)$$

à cause de $t = r$ quand $z = -h$. Nous nous arrêterons à cette valeur de t, qui est le premier terme d'une série ordonnée suivant les puissances descendantes de r, dont on obtiendrait facilement les termes suivans, si cela pouvait être utile. Cette équation (d) sera celle de la surface du mercure, en-dehors de son contact avec la goutte, et à une distance de ce contact, plus grande que le rayon d'activité moléculaire.

Les deux autres équations (a) se résoudront par l'analyse des n°s 106 et 107. Au sommet de la goutte, les deux rayons de courbure sont égaux; il en est de même à son point le plus bas. En désignant par μ leur grandeur commune au premier point, et par λ, au second point, on aura, d'après ces équations,

$$c - g\rho'(k + \alpha) = \frac{1}{\mu}\,\text{H}',$$

$$c - g(\rho - \rho')(h + f) = \frac{1}{\lambda}\,\text{G};$$

d'où l'on tire

$$\frac{1}{\lambda}\,\text{G} - \frac{1}{\mu}\,\text{H}' = g\rho'\varepsilon - g\rho(h + f); \qquad (e)$$

et si nous faisons

$$\text{H}' = g\rho' a'^2, \qquad \text{G} = g(\rho - \rho')a_1^2,$$

$$z_1 + h + f + \frac{a_1^2}{\lambda} = x, \qquad z' - k - \alpha - \frac{a'^2}{\mu} = y,$$

les dernières équations (a) deviendront

$$\left.\begin{array}{l}\frac{d^2x}{dt^2}+\frac{1}{t}\left(1+\frac{dx^2}{dt^2}\right)\frac{dx}{dt}=\frac{2x}{a_1^2}\left(1+\frac{dx^2}{dt^2}\right)^{\frac{3}{2}},\\ \frac{d^2y}{dt^2}+\frac{1}{t}\left(1+\frac{dy^2}{dt^2}\right)\frac{dy}{dt}=\frac{2y}{a'^2}\left(1+\frac{dy^2}{dt^2}\right)^{\frac{3}{2}}.\end{array}\right\}\quad (f)$$

Relativement aux points de S_1 et de S' pour lesquels le plan tangent est très peu incliné, on les réduira à des équations linéaires; puis on y satisfera, ainsi qu'aux conditions particulières à $t=0$, en prenant

$$\left.\begin{array}{l}x=\frac{a_1^2}{\pi\lambda}\int_0^\pi e^{\frac{t\sqrt{2}}{a_1}\cos\psi}d\psi,\\ y=-\frac{a'^2}{\pi\mu}\int_0^\pi e^{\frac{t\sqrt{2}}{a'}\cos\psi}d\psi;\end{array}\right\}\quad (g)$$

expressions qui se réduiront à

$$\left.\begin{array}{l}x=\frac{a_1^2}{\lambda\sqrt{2\pi\sqrt{2}}}\sqrt{\frac{a_1}{t}}\,e^{\frac{t\sqrt{2}}{a_1}},\\ y=-\frac{a'^2}{\mu\sqrt{2\pi\sqrt{2}}}\sqrt{\frac{a'}{t}}\,e^{\frac{t\sqrt{2}}{a'}},\end{array}\right\}\quad (h)$$

comme dans le n° 106, pour des valeurs de t très grandes par rapport à a_1 et a'.

On peut aussi écrire les équations (f) sous la forme :

$$\left.\begin{array}{l}\frac{1}{\sqrt{1+\frac{dx^2}{dt^2}}}-1+\frac{1}{a_1^2}\left(x^2-\frac{a_1^4}{\lambda^2}\right)=\int\frac{\frac{dx^2}{dt^2}dt}{t\sqrt{1+\frac{dx^2}{dt^2}}},\\ \frac{1}{\sqrt{1+\frac{dy^2}{dt^2}}}-1+\frac{1}{a'^2}\left(y^2-\frac{a'^4}{\mu^2}\right)=\int\frac{\frac{dy^2}{dt^2}dt}{t\sqrt{1+\frac{dy^2}{dt^2}}},\end{array}\right\}\quad (i)$$

en supposant que ces intégrales s'évanouissent avec la variable t, et observant qu'on a

$$x = \frac{a^2_1}{\lambda}, \quad y = -\frac{a'^2}{\mu}, \quad \frac{dx}{dt} = 0, \quad \frac{dy}{dt} = 0,$$

quand $t = 0$. Près du sommet ou du point le plus bas de la goutte, ces intégrales peuvent être négligées, à cause que l'on a

$$\frac{dx}{dt} = \frac{t}{\lambda}, \quad \frac{dy}{dt} = -\frac{t}{\mu},$$

et que la variable t est très petite dans ces parties de la surface. Pour les valeurs de t auxquelles répondent les formules (h), les quantités comprises sous les signes $\int$ auront t^2 pour diviseur ; pour cette raison, nous pourrons aussi négliger ces intégrales. Enfin, près du bord de la goutte, nous les négligerons également, à cause de la grandeur de t, quoique, dans cette partie de la surface, les quantités comprises sous les signes $\int$ ne soient divisées que par la première puissance de cette variable. En supprimant donc les seconds membres des équations (i), et négligeant aussi les termes divisés par λ^2 et μ^2 dans leurs premiers membres, on aura simplement

$$\frac{a^2_1}{\sqrt{1 + \frac{dx^2}{dt^2}}} = a^2_1 - x^2, \quad \frac{a'^2}{\sqrt{1 + \frac{dy^2}{dt^2}}} = a'^2 - y^2. \qquad (k)$$

On en déduit

$$dt = \frac{(a^2_1 - x^2)\,dx}{x\sqrt{2a^2_1 - x^2}}, \quad dt = \frac{(a'^2 - y^2)\,dy}{y\sqrt{2a'^2 - y^2}};$$

et si l'on fait attention aux signes des quantités $a^2_1 - x^2$ et $a'^2 - y^2$, qui doivent être les mêmes que ceux des radicaux $\sqrt{1 + \frac{dx^2}{dt^2}}$ et $\sqrt{1 + \frac{dy^2}{dt^2}}$, et aux signes de x, y, $\frac{dx}{dt}$, $\frac{dy}{dt}$, il sera aisé de s'assurer qu'on devra regarder comme positifs les radicaux $\sqrt{2a^2_1 - x^2}$ et $\sqrt{2a'^2 - y^2}$. D'ailleurs, en négligeant, pour abréger, les termes $\frac{a^2_1}{\lambda}$ et $\frac{a'^2}{\mu}$ des quantités que x et y représentent, on aura, en même temps, $t = r$, $z_1 = -h$, $x = f$, et de même $t = l$, $z' = k$,

$y = -\alpha$; en intégrant, on aura donc

$$\left.\begin{aligned} t &= r + \sqrt{2a_1^2 - x^2} - \sqrt{2a_1^2 - f^2} + \frac{a_1}{\sqrt{2}} \log \frac{(a_1\sqrt{2} - \sqrt{2a_1^2 - x^2})f}{(a_1\sqrt{2} - \sqrt{2a_1^2 - f^2})x}, \\ t &= l + \sqrt{2a'^2 - y^2} - \sqrt{2a'^2 - \alpha^2} + \frac{a'}{\sqrt{2}} \log \frac{(\sqrt{2a'^2 - y^2} - a'\sqrt{2})\alpha}{(a'\sqrt{2} - \sqrt{2a'^2 - \alpha^2})y}. \end{aligned}\right\} \quad (l)$$

Les équations (g), (h), (l), jointes à l'équation (d), renfermeront la solution complète du problème, après qu'on aura déterminé les valeurs des constantes α, k, h, f, r, l, μ, λ, qu'elles renferment.

Or, $z' = k$ donne à très peu près $y = -\alpha$; et comme on a $\frac{dy}{dt} = \frac{dz'}{dt} = \infty$, pour cette valeur de z', on aura $\alpha = a'$, d'après la seconde équation (k). On aura donc, en même temps, $t = r$, $z' = -h$, $y = -k - h - a'$, et, en vertu de la seconde équation (l),

$$r = l + a'(n - 1) + \frac{a'}{\sqrt{2}} \log \frac{(\sqrt{2} - n)a'}{(\sqrt{2} - 1)(k + h + a')},$$

pour la valeur de r, en faisant, pour abréger,

$$2a'^2 - (k + h + a')^2 = a'^2 n^2,$$

et regardant n comme une quantité positive. Pour $t = r$, les équations (k) et les valeurs de dt qu'on en a déduites donnent

$$\sqrt{1 + \frac{dx^2}{dt^2}} = \frac{a_1^2}{a_1^2 - f^2}, \qquad \sqrt{1 + \frac{dy^2}{dt^2}} = \frac{a'^2}{a'^2 - (h + k + a')^2},$$

$$\frac{dx}{dt} = \frac{f\sqrt{2a_1^2 - f^2}}{a_1^2 - f^2}, \qquad \frac{dy}{dt} = \frac{(h + k + a')a'n}{(h + k + a')^2 - a'^2}.$$

D'après les équations d'où la formule (d) a été tirée, on aura, en même temps,

$$\sqrt{1 + \frac{dz^2}{dt^2}} = \frac{a^2}{a^2 - h^2}, \qquad \frac{dz}{dt} = \frac{h\sqrt{2a^2 - h^2}}{a^2 - h^2};$$

et, au moyen de ces différentes valeurs, les formules (b) fourniront deux équations, que je me dispenserai d'écrire, et qui serviront à déterminer deux des trois constantes h, k, f, par exemple, h et k.

Maintenant, si l'on applique la première des équations (l) à des points de $S_{,}$, pour lesquels $z_{,}$ diffère très peu de $-h-f$, et la variable x est très petite; et la seconde à des points de la partie supérieure de S', pour lesquels z' diffère très peu de k, et y est très petit; et si l'on compare aux formules (h) les expressions de x et y qui se déduiront alors de ces deux équations (l), on en conclura les valeurs de λ et μ, savoir :

$$\lambda = \frac{fa_{,}\sqrt{a_{,}}}{4\sqrt{\pi r_{,}\sqrt{2}}\,(a_{,}\sqrt{2}-\sqrt{2a_{,}^2-f^2})}\,e^{\frac{r_{,}\sqrt{2}}{a_{,}}},$$

$$\mu = \frac{a'\sqrt{a'}}{4\sqrt{\pi l'\sqrt{2}}\,(\sqrt{2}-1)}\,e^{\frac{l'\sqrt{2}}{a'}},$$

en faisant, pour abréger,

$$r + a_{,}\sqrt{2} - \sqrt{2a_{,}^2 - f^2} = r_{,}, \qquad l + (\sqrt{2}-1)a' = l'.$$

L'équation (e) deviendra

$$\frac{1}{f}(\rho-\rho')\sqrt{a_{,}r_{,}}\,(a_{,}\sqrt{2}-\sqrt{2a_{,}^2-f^2})\,e^{-\frac{r_{,}\sqrt{2}}{a_{,}}} - \rho'\sqrt{a'l'}\,(\sqrt{2}-1)\,e^{-\frac{l'\sqrt{2}}{a'}}$$
$$= \frac{1}{4\sqrt{\pi\sqrt{2}}}\,[\rho'\epsilon - \rho(h+f)],$$

en y substituant les valeurs de λ, μ, G, H'. Elle servira à déterminer f; et il ne restera plus que l d'inconnu. Or, si l'on a mesuré directement le diamètre de la goutte dans sa plus grande largeur, on en prendra la moitié pour la valeur de l; si ce diamètre n'est pas connu, mais que le poids de la goutte soit donné, et qu'on le représente par ϖ, on aura

$$\varpi = \pi g\rho' \left(\int_{-h}^{k+a'} t^2 dz' + \int_{-h-f}^{-h} t^2 dz_{,}\right);$$

il sera facile d'effectuer les intégrations indiquées, après avoir substitué les valeurs de dz' et $dz_{,}$, tirées des équations (g), (h), (l), relatives aux différentes parties de S' et S_1 : cette expression de ϖ servira ensuite à trouver la valeur de l.

Pour résoudre les équations d'où dépendent les valeurs numériques de h, k, f, l, il faudrait que celles des constantes a, a', a_1, ω, ω', fussent données. Les valeurs de a, a', ω, sont effectivement connues ; quant à celles de a_1 et ω', on pourrait les déterminer au moyen des équations qui doivent servir à trouver les valeurs de h et k, si ces distances avaient été mesurées directement pour une goutte d'une largeur connue.

(122). Dans toutes les questions dont nous nous sommes occupés dans ce chapitre, l'ordonnée verticale d'un point quelconque de la surface qu'il s'agissait de déterminer, ne dépendait que d'une seule variable, savoir, la distance à l'axe de figure, dans le cas d'une surface de révolution, ou la distance à un plan vertical, dans le cas d'un liquide contenu entre deux plans parallèles à celui-là. D'après cette circonstance, l'équation de la surface, qui est généralement aux différences partielles, se réduisait à une simple équation différentielle ; et, par différens procédés, il a été possible de la résoudre par approximation, ou même rigoureusement, dans le dernier de ces deux cas, au moyen des fonctions elliptiques. La solution devient beaucoup plus difficile, lorsque l'ordonnée verticale dépend de deux variables ; mais il y a des questions pour lesquelles la considération d'une surface de révolution fournit d'abord une approximation qu'on peut ensuite pousser aussi loin qu'il est nécessaire ; et, de cette manière, les solutions précédentes et celles du chapitre IV prennent une extension que nous avons déjà indiquée dans le n° 68, et dont nous allons donner un nouvel exemple.

Il s'agira de l'équilibre d'une goutte de liquide d'un volume peu étendu, contenue entre deux plans qui comprennent entre eux un très petit angle, et qui se coupent suivant une droite horizontale. Pour fixer les idées, je supposerai que la surface latérale du liquide soit concave en-dehors. Sa courbure étant plus grande du côté de l'intersection des deux plans que du côté opposé, la goutte tendra à se rapprocher de cette droite ; par conséquent, pour qu'elle demeure en équilibre, il faudra que cette tendance soit balancée par son poids ; ce qui exigera qu'elle soit au-dessous de cette intersection. Par cette droite, je mène un plan compris entre les deux plans donnés, et dont je déterminerai plus bas la direction. Il y aura un autre plan perpendiculaire à cette intersection, qui divisera la goutte en deux parties parfaitement égales. J'appellerai C le milieu du diamètre de la goutte suivant lequel ce plan vertical coupe le plan intermédiaire; et je prendrai ce point pour origine des coordonnées, et pour axes, la perpendiculaire à l'intersection des deux plans donnés, menée dans le plan intermédiaire, la parallèle à cette même intersection et la perpendiculaire au plan intermédiaire. Soient u, v, ζ, les trois coordonnées d'un point quelconque de la surface latérale de la goutte, respectivement parallèles à ces trois axes, et z l'ordonnée verticale du même point, comptée en sens contraire de la pesanteur et à partir du plan horizontal passant par le point C. Si l'on appelle θ l'angle aigu que fait le plan intermédiaire, c'est-à-dire le plan des u et v, avec ce plan horizontal, et si l'on suppose les ζ et les u positives dirigées vers le haut, comme les z positives, on aura

$$z = \zeta \cos\theta + u \sin\theta.$$

Cela posé, si l'on désigne par a^2 la constante relative à la matière du liquide, l'équation de sa surface latérale sera

$$\frac{1}{\lambda} + \frac{1}{\lambda'} + 6 = \frac{2}{a^2}(\zeta\cos\theta + u\sin\theta); \qquad (1)$$

6 étant une constante arbitraire, et λ et λ' représentant les deux rayons de courbure principaux. La quantité $\frac{1}{\lambda} + \frac{1}{\lambda'}$, exprimée au moyen des coordonnées u, v, ζ, aura pour valeur

$$\frac{1}{\lambda} + \frac{1}{\lambda'} = V^3\left[\left(1 + \frac{d\zeta^2}{dv^2}\right)\frac{d^2\zeta}{du^2} - 2\,\frac{d\zeta}{du}\,\frac{d\zeta}{dv}\,\frac{d^2\zeta}{du\,dv} + \left(1 + \frac{d\zeta^2}{du^2}\right)\frac{d^2\zeta}{dv^2}\right],$$

en faisant, pour abréger,

$$V = \left(1 + \frac{d\zeta^2}{du^2} + \frac{d\zeta^2}{dv^2}\right)^{-\frac{1}{2}},$$

et considérant V comme positif ou comme négatif, selon que la normale extérieure au liquide fera un angle aigu ou obtus avec la droite tirée suivant la direction des ζ positives.

Les cosinus des angles que fait cette normale avec les axes des u, v, ζ, seront

$$-V\frac{d\zeta}{du}, \quad -V\frac{d\zeta}{dv}, \quad V.$$

Si l'on désigne par α, α', α'', ceux des angles que font les mêmes axes, avec la perpendiculaire abaissée sur le plan supérieur et dirigée vers le haut, et par ω l'angle compris entre cette droite et la normale, on aura donc

$$\cos\omega = V\left(\alpha'' - \alpha\frac{d\zeta}{du} - \alpha'\frac{d\zeta}{dv}\right);$$

et en appelant i l'inclinaison du plan supérieur sur le plan des u et v, on aura, en même temps,

$$\alpha'' = \cos i, \quad \alpha = \sin i, \quad \alpha' = 0.$$

Pour tous les points du contour supérieur de la surface latérale, c'est-à-dire pour tous les points de l'intersection de cette surface et du plan supérieur, ω sera un angle constant et donné; et si nous représentons par c la distance du point C à l'intersection des deux plans donnés, nous aurons, par rapport à ce contour, les deux équations :

$$\left.\begin{aligned} \zeta &= (c-u)\,\text{tang}\, i, \\ \cos\omega &= V\left(\cos i - \frac{d\zeta}{du}\sin i\right), \end{aligned}\right\} \quad (2)$$

dont la première est l'équation du plan supérieur. Soit i' l'inclinaison du plan inférieur sur celui des u et v. Relativement au contour inférieur de la surface latérale, nous aurons de même

$$\left.\begin{aligned} \zeta &= -(c-u)\,\text{tang}\, i', \\ \cos\omega' &= -V\left(\cos i' + \frac{d\zeta}{du}\sin i'\right); \end{aligned}\right\} \quad (3)$$

ω' étant l'angle compris entre la normale extérieure au liquide et la perpendiculaire au plan inférieur, dirigée en-dehors de l'angle des deux plans. Les angles donnés ω et ω' seront obtus, parce qu'on a supposé la surface latérale concave en-dehors; on aura $\omega' = \omega$, si les deux plans sont de la même nature, et $\omega' = \omega = \pi$, s'ils ont été préalablement mouillés par le liquide.

(123). Maintenant, pour résoudre, par approximation, les équations (1), (2), (3), je supposerai que les dimensions de la goutte de liquide soient très petites par rapport à la constante a. Il en sera de même à l'égard des variables u et v; et l'on pourra exprimer la valeur de ζ par une série convergente, ordonnée suivant leurs puissances et leurs produits, c'est-à-dire par une série de cette forme :

$$\zeta = z' + \frac{1}{a^2}(pu + p'v) + \frac{1}{a^4}(qu^2 + q'uv + q''v^2) + \text{etc.},$$

dans laquelle z', p, p', q, etc., seront des fonctions de la distance d'un point quelconque à l'axe des ζ, que je représenterai par t, de sorte qu'on ait

$$u^2 + v^2 = t^2.$$

En substituant cette série dans l'équation (1), et égalant ensuite les termes de ses deux membres, semblables par rapport à u et v, on obtiendra une suite d'équations qui serviront à déterminer les inconnues z', p, p', q, etc. Mais nous bornerons l'approximation aux termes divisés par a^2 inclusivement ; et, de plus, nous ferons $p' = 0$, à cause que la variable v n'entre pas dans le second membre de l'équation (1). Nous aurons donc simplement

$$\zeta = z' + \frac{pu}{a^2}.$$

Pour faciliter la substitution de cette valeur de ζ, j'écris l'équation (1) sous la forme :

$$\frac{d.V\frac{d\zeta}{du}}{du} + \frac{d.V\frac{d\zeta}{dv}}{dv} + 6 = \frac{2}{a^2}(\zeta\cos\theta + u\sin\theta). \quad (4)$$

D'après l'expression de ζ, on a

$$\frac{d\zeta}{du} = \frac{dz'}{dt}\frac{u}{t} + \frac{1}{a^2}\left(\frac{dp}{dt}\frac{u^2}{t} + p\right),$$

$$\frac{d\zeta}{dv} = \frac{dz'}{dt}\frac{v}{t} + \frac{1}{a^2}\frac{dp}{dt}\frac{uv}{t}.$$

Si l'on désigne par V' ce que V devient quand on y met z' au lieu de ζ, on aura

$$\mathrm{V}' = \left(1 + \frac{dz'^2}{dt^2}\right)^{-\frac{1}{2}},$$

et ensuite

$$\mathrm{V} = \mathrm{V}' - \frac{1}{a^2}\mathrm{V}'^3 \frac{dz'}{dt}\left(\frac{dp}{dt} + \frac{p}{t}\right)u. \qquad (5)$$

Je substitue ces valeurs et celle de ζ dans l'équation (4); et en continuant de négliger les termes divisés par a^4, je trouve, après quelques réductions,

$$\frac{d.\mathrm{V}'\frac{dz'}{dt}}{dt} + \frac{1}{t}\mathrm{V}'\frac{dz'}{dt} + 6 + \left[\frac{d.\mathrm{V}'^3}{dt}\left(\frac{dp}{dt} + \frac{p}{t}\right) - \frac{\mathrm{V}'p}{t^2}\right.$$
$$\left. + \mathrm{V}'^3\left(\frac{d^2p}{dt^2} + \frac{3}{t}\frac{dp}{dt} + \frac{p}{t^2}\right)\right]\frac{u}{a^2} = \frac{2}{a^2}(z'\cos\theta + u\sin\theta);$$

équation qui se décompose en deux autres, savoir :

$$\left.\begin{array}{l} \dfrac{\dfrac{d^2z'}{dt^2} + \dfrac{1}{t}\left(1 + \dfrac{dz'^2}{dt^2}\right)\dfrac{dz'}{dt}}{\left(1 + \dfrac{dz'^2}{dt^2}\right)^{\frac{3}{2}}} + 6 = \dfrac{2z'\cos\theta}{a^2}, \\ \dfrac{d.\mathrm{V}'^3}{dt}\left(\dfrac{dp}{dt} + \dfrac{p}{t}\right) - \dfrac{\mathrm{V}'p}{t^2} + \mathrm{V}'^3\left(\dfrac{d^2p}{dt^2} + \dfrac{3}{t}\dfrac{dp}{dt} + \dfrac{p}{t^2}\right) = 2\sin\theta. \end{array}\right\} \qquad (6)$$

La première de ces deux équations est celle qui répond à la surface de révolution. Elle se résoudra par l'analyse du nº 102; et quand z' aura été déterminé en fonction de t, la seconde équation (6) fera connaître la valeur de p.

(124). Je supposerai que la largeur de la goutte soit très grande relativement à son épaisseur; et cela étant, je ferai, comme dans le numéro cité,

$$t = h + t', \qquad 6 = -\frac{1}{2\gamma};$$

h étant la valeur particulière de t pour laquelle on a $t' = 0$, et γ une autre constante très petite par rapport à h. La variable t' sera aussi très petite; l'expression de z' aura $\sqrt{2\gamma t' - t'^2}$ pour premier terme, et l'on pourra la représenter par

$$z' = \sqrt{2\gamma t' - t'^2} + \varphi,$$

en désignant par φ une fonction de t' très petite à l'égard de ce premier terme, qui s'évanouira pour $t' = 0$. Cette quantité φ renfermera, en outre, dans son expression, les constantes arbitraires h et γ, et la quantité $\frac{a^2}{\cos\theta}$ au lieu de la constante a^2 du n° 102. On en déterminerait facilement la valeur approchée, si l'on avait besoin de la connaître.

L'inconnue p étant divisée par a^2 dans la valeur de ζ, il suffira de substituer le premier terme de z' dans la seconde équation (6), d'où cette inconnue dépend; et d'après le n° 102, on y fera, en même temps,

$$V' = -\frac{1}{\gamma}\sqrt{2\gamma t' - t'^2}.$$

Cette équation ne pourra s'intégrer que par approximation; la quantité p qui s'en déduira sera très petite par rapport à t^2; en négligeant le terme $-\frac{V'p}{t^2}$ du premier membre, à cause de son diviseur t^2, et la multipliant ensuite par t^2dt, elle devient

$$d\left[\left(\frac{dp}{dt} + \frac{p}{t}\right)V'^3t^2\right] = 2t^2 \sin\theta dt;$$

ce qui donne, par une première intégration,

$$\left(\frac{dp}{dt} + \frac{p}{t}\right)V'^3t^2 = \frac{2}{3}t^3 \sin\theta + n;$$

n désignant la constante arbitraire. Pour que la valeur de p qu'on en tirera ne devienne pas infinie quand $t' = 0$, il faut que le second terme de cette équation s'évanouisse avec t', et qu'on ait, par conséquent, $n = -\frac{2}{3}h^3$; on aura donc

$$\frac{d.tp}{dt} = \frac{2}{3}\,\frac{(t^3 - h^3)\sin\theta}{tV'^3} = -\frac{2h\gamma^3t'\sin\theta}{(2\gamma t' - t'^2)^{\frac{3}{2}}},$$

en négligeant le carré de t'. J'intègre de nouveau, et en désignant par n' la constante arbitraire, il vient

$$tp = -\frac{2h\gamma^2 t' \sin\theta}{\sqrt{2\gamma t' - t'^2}} + \eta'.$$

Mais le point C étant supposé le milieu du diamètre de la goutte situé sur l'axe des u, il s'ensuit qu'on doit avoir $\eta' = 0$. En effet, le contour de la section de la goutte par le plan des u et v a pour équation

$$z' + \frac{pu}{a^2} = 0;$$

d'après les expressions de z' et p, on en déduit, à très peu près,

$$t = h + t' = h + \frac{\eta'^2 u^2}{2\gamma h^2 a^4};$$

et, à cause de $t^2 = u^2 + v^2$, les deux valeurs de u qui répondent à $v = 0$ seront aussi, à très peu près,

$$u = \pm h + \frac{\eta'^2}{2\gamma a^4}:$$

pour qu'elles soient égales et de signes contraires, il faudra donc qu'on ait $\eta' = 0$. Cela étant, nous aurons

$$p = -\frac{2\gamma^2 t' \sin\theta}{\sqrt{2\gamma t' - t'^2}},$$

pour la valeur approchée de p, et

$$\zeta = \sqrt{2\gamma t' - t'^2} + \varphi - \frac{2\gamma^2 t' u \sin\theta}{a^2\sqrt{2\gamma t' - t'^2}}, \qquad (7)$$

pour celle de ζ, à laquelle nous nous arrêterons.

Pour que la position et la figure de la goutte soient entièrement connues, il restera encore à déterminer les deux constantes h et γ, la direction du plan à partir duquel cette ordonnée ζ est comptée, c'est-à-dire l'un des deux angles i et i' dont la somme, seulement, est connue et égale à l'angle des deux plans donnés, et, enfin, la distance c du milieu C de la goutte à l'intersection de ces deux plans. Cette distance est surtout importante à connaître, parce que sa valeur peut être mesurée directement, et qu'il en pourra résulter une nouvelle vérification de la théorie. Sa détermination ne dépendant pas, comme on va le voir, du second terme de ζ, c'est pour cela que nous l'avons représenté par φ, et que nous nous sommes dispensés d'en calculer la valeur.

(125). Après qu'on y aura substitué la valeur de ζ, l'une des équations (2), la première, par exemple, sera l'équation du contour supérieur du liquide; elle déterminera t en fonction de u; et, ensuite, la seconde devra être identique par rapport à u. Cette première équation devient

$$\sqrt{2\gamma t' - t'^2} + \varphi + \frac{pu}{a^2} = (c - u) \tang i. \qquad (8)$$

L'angle i étant très petit, par hypothèse, il suffira de mettre le premier terme de la formule (5) à la place de V, et celui de la formule (7) au lieu de ζ, dans la partie de la seconde équation (2) qui renferme le facteur sin i; de cette manière, on aura d'abord

$$\cos \omega = \mathrm{V} \cos i - \frac{\mathrm{V}'(\gamma - t')\, u \sin i}{t\sqrt{2\gamma t' - t'^2}},$$

ou, ce qui est la même chose,

$$\cos \omega = \mathrm{V}' \cos i - \frac{\mathrm{V}'^3(\gamma - t')\, u \cos i}{a^2 t\sqrt{2\gamma t' - t'^2}}\, \frac{d.tp}{dt} - \frac{\mathrm{V}'(\gamma - t')\, u \sin i}{t\sqrt{2\gamma t' - t'^2}},$$

en négligeant, à cause de la petitesse de φ, un terme qui aurait $\frac{1}{a^2}\frac{d\varphi}{dt}$ pour facteur. En vertu de l'équation (8), on aura

$$\mathrm{V}' = -\frac{1}{\gamma}\sqrt{2\gamma t' - t'^2} = -\frac{c \tang i}{\gamma} + \frac{\varphi}{\gamma} + \frac{pu}{a^2\gamma} + \frac{u \tang i}{\gamma},$$

au moyen de quoi l'équation précédente se changera en celle-ci:

$$\cos \omega + \frac{c \sin i}{\gamma} - \frac{\varphi \cos i}{\gamma} - \left(\frac{h+\gamma}{h+t'} - \frac{2c\gamma \sin \theta}{a^2}\right) \frac{u \sin i}{\gamma} = 0,$$

en ayant égard aux valeurs de p et de $\frac{d.tp}{dt}$, et mettant h et c au lieu de t et $c - u$ dans les termes divisés par a^2. D'ailleurs, à cause que γ et t' sont très petits par rapport à h, on peut réduire à l'unité le premier terme de la quantité comprise entre les parenthèses; égalant ensuite séparément à zéro le terme indépendant de u et le coefficient de u dans cette dernière équation, nous aurons

$$\left.\begin{aligned} \cos\omega + \frac{c\sin i}{\gamma} &= 0, \\ a^2 - 2c\gamma\sin\theta &= 0, \end{aligned}\right\} \quad (9)$$

en négligeant la fraction très petite $\frac{\varphi}{\gamma}$.

Les équations qu'on obtiendra de la même manière, en partant des équations (3), se déduiront des précédentes, en y changeant ω et i en ω' et i'. La seconde équation ne changera pas, et la première deviendra

$$\cos\omega' + \frac{c\sin i'}{\gamma} = 0;$$

et, à cause que la somme des angles i et i' est donnée, ces équations suffiront pour déterminer ces angles et les deux constantes c et γ. Enfin, si l'on désigne par $\pi\epsilon^3$ le volume de la goutte, on aura, à très peu près,

$$h^2(c\sin i + c\sin i') = \epsilon^3,$$

pour déterminer la constante h.

Si les deux plans qui comprennent la goutte de liquide sont de la même nature, on aura $\omega' = \omega$ et $i' = i$; l'angle i sera la moitié de l'angle donné que font ces deux plans; et l'inclinaison θ du plan intermédiaire sur un plan horizontal, sera déterminée par l'équation

$$\sin\theta = -\frac{a^2\cos\omega}{2c^2\sin i}, \qquad (10)$$

que l'on obtient en éliminant γ entre les équations (9). En comparant cette formule à celle du n° 68, désignant par θ' l'inclinaison de l'axe du cône que celle-ci détermine, et la réduisant à son premier terme, on en conclura

$$\sin\theta = \frac{1}{2}\sin\theta',$$

toutes choses d'ailleurs égales, c'est-à-dire en supposant qu'il s'agisse d'un même liquide et de parois de la même nature, que l'angle compris entre chaque plan donné et le plan intermédiaire soit égal à celui que fait chaque arète du cône avec son axe, et que la distance du milieu de la goutte au sommet du cône, soit la même que sa distance à l'intersection des deux plans donnés.

Dans les applications qu'on pourra faire de la formule (10), on ne devra pas oublier qu'elle suppose très petit l'angle des deux plans donnés, l'épaisseur de la goutte aussi très petite par rapport à sa largeur, et cette largeur elle-même très petite, soit par rapport à la distance du milieu de la goutte à l'intersection des deux plans donnés, soit à l'égard de la constante a relative à la matière du liquide.

(126). Lorsque les deux plans donnés auront été préalablement mouillés par le liquide dans toute leur étendue, on aura $\omega = \pi$, et, par conséquent,

$$\sin\theta = \frac{a^2}{2c^2 \sin i}. \qquad (11)$$

Dans ce cas, l'angle θ a été mesuré avec soin par Hauksbée, pour différentes valeurs de c (*). Mais, malheureusement, il paraît que les dimensions de la goutte de liquide ne satisfaisaient pas aux conditions que cette formule suppose; car, pour chaque valeur de c, elle donne un angle θ plus que double de celui qui a été mesuré.

En effet, dans l'appareil d'Hauksbée, on avait

$$2 \sin i = \frac{1}{320}.$$

Le liquide était l'huile d'orange. Or, M. Gay-Lussac a trouvé qu'à la température de $15°,5$, ce liquide s'élève à $10^{mm},4$ au-dessus de son niveau dans un tube dont le diamètre est $1^{mm},296$, et qui a été mouillé préalablement par ce même liquide. On en conclut (n° 56)

$$a^2 = (6,8740) \text{ millimètres carrés.}$$

Je prendrai pour unité le pouce anglais, dont la longueur est $25^{mm},3918$; il en résultera

(*) Supplément au livre X de la *Mécanique céleste*, page 55.

$$a^2 = 0{,}010662, \qquad a = 0{,}10325,$$

et, par conséquent,

$$\sin\theta = \frac{3{,}4117}{c^2};$$

la distance c étant aussi exprimée en pouces anglais. Or, si l'on fait successivement $c = 18$, $c = 10$, $c = 2$, qui sont la plus grande, la moyenne et la plus petite des distances pour lesquelles Hauksbée a mesuré l'angle θ, cette formule donne

$$\theta = 0^\circ\, 58'\, 12'', \qquad \theta = 1^\circ\, 57'\, 20'', \qquad \theta = 58^\circ\, 32',$$

et, suivant l'observation, on a seulement

$$\theta = 9'\, 38'', \qquad \theta = 54'\, 38'', \qquad \theta = 21^\circ\, 54'\, 38''.$$

Mais Hauksbée n'a pas fait connaître la largeur de la goutte liquide; et la constante a n'étant que d'un dixième de pouce, il y a lieu de croire que le rayon de la goutte n'était pas à la fois très petit par rapport à a et très grand par rapport à sa demi-épaisseur qui surpassait la moitié de a dans le cas de $c = 18$. Il faut remarquer que le physicien anglais dit qu'à mesure que la goutte s'approchait de l'intersection des deux plans, elle devenait de plus en plus oblongue; circonstance qui n'aurait pas lieu si la largeur de la goutte satisfaisait à la double condition que notre analyse suppose; car alors, en vertu de l'équation (7), la goutte serait toujours à très peu près circulaire. La discordance des valeurs de θ observées et calculées, ne prouve donc rien contre la théorie; et je ne doute pas que si l'on répétait l'expérience d'Hauksbée sur des gouttes de liquide d'un rayon aussi petit qu'il serait possible par rapport à a, et d'une épaisseur encore plus petite, l'angle qu'on observerait ne s'accordât avec celui qui serait donné par la formule (11). Dans cette expérience, il serait préférable d'employer l'eau, qui est le fluide pour lequel la constante a est la plus grande.

La formule de la *Mécanique céleste* que l'auteur a comparée aux observations d'Hauksbée, est la même que la formule (11). Cependant, les différences qu'il a trouvées entre le calcul et l'expérience s'élèvent une seule fois à 3°, et sont généralement beaucoup moindres. Elles sont encore trop grandes pour être attribuées aux erreurs des observations; mais, de plus, Laplace a fait usage, pour déterminer la constante a^2, d'une élévation de l'huile d'orange, dans un tube capillaire, qui n'est pas moitié de celle que j'ai employée, d'après l'expérience de M. Gay-Lussac; et c'est pour cette raison qu'il n'a pas obtenu, comme moi, des valeurs de θ plus que doubles de celles qu'Hauksbée a trouvées. Cette élévation de l'huile d'orange avait été mesurée, par Haüy, sans avoir préalablement mouillé le tube avec ce liquide, dans toute sa longueur; et l'on sait que, faute d'avoir pris cette précaution, les élévations de différens liquides qu'Haüy a mesurées, sont trop petites de plus de moitié. Hauksbée avait eu soin de frotter d'abord avec de l'huile d'orange les deux plans de verre qui formaient son appareil; il fallait donc, pour calculer les inclinaisons correspondantes à celles qu'il a mesurées, faire usage de l'ascension d'un liquide dans un tube mouillé par ce même liquide, comme celui dont M. Gay-Lussac s'est servi.

(127). On admet, comme un résultat de l'expérience, que quand on incline un tube capillaire plongé dans un liquide, l'élévation, positive ou négative, de ce liquide au-dessus de son niveau extérieur, reste constamment la même; mais cela n'a lieu que par approximation, et seulement à l'égard de la partie principale de cette élévation, qui est en raison inverse du diamètre du tube.

En effet, supposons que la surface intérieure du tube soit celle d'un cylindre à base circulaire; appelons θ le complément de l'angle aigu que fait son axe avec un plan horizontal; prenons pour origine des coordonnées le point où cette droite rencontre le plan du niveau extérieur; par ce point, menons un plan perpendiculaire à cette droite, et désignons par ζ, v, u, les trois coordonnées d'un point quelconque de la surface capillaire, respectivement parallèles à l'axe du cylindre, à l'intersection du plan perpendiculaire et du niveau extérieur, et à un troisième axe perpendiculaire aux deux premiers. Si nous désignons par z l'ordonnée verticale du même point, comptée en sens contraire de la pesanteur, à partir du niveau du liquide, nous aurons

$$z = \zeta \cos\theta + u \sin\theta;$$

en supposant que les ζ et les u positives soient aussi dirigées vers le haut. L'équation de la surface capillaire sera l'équation (1) du n° 122, dans laquelle on fera $6 = 0$; et si l'on suppose le rayon du tube très petit par rapport à la constante a, relative à la matière du liquide, la valeur de ζ pourra s'exprimer par la série convergente du n° 123; d'où l'on conclut, sans aucun calcul, qu'en négligeant les termes divisés par a^2, cette quantité ζ sera la même que si la surface du liquide était une surface de révolution qui eût pour axe celui du cylindre, et qu'en même temps la constante a^2 fût remplacée par $\frac{a^2}{\cos\theta}$. Il résulte de là que si l'on fait

$$u^2 + v^2 = t^2,$$

on aura la valeur approchée de ζ en fonction de t, en mettant $\frac{a^2}{\cos\theta}$ à la place de a^2 dans les formules du n° 54, et négligeant les termes divisés par a^2; ce qui donne

$$\zeta = -\frac{ba^2}{\alpha\cos\theta} - \frac{2\alpha}{3b^3} + \frac{2\alpha(1-b^2)^{\frac{3}{2}}}{3b^3} + \frac{1}{b}\sqrt{\alpha^2 - b^2t^2},$$

où l'on représente par α le rayon du tube, et par b le cosinus de l'angle que nous avons désigné précédemment par ω, et où l'on regardera les radicaux comme des quantités positives. En substituant cette valeur de ζ dans celle de z, on aura l'élévation de la surface capillaire au-dessus du niveau du liquide; et l'on voit qu'il n'y aura que le premier terme de la valeur de z qui sera indépendant de l'angle θ.

Dans le cas le plus ordinaire, où le tube est mouillé dans toute sa longueur par le liquide, et où l'on a $\omega = \pi$, cette valeur de z est

$$z = \frac{a^2}{\alpha} + \frac{2\alpha\cos\theta}{3} - \sqrt{\alpha^2 - t^2}\cos\theta + u\sin\theta.$$

Si l'on appelle h l'ordonnée du point le plus bas de la surface du liquide, et qu'on fasse

$$\frac{dz}{dv} = 0, \quad \frac{dz}{du} = 0,$$

pour déterminer les valeurs correspondantes de u et v, on trouve

$$v = 0, \quad u = -\alpha \sin \theta, \quad h = \frac{a^2}{\alpha} - \alpha + \frac{2\alpha \cos \theta}{3}.$$

A raison de ce dernier terme, la hauteur h diminue donc un peu quand l'angle θ augmente, c'est-à-dire quand l'axe du tube s'écarte de la direction verticale. Les observations de ce genre sont assez précises pour rendre sensible cette diminution. Quant au volume du liquide contenu dans le tube au-dessus de son niveau extérieur, il augmente avec l'inclinaison, et suit la raison inverse du cosinus de cet angle, d'après ce qu'on a vu dans le n° 36.

CHAPITRE VII.

Notes et Additions.

(128). Quoique les principes sur lesquels est fondée la théorie qui fait l'objet de cet ouvrage diffèrent essentiellement de ceux de la *Mécanique céleste*, cependant nous avons obtenu des équations de la même forme que celles que Laplace a données, soit pour la surface capillaire, soit pour son contour tracé à des distances des parois du tube, insensibles, mais plus grandes que le rayon d'activité moléculaire. A la vérité, nous n'avons pas trouvé les mêmes expressions en intégrales définies, des constantes spéciales que ces équations renferment; mais il n'en peut résulter aucune différence dans les conséquences qui s'en déduisent, parce que les lois des forces moléculaires n'étant pas connues, on ne saurait calculer, *à priori*, les valeurs numériques de ces constantes qui ne peuvent être données que par l'observation. Il n'en est pas de même à l'égard de la pression exercée par un liquide sur la surface d'un corps solide, contre lequel il s'appuie, ou, plus exactement, sur une surface tracée à distance insensible de celle de ce corps. J'ai calculé directement la pression verticale sur un corps plongé en partie dans un liquide, que l'on s'était contenté, jusqu'ici, de conclure d'une considération indirecte, mais exacte (n° 83). J'ai calculé de même la pression horizontale; mais la valeur que j'ai obtenue ne s'accorde pas avec celle que Laplace avait donnée (n° 85). D'après celle-ci, la pression horizontale serait différente sur les deux faces parallèles d'une lame verticale, d'une très grande largeur, lorsqu'une de ces faces est mouillée, dans toute sa hauteur, par le liquide, et que l'autre ne l'est pas, ou, généralement, lorsqu'elles ne sont point l'une et l'autre de la même nature. Il résulterait de cette différence de pression, qu'un corps isolé, flottant à la surface indéfinie d'un liquide, y pourrait prendre un mouvement horizontal et perpétuel, qui serait dû à l'action mutuelle des points du liquide et des points du corps ; ce qui paraît difficile à admettre, quoique, dans ce mouvement, le centre de gravité du système entier ne soit pas déplacé. Je trouve cette remarque dans une lettre que Th. Young m'avait écrite, il y a plusieurs années. Il en faisait une objection, sur laquelle il insistait beaucoup, contre la théorie de Laplace ; mais elle n'aurait pas lieu contre la nôtre ; car d'après la formule du n° 85, relative à la pression horizontale, cette force est la même sur les deux faces d'une lame isolée, soit qu'elles soient de même nature ou de nature différente (n° 96), et, conséquemment, ce corps ne peut prendre aucun mouvement de translation à la surface du liquide. Quand il y a deux lames verticales et parallèles qui flottent à cette surface, et sont peu éloignées l'une de l'autre, la force qui tend à les rapprocher ou à les éloigner davantage ne dépend que de l'état de leurs faces internes ; elle est toujours attractive quand ces deux faces sont de la même nature : lorsqu'elles sont de nature différente, c'est-à-dire lorsque le liquide s'élève le long de l'une et s'abaisse le long de l'autre, j'ai fait voir qu'il peut prendre deux figures distinctes d'équilibre, et que, pour l'une, la force dont il s'agit est répulsive à toute distance, tandis que pour l'autre, elle devient attractive quand la distance est tombée au-dessous d'une certaine limite. Ce second état d'équilibre fournit la véritable explication du phénomène observé par Haüy sur une lame d'ivoire et une lame de talc laminaire (n° 100). Dans aucun cas, une ou plusieurs lames flottantes ne pourront être transportées toutes d'un même côté.

On a vu que je m'écarte aussi de la *Mécanique céleste*, en ce qui concerne l'explication des phénomènes qui ont lieu quand le liquide atteint l'extrémité supérieure du tube. La démonstration que Laplace avait donnée de l'invariabilité de l'angle compris entre les normales à la surface du liquide et à celle du tube, menées par chaque point situé à une distance insensible de leur commune intersection, n'a pas paru satisfaisante ; et M. Gauss en a donné une autre très élégante, et qui ne laisse rien à désirer, lorsqu'on fait abstraction de la variation de densité du liquide près de sa surface et près de celle du tube. En ayant égard à cette variation, dont la loi est inconnue, j'ai démontré la même proposition, dans le chapitre III, d'une manière qui, je crois, ne peut laisser aucun doute. L'invariabilité de l'angle des deux normales, que j'ai appelé ω, exige seulement que la courbure du tube ne soit pas extrêmement grande, ou, autrement dit, que son rayon osculateur ne soit pas insensible et du même ordre que le rayon d'activité moléculaire. Cependant, Laplace supposait que cet angle change de grandeur, lorsque le liquide atteint l'extrémité du tube; ce qui est inadmissible; car l'arète qui termine la surface intérieure du tube a toujours un rayon incomparablement plus grand que le rayon d'activité des molécules. Mais l'angle qui entre dans les formules relatives à l'élévation et à la courbure de la surface du liquide, est celui que fait la normale à cette surface avec un plan horizontal, lequel angle est égal à ω, augmenté d'un autre angle i compris entre la normale à la surface du tube et ce dernier plan. Or, l'angle i variant le long de l'arète du tube, il en résulte que quand le liquide a atteint cette arète, la courbure de la surface du liquide et l'élévation de son sommet peuvent aussi varier, conformément à l'observation, sans que l'angle ω éprouve aucun changement. La considération de cet angle i est également indispensable, lorsqu'on veut déterminer le poids nécessaire pour détacher un disque solide de la surface d'un liquide, l'une des questions les plus intéressantes de cette théorie, que l'on n'avait pas, ce me semble, considérée sous son véritable point de vue. En effet, le disque et le liquide étant soulevés graduellement par un poids qui croît par petites parties, ce poids et la hauteur correspondante du liquide sont, à chaque instant, des fonctions de l'angle i qui représente l'inclinaison de la normale à la surface de l'arète du disque sur un plan horizontal; c'est lorsque ces fonctions atteignent leur *maximum* par rapport à i, que le disque se détache du liquide; et il en résulte la condition d'après laquelle on détermine la grandeur du poids propre à opérer la séparation du disque et du liquide.

Enfin, indépendamment de ces considérations délicates, qui ont pour objet de rectifier, en plusieurs points, la théorie de l'action capillaire, et des principes nouveaux sur lesquels j'ai proposé de l'établir, le chapitre précédent renferme les solutions de deux problèmes dont on ne s'était point encore occupé. L'un se rapporte à la figure d'un liquide versé sur un liquide plus pesant; l'autre est relatif à l'adhésion d'un cylindre capillaire à un liquide, question analogue à celle de l'adhésion d'un disque, d'une grande largeur, mais qui se résout par une analyse toute différente.

On trouvera dans les notes suivantes quelques développemens qui m'ont paru utiles, et des expériences que l'on m'a communiquées pendant l'impression de cet ouvrage.

---

§ Ier. *Constitution intime des corps, et particulièrement des fluides; nature des forces moléculaires.*

(129). Les corps sont formés de *molécules* disjointes, c'est-à-dire de portions de matière pondérable, d'une grandeur insensible, séparées par des espaces vides, ou des *pores*, dont les dimensions sont aussi imperceptibles à nos sens. Indépendamment de la matière pondérable qu'elle renferme, on suppose que chaque molécule contient, en outre, une quantité variable d'une substance impondérable, ou dont le poids ne peut être rendu sensible, que l'on appelle le *calorique*, et qui est le principe de la chaleur.

Toutes les parties de la matière sont soumises à deux sortes d'actions mutuelles. L'une de ces forces est attractive, indépendante de la nature des corps ou de leurs molécules, proportionnelle au produit des masses, et en raison inverse du carré des distances; elle s'étend indéfiniment dans l'espace, et produit la pesanteur universelle et tous les phénomènes qui sont du ressort de la mécanique céleste. L'autre est en partie attractive et en partie répulsive; elle dépend de la nature des molécules et de leur quantité de calorique. On attribue la partie attractive à la matière pondérable, et la partie répulsive au calorique; et, en effet, celle-ci change d'intensité, quoique le poids des molécules n'ait pas changé. L'excès de l'une sur l'autre est ce qu'on appelle proprement la *force moléculaire*. Elle tend à rapprocher ou à écarter les molécules, selon que l'action de la matière pondérable est plus grande ou moindre que l'action calorifique. Son intensité décroît très rapidement quand la distance des molécules augmente, et devient tout-à-fait insensible, dès que cette distance a acquis une grandeur sensible.

La résultante des forces moléculaires dans laquelle la répulsion du calorique est généralement prépondérante, produit la pression des fluides sur eux-mêmes et sur les corps solides, et la résistance que ces corps opposent aux fluides. Tous les phénomènes de la capillarité dérivent aussi des forces moléculaires; mais ils répondent à une partie de leur résultante, différente de la pression, et dans laquelle, au contraire, c'est toujours l'attraction qui prédomine. Cette partie de la résultante dépend, comme on l'a vu dans cet ouvrage, de la figure du liquide et de la variation rapide de densité qu'il éprouve près de sa surface et près de celle du corps contre lequel il s'appuie. L'agrégation des différentes parties dans les corps solides et la forme régulière des corps cristallisés sont dues à la portion de la force moléculaire qui dépend de la forme et de la situation relative des molécules. Cette force tout entière, modifiée par l'état électrique des molécules, est la cause générale des affinités chimiques.

Indépendamment de la pesanteur universelle et de la force moléculaire, telle qu'on vient de la définir, il existe dans la nature des forces particulières, savoir, les actions électriques ou magnétiques, et peut-être d'autres encore. Ces forces sont attractives ou répulsives, et suivent, comme l'attraction newtonienne, la raison inverse du carré des distances. Cette loi est prouvée par les expériences directes de Coulomb et par l'accord qui existe entre l'observation et le calcul fondé sur cette même loi, relativement à la distribution du fluide électrique ou magnétique, déterminée par l'expérience ou par l'analyse mathématique. Il y a donc lieu de croire que, soit pour les substances impondérables, soit pour les parties des corps dont le poids est sensible, il n'existe que deux lois différentes de décroissement des forces naturelles, l'une en raison inverse du carré des distances, l'autre suivant une fonction qui n'a de valeurs sensibles que pour des distances insensibles. De plus, pour toutes ces forces, la réaction d'une molécule sur une autre est toujours égale et contraire à l'action de la seconde molécule sur la première. On doit admettre ce principe comme une loi universelle de la nature, que personne ne conteste, mais qu'il ne serait pas possible de démontrer par le simple raisonnement; car il n'y a, *à priori*, aucune raison pour qu'une portion de la matière ne puisse pas être attirée ou repoussée par une autre, sans que la première attire ou repousse également la seconde.

Ainsi, tous les mouvemens que nous observons, nous devons les attribuer à des forces d'attraction ou de répulsion, pour lesquelles l'action est égale à la réaction, et qui varient avec les distances, suivant une des deux lois précédentes. Les vibrations des corps élastiques et la communication du mouvement, soit par le choc, soit par la pression, résultent de la force qui n'est sensible qu'à des distances insensibles, c'est-à-dire de la force moléculaire. Nous ignorons si les mouvemens volontaires sont dus à cette cause, ou bien à une force analogue à celle qui émane de l'électricité en repos ou en mouvement, ou même tout-à-fait identique; nous ignorons de même comment la volonté met les différentes parties d'un muscle dans un état d'attraction ou de répulsion mutuelle : mais quand ce muscle s'étend ou se replie, nous pouvons assurer que ce mouvement est dû à des forces variables avec la distance, et soumises à la loi de l'action égale à la réaction; car, sans cette dernière condition, les animaux auraient la faculté de déplacer leur centre de gravité sans le secours d'un appui extérieur et d'aucune force étrangère.

(130). Il importe au progrès des sciences que la Mécanique rationnelle ne soit plus maintenant une science abstraite, fondée sur des définitions relatives à un état imaginaire des corps. Les lois de l'équilibre et du mouvement des différentes sortes de corps doivent être déduites de la considération des forces moléculaires; et c'est, en effet, ce que je me suis proposé dans mon Mémoire sur l'*Équilibre et le Mouvement des Corps élastiques et des fluides*, qui fait partie du 20e cahier de l'École Polytechnique. Mais pour appliquer à ces forces l'analyse mathématique, les notions générales qu'on vient de rappeler seraient insuffisantes, et il est nécessaire d'entrer, à ce sujet, dans des détails plus précis.

Les molécules des corps sont si petites et si rapprochées les unes des autres, qu'une portion d'un corps qui en renferme plusieurs myriades, peut encore être supposée extrêmement petite, et la grandeur de son volume insensible. Cela étant, si d'un point M comme centre et d'un rayon insensible, on décrit une sphère dans l'intérieur d'un corps, qui comprenne un nombre extrêmement grand de ses molécules; si l'on désigne par μ la somme de ses masses, par v son volume, et qu'on fasse

$$\frac{\mu}{v} = \rho,$$

ce rapport ρ est ce qu'on appelle la *densité* du corps au point M, quelle que soit d'ailleurs l'inégalité de masse des molécules et leur distribution régulière ou irrégulière dans l'étendue de v. De même, en désignant par n le nombre de molécules que v renferme, et faisant

$$\frac{v}{n} = \varepsilon^3,$$

cette ligne ε, de grandeur insensible, est ce que j'ai appelé l'*intervalle moyen* des molécules qui répond au point M et à la densité ρ.

Soient m et m' les masses de deux molécules voisines, c et c' leurs quantités de calorique, M et M' leurs centres de gravité, et r la distance MM'; et considérons l'action mutuelle de ces deux molécules. Supposons d'abord leurs dimensions très petites par rapport à l'intervalle qui les sépare. L'action dont il s'agit se réduira alors à une force unique, dirigée suivant la droite MM', et dont l'intensité sera une fonction de r, que nous représenterons par R; en même temps, leur répulsion mutuelle sera proportionnelle au produit de c et c', et leur attraction au produit de m et m'. En considérant la force R comme positive ou comme négative, selon qu'elle tendra à augmenter ou à diminer la distance r, sa valeur sera l'excès de la répulsion sur l'attraction; et si l'on suppose que l'attraction réciproque de la matière pondérable et du calorique, qui retient celui-ci dans chaque molécule, s'étend au-dehors, il faudra retrancher de cet excès l'attraction du calorique attaché à m' sur la matière de m, et celle de la matière de m' sur le calorique attaché à m, lesquelles forces seront proportionnelles, la première au produit mc', et la seconde à $m'c$. De cette manière, la valeur complète de R sera

$$R = cc'\gamma - mm'\alpha - mc'\beta - m'c\beta' ;$$

les coefficiens γ, α, β, β', étant des quantités positives. Le premier sera indépendant de la nature de m et de celle de m', le second dépendra de l'une et de l'autre, le troisième ne dépendra que de la nature de m, et le quatrième de celle de m'.

En réunissant ces trois derniers termes en un seul, on pourra écrire la valeur de R sous la forme :

$$R = Fr - fr.$$

Chacune des deux fonctions Fr et fr n'aura que des valeurs positives; et si l'on fait abstraction de l'attraction en raison inverse du carré des distances, qui n'a aucune influence sensible sur les phénomènes dépendans de la force moléculaire proprement dite, ces valeurs décroîtront très rapidement et sans alternative, à mesure que la variable r augmentera, et elles deviendront insensibles pour toute valeur sensible de r. Pour une certaine valeur de cette distance, on pourra avoir $Fr = fr$ et $R = 0$; le signe de R sera différent en-deçà et au-delà, soit que la répulsion Fr l'emporte d'abord sur l'attraction fr, soit que le contraire ait lieu à l'égard de ces deux forces.

Lorsque les deux molécules m et m' ne seront pas assez éloignées l'une de l'autre pour que leur forme n'ait aucune influence sur leur action mutuelle, cette action ne sera plus dirigée nécessairement suivant la droite MM', et il pourra même arriver qu'elle ne se réduise pas à une seule force. Ses composantes seront toujours des fonctions de r, qui n'auront de valeurs sensibles que pour les valeurs insensibles de cette variable; mais elles dépendront, en outre, des angles qui déterminent la direction de la droite MM' par rapport à des sections déterminées de m et m'; en sorte qu'elles varieront, si l'une des molécules vient à tourner autour de l'autre, ou sur elle-même, sans que la distance r de leurs centres de gravité ait changé. Ce cas général est celui des corps solides; le cas particulier, dans lequel l'action moléculaire se réduit à la force R, a lieu dans les fluides; ce qui peut provenir de la distance de leurs molécules, qui serait plus grande que dans les solides, ou de ce qu'elles s'écarteraient moins de la forme sphérique.

Pour former les équations de l'équilibre des corps solides et des liquides, il n'est pas nécessaire de calculer la force totale qui agit sur une molécule isolée. Ces équations et les pressions intérieures ne dépendent que de la résultante des actions qui ont lieu entre deux parties du corps, de grandeur insensible, mais qui comprennent, l'une et l'autre, un nombre extrêmement grand de molécules; leur distribution, dans chacune des deux parties du corps, nous est entièrement inconnue; et il y a lieu de croire qu'elle n'affecte aucune sorte de régularité, soit dans un fluide, soit dans un solide non cristallisé et qui n'est pas comprimé, par des forces étrangères, dans un sens plutôt que dans un autre; mais, si l'on suppose que la sphère d'activité de chaque molécule, quoique son rayon soit insensible, s'étende néanmoins à un nombre extrêmement grand des molécules circonvoisines, la résultante dont il est question sera une fonction de l'intervalle moyen ϵ, déterminée et indépendante des irrégularités de leur distribution. C'est sur cette hypothèse qu'est fondé essentiellement le calcul des forces moléculaires; on peut l'admettre comme étant conforme à la nature, et l'on y est conduit en considérant l'influence des masses dans les phénomènes qui sont du ressort de la Chimie. Dans le cas d'un corps solide comprimé par des forces étrangères, dont il ne s'agit pas dans cet ouvrage, l'action d'une partie du corps sur une autre dépend, en grandeur et en direction, du sens de la compression, et dans le cas d'un corps cristallisé, elle dépend aussi de la supposition qu'on fait sur la disposition respective des molécules et sur la direction des forces qui émanent de chaque molécule.

La force R, relative à l'action de deux molécules isolées m et m', est une quantité insensible; mais on peut concevoir deux masses de grandeur quelconque et d'un même volume qui sera pris pour unité, dont l'une aurait la densité ρ du corps autour de m, et l'autre la densité ρ' autour de m', et qui seraient telles, que toutes les molécules de l'une agissent, par hypothèse, sur toutes les molécules de l'autre, suivant des directions parallèles, et avec la même intensité que m agit sur m'. L'action totale de l'une de ces masses sur l'autre sera une force équivalente à un poids donné, et elle exprimera la mesure de la force moléculaire, rapportée aux unités de volume et relative à la distance r, à l'endroit du corps où se trouvent les molécules m et m'. Si l'on désigne par φ cette mesure, φ sera une fonction de r, insensible pour toute valeur sensible de r, proportionnelle au produit des nombres de molécules contenues dans les deux unités de volume, ou, ce qui est la même chose, au produit $\rho\rho'$, et dépendante en outre, dans les corps hétérogènes, des coordonnées de m et de m'. Près de la surface de séparation de deux liquides, ou d'un liquide en contact avec un solide, cette quantité φ variera très rapidement, non-seulement par rapport à r, mais aussi par rapport à la distance à cette surface, par suite de la variation rapide que la densité éprouve dans l'épaisseur de la couche superficielle. Le produit de φ et d'une puissance positive de r sera partout insensible, en même temps que φ, pour toute valeur sensible de r; la somme des valeurs de ce produit, ou bien une intégrale, telle que $\int r^4 \varphi dr$, par exemple, prise entre des limites de grandeur sensible, sera également insensible. Si donc on doit prendre cette intégrale depuis zéro, ou une valeur insensible de r, jusqu'à une valeur sensible ou seulement plus grande que le rayon d'activité moléculaire, il sera permis, sans aucune erreur appréciable, d'étendre cette même intégrale jusqu'à une valeur de r aussi grande que l'on voudra, et même jusqu'à $r = \infty$. C'est pour cette raison que les résultantes des forces moléculaires sont indépendantes de la grandeur du rayon d'activité des molécules, qui ne saurait être fixé d'une manière précise, et dont on sait seulement qu'il est insensible.

En calculant ces résultantes, j'ai supposé que toutes les forces, attractives ou répulsives, qui agissent sur chaque molécule, émanent des autres molécules comprises dans sa sphère d'activité, et je n'ai point eu égard à l'action du calorique qui se trouve actuellement dans les pores sous forme rayonnante. L'expérience prouve, en effet, que la portion de calorique qui se meut dans le vide est extrêmement petite par rapport à celle qui est attachée aux parties pondérables des corps et qui entre dans la composition de leurs molécules; car si l'on réduit ou si l'on augmente subitement un espace dans lequel on a fait le vide aussi exactement qu'il est possible, on n'observe aucune variation de chaleur, ni dans cet espace, ni dans les corps environnans, contrairement à ce qui arrive dès que ce même espace contient un tant soit peu d'air ou d'un gaz quelconque.

(131). La parfaite mobilité des fluides est ce qui les distingue des corps solides; il en résulte une propriété spéciale des fluides, sur laquelle sont fondées les équations de leur équilibre, et qui dérive de la nature des actions mutuelles de leurs molécules. Pour expliquer, avec précision, en quoi consiste cette propriété, il faut comparer les effets de la compression dans les corps solides et dans les fluides.

Lorsque la forme d'un corps solide est changée, et que ses molécules sont déplacées par des forces quelconques, agissant dans son intérieur ou à sa surface, tous les points matériels qui étaient primitivement situés sur une même droite, d'une longeur insensible, sont encore en ligne droite après leurs déplacemens. Si M et M' sont les centres de gravité de deux molécules extrêmement rapprochées l'une de l'autre, la droite MM' rencontre la même série de molécules dans les deux états successifs du corps; par conséquent, l'augmentation ou la diminution de longueur qu'elle subit, comparée à sa longueur primitive, fait connaître la dilatation ou la contraction du corps suivant la direction MM'. Il arrive, en général, que la contraction, positive ou négative, est différente en différens sens autour d'un même point M, et qu'il y a même dilatation dans un sens et contraction dans une autre direction.

La même chose n'a pas lieu relativement aux fluides. Lorsque les molécules d'un fluide homogène ou hétérogène sont sollicitées par des forces données, ou qu'une pression, plus ou moins grande, est exercée à sa surface, il se comprime ou se dilate également en tous sens autour de chacun de ses points. Une droite MM', aussi petite qu'on voudra, qui joint deux points du fluide, ne rencontre plus les mêmes molécules avant et après l'application de ces forces. Une partie des molécules qu'elle traversait d'abord reste sur cette droite; une autre partie s'en écarte de différens côtés, et d'autres molécules viennent s'y ranger : d'où il résulte que le raccourcissement ou l'allongement de la droite MM' ne peut plus faire connaître la contraction ou la dilatation du fluide suivant sa direction, et qu'il est même possible que le fluide change de forme, sans qu'il y ait dilatation ou contraction dans aucune de ses parties, ce qui n'a jamais lieu à l'égard des corps solides. Après les déplacemens de ses molécules, un fluide se trouve donc constitué autour de chaque point M, comme il l'était auparavant; et l'on doit se représenter les molécules situées dans la sphère d'activité de M, comme un système qui reste toujours semblable à lui-même, et qui est seulement construit sur une plus petite ou sur une plus grande échelle, en considérant toutefois ce système dans son état moyen, abstraction faite des irrégularités de la distribution des molécules dont il est composé. D'un point M à un autre, la contraction ou la dilatation égale en tous sens, et par suite l'intervalle moyen ϵ et la densité ρ, varient d'ailleurs suivant des lois dépendantes des forces données qui agissent sur les molécules, et aussi de la nature du fluide, quand il n'est pas homogène.

Cette propriété caractéristique des fluides de se contracter ou de se dilater également en tous sens, et de se reconstituer toujours semblablement à eux-mêmes autour de chaque point, peut être attribuée à la parfaite mobilité de leurs molécules, résultant de ce qu'elles sont à peu pres sphériques, ou assez éloignées les unes des autres pour que leur forme n'ait aucune influence sensible sur leur action mutuelle. On conçoit, en effet, que dans cette hypothèse, si l'on exerce une pression quelconque à la surface d'un fluide, il ne pourra pas arriver qu'il se contracte inégalement en des sens différens; car il n'y aurait aucune cause particulière qui pût retenir les molécules dans les directions où elles seraient le plus resserrées; et si des contractions inégales avaient lieu, ce ne pourrait être qu'un état d'équilibre instable, qu'on doit regarder comme physiquement impossible. Au contraire, si le fluide est d'abord dans un état d'équilibre subsistant, et qu'on y applique de nouvelles forces quelconques, le second état d'équilibre auquel il parviendra pour obéir à ces forces sera stable comme l'état primitif, si le nouvel arrangement de ses molécules autour de chaque point est semblable à celui qui avait lieu auparavant.

Dans les corps solides, cristallisés ou non, la cause particulière qui retient les molécules sur les directions où elles sont plus ou moins resserrées, ne peut être que la partie de leur action mutuelle qui dépend de leurs formes et de leurs positions relatives; en sorte que cette partie de la force moléculaire est, comme on l'a dit plus haut, la cause de la solidité ou de la cristallisation. Si l'on écarte les molécules par une addition de calorique, cette force secondaire diminue, en général, plus rapidement que l'autre partie de leur action mutuelle ; son effet peut devenir insensible, et le corps passe alors à l'état fluide. La viscosité est un état intermédiaire entre la solidité et la parfaite fluidité, dans lequel la force secondaire dont il s'agit existe à un moindre degré que dans un solide, et empêche plus ou moins les liquides de se contracter ou de se dilater également en tous sens, autour de chaque point.

De ces diverses considérations, on conclut que la force R du numéro précédent, indépendante de sa propre direction, convient exclusivement aux fluides élastiques et aux liquides dépourvus de toute viscosité. La théorie exposée dans cet ouvrage étant fondée sur l'hypothèse d'une force moléculaire de cette nature, il s'ensuit qu'elle ne s'applique rigoureusement qu'aux liquides qui ne sont aucunement visqueux. Les applications que nous avons faites à différens liquides, des formules déduites de cette théorie, supposent donc qu'ils n'ont qu'un faible degré de viscosité ; ce qui se trouve confirmé par le peu de différence qui existe, en général, entre les résultats du calcul et ceux de l'expérience.

Observons enfin que quand une pression extérieure ou d'autres forces données sont appliquées à un fluide et déplacent ses molécules, elles devront toujours employer un certain intervalle de temps pour parvenir, autour de chaque point, à une disposition semblable à leur arrangement primitif. Ce temps, quelque petit qu'on le suppose, peut être très différent dans les différens fluides ; mais rien ne se faisant instantanément, il ne saurait être tout-à-fait nul, lors même qu'il s'agit d'un liquide entièrement dénué de viscosité, ou d'un fluide aériforme. Il n'influe pas sur l'état d'équilibre qui ne s'observe qu'après que cet intervalle de temps est écoulé ; mais, dans le cas du mouvement, la position respective des molécules changeant sans cesse, on conçoit que cette variation continuelle peut être assez rapide pour qu'elles n'aient pas le temps de revenir, comme dans le cas de l'équilibre, à une disposition toujours semblable à elle-même : il en résulte donc que dans un fluide en mouvement, et surtout quand les vitesses relatives de ses molécules sont très grandes, les dilatations et les condensations que le fluide éprouve ne sont pas constamment égales en tous sens autour de chaque point; circonstance qui rapproche, en quelque sorte, le mouvement des fluides de celui des solides élastiques, et rend plus ou moins analogues les vibrations très rapides de ces deux sortes de corps, ainsi que je l'ai déjà remarqué dans une autre occasion.

---

§ II. *Conversion des sommes en intégrales.*

(132). Les liquides n'éprouvent que de très petits changemens de volume pour de très grandes variations dans les pressions extérieures auxquelles ils sont soumis. D'après l'ancienne expérience du physicien Canton, la dilatation de l'eau, par exemple, n'est que de 46 millionièmes, pour une diminution de pression égale à la pression ordinaire de l'atmosphère; et, dans ces derniers temps, on a trouvé qu'il fallait employer une pression équivalente à environ 1100 atmosphères, pour diminuer son volume d'à peu près six centièmes : le mercure résiste encore beaucoup plus à la compression. Il résulte de là que la pression exercée, en vertu de l'action moléculaire, par une partie d'un liquide sur une partie adjacente, doit aussi varier dans un très grand rapport, pour de très petites variations de l'intervalle moyen des molécules; or, il faut pour cela que les deux forces, attractive et répulsive, dont l'action moléculaire est la différence, soient extrêmement grandes l'une et l'autre par rapport à cette différence; en sorte que chacune d'elles augmentant ou diminuant inégalement d'une très petite partie de son intensité, pour ces très petites variations de l'intervalle moyen, leur différence se trouve avoir augmenté ou diminué dans un très grand rapport. C'est aussi pour cela que la somme qui exprime la pression intérieure n'ayant pas une valeur extrêmement grande, une autre somme d'où dépendent les effets de la capillarité, et qui s'effectue sur un produit contenant un facteur de grandeur insensible, de plus que la première, peut néanmoins avoir encore une valeur sensible.

Les lois de l'attraction des molécules et de la répulsion calorifique étant inconnues, on ne peut pas décider, *à priori*, si la somme quadruple qui exprime la pression intérieure est réductible à une intégrale définie; mais nous avons prouvé, dans le n° 13, que cette réduction est impossible, du moins à l'égard de la partie de la pression relative à une surface plane, d'après les conditions que cette pression doit remplir; et, en effet, on peut faire une infinité d'hypothèses sur les lois de l'attraction et de la répulsion qui ne permettent pas de remplacer les sommes relatives à la différence de ces deux forces par des intégrales, quoique, dans ces sommations, les variables croissent par degrés extrêmement petits. Il s'agit ici de donner des exemples de cette irréductibilité, en nous bornant, pour plus de simplicité, à des sommes de fonctions d'une seule variable.

(133). Soit φx une fonction donnée de la variable x. Faisons croître x par des différences constantes dont la grandeur sera représentée par ϵ; supposons que les valeurs de x s'étendent depuis $x = \epsilon$ jusqu'à $x = \infty$; et désignons par p la somme des valeurs correspondantes de φx, ou, autrement dit, faisons

$$p = \varphi\epsilon + \varphi 2\epsilon + \varphi 3\epsilon + \varphi 4\epsilon + \text{etc.};$$

la série se prolongeant à l'infini. L'intégrale $\int_0^\infty \varphi x dx$, divisée par ϵ et diminuée de $\frac{1}{2}\varphi o$, sera une valeur approchée de la somme p; et l'on a vu, dans mon Mémoire sur le *Calcul numérique des Intégrales définies* (*), que la différence de ces deux quantités peut s'exprimer par une autre intégrale définie, de sorte que l'on aura exactement

$$p = \frac{1}{\epsilon}\int_0^\infty \varphi x dx - \frac{1}{2}\varphi o + \frac{2}{\epsilon}\int_0^\infty \left[\Sigma_1^\infty \cos\frac{2i\pi x}{\epsilon}\right] \varphi x dx; \quad (1)$$

i étant un nombre entier et positif auquel répond la somme Σ, qui s'étend depuis $i = 1$ jusqu'à $i = \infty$.

Par le procédé de l'intégration par partie, on réduira la seconde intégrale contenue dans cette formule, en une série ordonnée suivant les puissances paires de ϵ, dont les coefficiens renfermeront les différentielles impaires de φx, relatives aux deux valeurs extrêmes

(*) Tome VI des *Nouveaux Mémoires de l'Académie des Sciences.*

de x. Je supposerai que cette fonction et tous ses coefficiens différentiels s'évanouissent à la limite $x = \infty$; et en représentant par φ, φ', φ'', etc., les valeurs de φx, $\frac{d\varphi x}{dx}$, $\frac{d^2\varphi x}{dx^2}$, etc., qui répondent à $x = 0$, il en résultera

$$p = \frac{1}{\epsilon}\int_0^\infty \varphi x dx - \frac{1}{2}\varphi - a\epsilon\varphi' + a'\epsilon^3\varphi''' - a''\epsilon^5\varphi^{v} + \text{etc.}, \quad (2)$$

où l'on a fait, pour abréger,

$$a = \frac{1}{2\pi^2}\Sigma_1^\infty \frac{1}{i^2}, \quad a' = \frac{1}{8\pi^4}\Sigma_1^\infty \frac{1}{i^4}, \quad a'' = \frac{1}{32\pi^6}\Sigma_1^\infty \frac{1}{i^6}, \quad \text{etc.}$$

Les quantités a, a', a'', etc., forment une série de fractions décroissantes dont on connaît les valeurs exactes, savoir :

$$a = \frac{1}{12}, \quad a' = \frac{1}{720}, \quad a'' = \frac{1}{30240}, \quad \text{etc.}$$

De plus, à quelque terme que l'on arrête la série (2), le reste qu'il y faudra ajouter pour avoir la valeur exacte de p, sera exprimé par une intégrale définie, dont la valeur changera généralement d'un terme à l'autre, et dont on pourra assigner des limites qui feront connaître si la série est convergente. Dans le Mémoire cité, j'ai examiné en détail le cas singulier où le reste est constant, et où les termes de la série (2) s'évanouissent tous, excepté les deux premiers; ce qui oblige de recourir à l'équation (1) pour calculer la valeur de p.

En général, si l'on prend pour φx une fonction du genre de celles qui varient très rapidement et sont insensibles dès que la variable a acquis une grandeur sensible, les quantités φx, $x\frac{d\varphi x}{dx}$, $x^2\frac{d^2\varphi x}{dx^2}$, $x^3\frac{d^3\varphi x}{dx^3}$, etc., seront toutes du même ordre de grandeur; pour que la série des produits φ, $\epsilon\varphi'$, $\epsilon^2\varphi''$, $\epsilon^3\varphi'''$, etc., et, à plus forte raison, la série (2), soient très rapidement décroissantes, il suffira donc que ϵ soit très petit, eu égard à l'étendue des valeurs sensibles de φx; et, dans cette hypothèse, la seconde intégrale que contient la formule (1) sera toujours une quantité extrêmement petite, soit qu'elle se développe en série suivant les puissances de ϵ, soit que ce développement n'ait pas lieu, à cause que toutes les quantités φ', φ'', φ''', etc., sont égales à zéro.

Pour fixer les idées, supposons que x exprime une distance variable, et que ϵ soit une ligne constante, d'une longueur insensible. Prenons, pour premier exemple,

$$\varphi x = ce^{-\frac{x}{\alpha}};$$

c étant une constante donnée, e la base des logarithmes népériens, et α une ligne constante, d'une longueur insensible, afin que l'étendue des valeurs sensibles de φx soit aussi insensible. En faisant $\epsilon = \mathcal{C}\alpha$, et supposant que $\mathcal{C}$ soit une fraction extrêmement petite, l'équation (2) deviendra

$$p = c\left(\frac{1}{\mathcal{C}} - \frac{1}{2} + a\mathcal{C} - a'\mathcal{C}^3 + a''\mathcal{C}^5 - \text{etc.}\right);$$

et cette série sera très convergente, puisque ses termes décroîtront plus rapidement que les puissances impaires de $\mathcal{C}$. Dans cet exemple, la valeur de p se réduira sensiblement à son premier terme, savoir :

$$p = \frac{c}{\mathcal{C}} = \frac{1}{\epsilon}\int_0^\infty \varphi x dx.$$

Soit, en second lieu,

$$\varphi x = ce^{-\frac{x^2}{\alpha^2}};$$

nous aurons $\varphi' = 0$, $\varphi''' = 0$, $\varphi^{\text{v}} = 0$, etc. Ce sera donc un des cas où la seconde intégrale contenue dans la formule (1) n'est pas développable suivant les puissances de ϵ; mais comme on a

$$\int_0^\infty e^{-\frac{x^2}{\alpha^2}} \cos\frac{2i\pi x}{\epsilon}\, dx = \frac{1}{2}\alpha\sqrt{\pi}\, e^{-\frac{4i^2\pi^2\alpha^2}{\epsilon^2}},$$

l'équation (1) deviendra

$$p = \frac{c}{2\sqrt{\pi}}\cdot\left(\frac{1}{2}\gamma - \sqrt{\pi} + \gamma e^{-\gamma} - \gamma e^{-4\gamma^2} + \gamma e^{-9\gamma^2} - \text{etc.}\right),$$

en faisant $\frac{2\pi\alpha}{\epsilon} = \gamma$. Or, γ étant un très grand nombre dans l'hypothèse de ϵ très petit par rapport à α, cette série sera extrêmement convergente, et tous ses termes, à partir du troisième, seront tout-à-fait insensibles. On voit, de plus, qu'on pourra négliger le second terme par rapport au premier, et réduire cette valeur de p à

$$p = \frac{c\alpha\sqrt{\pi}}{2\epsilon} = \frac{1}{\epsilon}\int_0^\infty \varphi x dx,$$

comme dans le premier exemple.

Ces deux exemples suffisent pour montrer que quand on suppose l'intervalle ϵ des valeurs successives de x extrêmement petit par rapport à l'étendue des valeurs sensibles de φx, la somme p se transformera en une intégrale divisée par ϵ, toutes les fois que φx ne sera composé que d'un seul terme, ou de plusieurs termes de même signe; mais cela n'aura pas toujours lieu, lorsque cette fonction sera composée de deux parties, de signes contraires. Ainsi, dans le cas de

$$\varphi x = ce^{-\frac{x}{\alpha}} - c'e^{-\frac{x}{\alpha'}},$$

c, c', α, α', étant des constantes positives, on aura

$$\frac{1}{\epsilon}\int_0^\infty \varphi x dx = \frac{c\alpha}{\epsilon} - \frac{c'\alpha'}{\epsilon}, \quad \varphi = c - c';$$

et quoique $\frac{\alpha}{\epsilon}$ et $\frac{\alpha'}{\epsilon}$ soient de très grands nombres, il suffira que les coefficiens c et c' soient, à très peu près, en raison inverse de ces nombres, pour que la valeur de φ soit comparable et même très supérieure à celle de $\frac{1}{\epsilon}\int_0^\infty \varphi x dx$, et, conséquemment, pour que la série (2) ne puisse plus se réduire à son premier terme. Si la fonction φx s'évanouissait avec x, et qu'on eût, par exemple,

$$\varphi x = \left(ce^{-\frac{x}{\alpha}} - c'e^{-\frac{x}{\alpha'}}\right)x,$$

il en résulterait

$$\frac{1}{\epsilon}\int_0^\infty \varphi x dx = \frac{c\alpha^2}{\epsilon} - \frac{c'\alpha'^2}{\epsilon}, \quad \varphi = 0, \quad \varphi' = c - c';$$

et ce serait alors le troisième terme de la série (2) qui deviendrait comparable ou supérieur au premier, lorsque les coefficiens c et c' seraient à très peu près en raison inverse des carrés de $\frac{\alpha}{\iota}$ et $\frac{\alpha'}{\iota}$.

On peut aussi remarquer que si le second ou un autre terme de la série (2) devient comparable ou supérieur au premier, pour une certaine fonction φx, composée de deux parties de signes contraires, la même chose n'aura pas lieu à l'égard d'une autre fonction qui aurait un facteur x de plus que φx, c'est-à-dire à l'égard de la fonction $x\varphi x$. Je suppose, par exemple, que les coefficiens c et c' soient en raison inverse de $\frac{\alpha}{\iota}$ et $\frac{\alpha'}{\iota}$, et je prends successivement

$$\varphi x = b\left(\frac{\iota}{\alpha}e^{-\frac{x}{\alpha}} - \frac{\iota}{\alpha'}e^{-\frac{x}{\alpha'}}\right),$$

$$\varphi x = bx\left(\frac{\iota}{\alpha}e^{-\frac{x}{\alpha}} - \frac{\iota}{\alpha'}e^{-\frac{x}{\alpha'}}\right);$$

b étant un coefficient qui pourra être aussi grand qu'on voudra. Dans le premier cas, la série (2) se réduira sensiblement à son second terme; mais, en même temps, dans le second cas, aucun de ses termes ne sera comparable au premier. Je conclus de là, conformément à ce qui a été dit dans le n° 13, que quand la somme des valeurs d'une fonction de la nature de φx n'est pas réductible à une intégrale définie, il n'est point à craindre que la somme des valeurs de $x\varphi x$ tombe en même temps dans ce cas d'exception.

On parviendrait aux mêmes conséquences, au moyen de la formule (1), en prenant pour exemples des fonctions composées d'exponentielles, dont les exposans renferment le carré de la variable.

---

§ III. *Équations générales de l'équilibre des fluides.*

(134). Si l'on trace dans l'intérieur d'un fluide une surface qui le divise en deux parties, la pression rapportée à l'unité de surface, de l'une des deux parties sur l'autre, en chaque point M de leur surface de séparation, sera la résultante de trois forces rectangulaires N,

T, T'; la première normale et dirigée de dehors en dedans de la partie qui éprouve la pression, et les deux autres tangentielles. D'après ce qu'on a vu dans le n° 23, les valeurs de ces trois composantes seront de la forme :

$$N = p + V, \quad T = \frac{dq}{dx}, \quad T' = \frac{dq}{dy},$$

en désignant par p une quantité indépendante de la courbure de la surface et de la direction de son plan tangent en M, par V une quantité relative à cette courbure, qui s'évanouit quand la surface est un plan, par x et y les coordonnées du point M parallèles aux directions de T et T', et par q une certaine intégrale définie, dont la valeur dépendra de la matière et de la densité du fluide au point M. La quantité p est une somme quadruple non réductible à une intégrale, et dont la valeur se déduira, dans chaque cas, des forces données qui agissent sur le fluide. Dans le cas d'un liquide homogène et soumis à des forces quelconques, la quantité q pourra être regardée, ainsi que la densité, comme sensiblement constante, ce qui fera évanouir les forces tangentielles T et T'. S'il s'agit d'un fluide aériforme d'une matière homogène, et soumis, par exemple, à l'action de la pesanteur, sa densité, et par suite la quantité q, ne varieront sensiblement que pour des points très éloignés l'un de l'autre, de sorte qu'on pourra encore regarder les forces T et T' comme nulles. Dans ces deux cas, la pression sur un plan mené par le point M se réduit donc à la force normale p, laquelle est indépendante de la direction du plan, et la même, en tous sens, autour du point M. C'est en cela que consiste le principe de l'égalité de pression, que l'on emprunte de l'expérience et dont on fait ordinairement la base de l'Hydrostatique; mais il est évident qu'il n'a lieu que dans les fluides homogènes, et seulement lorsqu'on néglige la variation de la densité ou de l'intervalle moyen des molécules, produite par les forces qui agissent en tous leurs points, pour n'avoir égard qu'aux pressions extérieures. Ainsi limité, ce principe est une conséquence immédiate de la propriété qu'ont les fluides de se contracter également en tous sens autour de chaque point, ou de former constamment un système de molécules semblable à lui-même; et, réciproquement, cette propriété des fluides pourrait se conclure immédiatement de ce principe, considéré comme une donnée de l'expérience. En effet, on démontre directement et sans difficulté que, selon que la contraction est la même ou qu'elle varie dans différentes directions autour d'un point M, la pression est aussi constante ou variable, relativement aux différens plans menés par ce point. Il en résulte que, d'après l'observation qui termine le n° 131, le principe de l'égalité de pression n'a pas lieu dans les fluides en mouvement, du moins lorsque leurs molécules sont animées de très grandes vitesses; mais, sur ce point, nous renverrons au Mémoire cité précédemment (n° 130); et nous ne nous occuperons ici que de leur équilibre.

Les équations de l'équilibre d'un fluide quelconque ne dépendent que des forces données qui lui sont appliquées, et de la partie p de la pression, à cause de la propriété très digne de remarque (n° 78) dont jouissent l'autre partie V de la pression normale et les composantes tangentielles T et T'. Si ces forces agissent en tous les points de la surface d'une portion A du fluide, prise dans l'intérieur de la masse, elles se feront équilibre, sans le secours d'aucune autre force donnée, quelle que soit la forme de A, pourvu seulement que ses dimensions surpassent le rayon d'activité des molécules, et qu'il n'y ait, en aucun point de sa surface, deux ou plusieurs plans tangens comprenant un angle de grandeur finie, en sorte que cette surface ne présente aucune pointe ou arète vive.

Cela étant, supposons que les dimensions de A soient insensibles, mais plus grandes que le rayon d'activité moléculaire. Soit M un point de A qui sera, par exemple, son centre de gravité, et M' un point quelconque de sa surface. Appelons r le rayon vecteur MM', dont la grandeur insensible variera d'une manière quelconque avec sa direction; et désignons par x, y, z, les trois coordonnées rectangulaires de M, et par $x+x'$, $y+y'$, $z+z'$, les coordonnées de M' rapportées aux mêmes axes. Si la quantité p répond au point M, et qu'elle devienne p' au point M', nous aurons

$$p'=p+\frac{dp}{dx}x'+\frac{dp}{dy}y'+\frac{dp}{dz}z';$$

en négligeant les carrés et les produits de x', y', z'. Par le point M', menons, dans l'intérieur de A, une normale à sa surface, et soient α, β, γ, les angles que sa direction fait avec des parallèles aux axes des x, y, z, menées par le même point. En représentant par ω l'élément différentiel de cette surface qui répond au point M', les composantes parallèles à ces mêmes axes, de la pression $p'\omega$ relative à cet élément, seront

$$p'\omega\cos\alpha,\quad p'\omega\cos\beta,\quad p'\omega\cos\gamma.$$

Pour avoir les composantes totales de la pression extérieure qui doivent faire équilibre aux forces données qui agissent sur A, il faudra donc calculer les sommes de ces trois quantités, étendues à la surface entière de A.

Or, supposons, pour fixer les idées, que l'axe des z soit vertical et dirigé en sens contraire de la pesanteur, et que chaque verticale ne rencontre qu'en deux points la surface de A. Circonscrivons à cette surface un cylindre vertical, qui la divisera en deux parties. L'angle γ sera obtus dans la partie supérieure, et aigu dans la partie inférieure. Si donc le point M' appartient à la première partie, et qu'on désigne par c la projection horizontale de ω, on aura

$$c = -\omega\cos\gamma.$$

Soit, de plus, M_1 le point de la partie inférieure situé sur la même verticale que M', et répondant, conséquemment, aux mêmes coordonnées horizontales x' et y'. Représentons par ω_1, γ_1, p_1, z_1, ce que deviennent ω, γ, p, z', relativement à ce point M_1. La projection horizontale de l'élément ω_1 sera la même que celle de ω; on aura donc aussi

$$c = \omega_1\cos\gamma_1;$$

et la somme des composantes verticales de la pression, qui répondent à ces deux élémens, sera $(p_1 - p')c$; quantité qui se réduit à $\frac{dp}{dz}(z_1 - z')\,c$, en ayant égard à la valeur de p', et observant que celle de p_1 s'en déduit par le changement de z' en z_1. Mais si l'on décompose le volume entier de A en élémens prismatiques et verticaux, et que l'on représente par u le volume du prisme terminé par ω et ω_1, et par l sa longueur $M'M_1$, on aura

$$u = cl, \quad l = z' - z_1.$$

La quantité précédente deviendra donc $-\frac{dp}{dz}u$; et si l'on désigne par v le volume entier de A, on en conclura $-\frac{dp}{dz}v$, pour la composante totale des pressions verticales et dirigées de bas en haut. On trouvera de même $-\frac{dp}{dx}v$ et $-\frac{dp}{dy}v$, pour les composantes totales des pressions extérieures, suivant les axes des x et des y positives.

Maintenant, soient X, Y, Z, parallèlement aux axes des x, y, z, les forces données et rapportées à l'unité de masse qui répondent au point M, et qui sont, par exemple, la pesanteur, l'attraction en raison inverse du carré des distances qui émane des molécules mêmes du fluide, et d'autres attractions ou répulsions, agissant suivant des lois quelconques. Soit aussi ρ la densité du liquide en ce point. En négligeant les variations de ces quatre quantités dans toute l'étendue de A, les forces motrices de cette petite portion du fluide seront $\rho v X$, $\rho v Y$, $\rho v Z$; en les comparant aux pressions extérieures, et supprimant le facteur commun v, on en conclura

$$\frac{dp}{dx} = \rho X, \quad \frac{dp}{dy} = \rho Y, \quad \frac{dp}{dz} = \rho Z,$$

pour l'équilibre de A; ce qui coïncide avec les équations connues de l'*Hydrostatique*.

On en déduit

$$dp = \rho(Xdx + Ydy + Zdz),$$

pour l'équation qui servira à déterminer l'inconnue p en fonction des coordonnées x, y, z, du point M. Mais il ne faut pas perdre de vue que cette formule ne convient qu'aux points intérieurs du fluide, c'est-à-dire aux points situés à une distance de sa surface, plus grande que le rayon d'activité moléculaire; en sorte qu'on n'en doit pas conclure qu'on ait simplement $dp = 0$, pour l'équation de la surface libre ou soumise à une pression extérieure constante, d'un liquide en équilibre. En vertu de cette équation, la résultante des forces données X, Y, Z, couperait cette surface à angle droit, en tous ses points; mais l'équation complète de la surface d'équilibre renferme un second terme (n° 29); et, à moins qu'elle ne soit tout-à-fait plane, son plan tangent n'est pas exactement perpendiculaire à la direction de la pesanteur, ou, généralement, à la résultante des forces X, Y, Z, qui ne proviennent pas de l'action moléculaire proprement dite.

---

§ IV. *Dépression du mercure dans le baromètre.*

(135). On a vu, dans le n° 108, que l'angle sous lequel la surface convexe du mercure non oxidé vient couper la surface du verre est égal à 45° 30′. En appelant b son cosinus, on a

$$b = 0{,}70091\,;$$

on sait aussi qu'en prenant le millimètre pour unité, la constante a^2, relative à la matière du mercure, est

$$a^2 = 6{,}5262\,;$$

il faudra donc employer ces valeurs pour calculer la dépression du mercure à la température de 12°,8, à laquelle elles se rapportent.

S'il s'agit d'un tube capillaire, on fera usage de la formule (11) du n° 54; et en désignant par δ la dépression du mercure, rapportée au point le plus élevé de sa surface, on aura

$$\delta = \frac{4{,}5746}{\alpha} - (0{,}1932)\,\alpha + (0{,}0559)\,\alpha^3\,; \qquad (1)$$

α étant le rayon du tube. Cette formule suppose que le rapport $\frac{\alpha}{a}$ soit une fraction peu considérable. Pour plus d'exactitude, il faudra augmenter ou diminuer son premier terme de $\frac{1}{5550}$ de sa valeur, pour chaque degré de température au-dessous ou au-dessus de 12°,8.

Lorsque ce sera, au contraire, le rapport $\frac{a}{\alpha}$ qui sera une fraction peu considérable, on emploiera la formule (s) du n° 110; et en faisant

$$\alpha + 0{,}2690 = \alpha',$$

on en conclura

$$\delta = (2{,}6500)\sqrt{\alpha'}\, e^{-\alpha'(0{,}5536)}; \qquad (2)$$

le millimètre étant toujours l'unité.

Pour que des hauteurs barométriques, mesurées avec différens baromètres à large cuvette, soient comparables entre elles et puissent donner la valeur exacte de la pression de l'atmosphère, il y faut ajouter les valeurs de δ relatives aux diamètres respectifs des tubes cylindriques, où le mercure s'élève; et, d'après la remarque du n° 127, il faut, en outre, que ces tubes soient verticaux, ou bien, s'ils ne l'étaient pas, il y aurait encore une autre petite correction à faire subir aux hauteurs observées, qui doivent toujours répondre au point le plus élevé de la surface convexe du mercure. Les formules (1) et (2) suffiront pour déterminer les valeurs de δ, dans les deux cas extrêmes, d'un très petit et d'un très grand diamètre. Dans les autres cas, il faudra recourir à la méthode des quadratures, pour déduire, de l'équation de la surface du mercure, la valeur numérique de δ relative à une grandeur donnée du diamètre, ou, réciproquement, la grandeur du diamètre qui répond à une valeur donnée de δ. C'est de cette manière qu'a été formée la table des dépressions du mercure, que Laplace a insérée dans la *Connaissance des Tems* de l'année 1812, et qui a été calculée par M. Bouvard. Elle suppose que la surface du mercure coupe celle du verre sous un angle de 43° 12', et que le mercure s'abaisserait de 94766 millimètres, dans un tube dont le diamètre serait un dix-millième de millimètre; ce qui revient à prendre

$$b = 0{,}72897, \qquad a^2 = 6{,}5000,$$

pour les valeurs des constantes que j'ai désignées par b et a^2. Il serait à désirer que ce calcul fût répété, en partant des valeurs de b et a^2 que j'ai adoptées, et qui satisfont mieux aux observations (n° 108). En attendant, voici la table dont il s'agit, où les diamètres et les dépressions sont exprimés en millimètres.

Diamètres intérieurs du tube.	Dépressions du mercure.
2	4,5599
3	2,9025
4	2,0388
5	1,5055
6	1,1482
7	0,8813
8	0,6851
9	0,5354
10	0,4201
11	0,3506
12	0,2602
13	0,2047
14	0,1597
15	0,1245
16	0,0970
17	0,0754
18	0,0586
19	0,0430
20	0,0352.

On peut aussi former, par l'expérience, une table des dépressions du mercure, en comparant, à un même instant, c'est-à-dire sous une même pression atmosphérique, la différence des hauteurs du mercure dans un baromètre à siphon, dont les deux branches verticales ont le même diamètre, aux hauteurs de ce fluide au-dessus de son niveau extérieur, dans différens baromètres à large cuvette. C'est, en effet, par l'observation que Charles Cavendish, le père du célèbre physicien de ce nom, a formé la table que l'on trouve dans les *Transactions philosophiques* de l'année 1776. Voici cette table en pouces anglais, comme l'auteur l'a donnée, et en millimètres.

DIAMÈTRES en pouces anglais.	DÉPRESSIONS en pouces anglais.	DIAMÈTRES en millimètres.	DÉPRESSIONS en millimètres.
0,10	0,140	2,54	3,5560
0,15	0,092	3,81	2,3368
0,20	0,067	5,08	1,7018
0,25	0,050	6,35	1,2700
0,30	0,036	7,62	0,9144
0,35	0,025	8,89	0,6350
0,40	0,015	10,16	0,3810
0,50	0,007	12,70	0,1778
0,60	0,005	15,24	0,1270.

Ces dépressions étant le résultat de l'expérience, celles qui répondent aux plus petits et aux plus grands diamètres peuvent servir à vérifier les formules (1) et (2). Or, si l'on fait successivement

$$2\alpha = 2,54, \quad 2\alpha = 3,81,$$

la formule (1) donne

$$\delta = 3,4712, \quad \delta = 2,4199;$$

les différences $0^{mm},0748$ et $-0^{mm},0831$, avec l'expérience, peuvent être attribuées, en grande partie, aux erreurs dont ce genre d'observations est susceptible. Soit de même successivement

$$2\alpha = 15,24, \quad 2\alpha = 12,70, \quad 2\alpha = 10,16;$$

on aura, d'après la formule (2),

$$\delta = 0,0945, \quad \delta = 0,1747, \quad \delta = 0,3175;$$

ce qui ne diffère de l'observation que de

$$0^{mm},0325, \quad 0^{mm},0031, \quad 0^{mm},0635.$$

La formule (1) se trouve encore confirmée par une observation de M. Gay-Lussac, qui a trouvé la dépression du mercure égale à $4^{mm},69$, dans un tube dont le diamètre était $1^{mm},905$. En y faisant $\alpha = 0,9525$, la formule (1) donne $\delta = 4,6730$; ce qui ne diffère pas de $0^{mm},02$.

(136). J'ajouterai à ce paragraphe la note suivante sur les *Baromètres à surface plane ou concave*, qui m'a été communiquée par M. Dulong, et que les physiciens liront avec intérêt.

« Dom Casbois, professeur de Physique à Metz, indiqua anciennement un moyen de construire des baromètres à surface plane ou même concave, ou, ce qui revient au même pour la théorie, des appareils en forme de siphons composés d'une branche capillaire et d'une autre de gros calibre, dans lesquels le mercure se tenait à une hauteur égale dans les deux branches, ou même plus grande dans le tube capillaire que dans l'autre.

» Il crut trouver la cause de ce phénomène dans l'exclusion plus complète de l'humidité, parce que c'est en faisant bouillir pendant long-temps le mercure dans les appareils qu'il réussissait à le produire. Quant à l'explication même qu'il donne de la forme concave de la surface déduite de la privation absolue de toute humidité, elle ne mérite aucune attention.

» Il paraît que Laplace et Lavoisier réussirent aussi à construire un baromètre à surface plane, et qu'ils partagèrent l'opinion du physicien que nous venons de citer sur l'origine de cette particularité, en l'attribuant à la dessiccation plus parfaite du mercure et des parois intérieures du tube.

» Lorsque l'on a construit, soi-même, des baromètres avec les précautions usitées pour les purger d'air et d'humidité, on a peine à concevoir qu'il puisse rester dans ces instrumens une certaine quantité d'eau, qu'une plus longue ébullition parviendrait à expulser; aussi n'avais-je jamais été satisfait de cette explication, qui, d'ailleurs, ne se concilierait pas facilement avec la théorie des phénomènes capillaires. Mais c'est en construisant des thermomètres à mercure que j'ai été conduit à reconnaître la véritable cause du phénomène décrit par Casbois.

» J'avais remarqué que, en réitérant l'ébullition du mercure pour chasser les dernières bulles de gaz, le tube se trouvait sali intérieurement au point de ne plus permettre de distinguer la surface libre de la colonne liquide. A l'aide d'une loupe, on distinguait de petites masses irrégulières de mercure adhérentes aux parois intérieures, et, dans quelques endroits, un dépôt d'appa-

» rence cristalline et rougeâtre. Comme le mercure avait été pu-
» rifié avec soin avant d'être introduit dans l'instrument, on ne
» pouvait se rendre compte de l'altération qu'il avait éprouvée,
» sans admettre la formation d'une certaine quantité d'oxide pen-
» dant l'ébullition. Il est certain, d'ailleurs, qu'en triturant du mer-
» cure avec son deutoxide, celui-ci se dissout en petite quantité
» dans le liquide, et lui communique l'apparence d'un amalgame.
» Dans cet état, il adhère plus fortement au verre, s'y attache,
» sans le mouiller cependant, et, par cette raison, il ne peut plus
» être employé comme liquide thermométrique ou barométrique.
» On le ramène à ses propriétés primitives en l'agitant avec de l'acide
» sulfurique concentré ou une dissolution d'acide hydro-sulfurique,
» qui enlève ou décompose l'oxide. Le mercure distillé même n'est
» pas toujours exempt d'oxide; et, lorsqu'il doit servir à la construc-
» tion des thermomètres ou des baromètres, il est utile de le purifier
» préalablement par l'un des moyens qui viennent d'être indiqués.
» Il paraît que le mercure tenu pendant quelque temps en ébulli-
» tion dans l'air atmosphérique contient bientôt assez d'oxide pour
» que ses propriétés physiques en soient notablement modifiées; et
» pour prouver que les modifications que nous venons de signaler
» sont réellement le résultat de l'oxidation, il suffira de dire que si
» l'on prend du mercure complètement privé d'oxide, et si l'on
» dispose l'appareil, comme je le fais depuis long-temps, de ma-
» nière que la surface libre du métal soit plongée dans une atmos-
» phère de gaz hydrogène, on peut alors prolonger à volonté l'é-
» bullition, sans observer la moindre altération dans les propriétés
» physiques et la manière d'être de ce liquide en contact avec le
» verre.

» Cette remarque s'applique également à la construction des ther-
» momètres et à celle des baromètres. Si l'on répète avec cette pré-
» caution l'expérience de Casbois, la surface libre du mercure affecte
» la même courbure que dans les baromètres ordinaires, quelle que
» soit la durée de l'ébullition.

» Dans les baromètres d'un large diamètre, l'anomalie observée
» par Casbois est plus difficile à produire, parce que la masse du
» mercure étant plus considérable, une même quantité absolue

» d'oxide produit un effet moins sensible ; on peut même se dis- » penser, dans ce cas, de faire bouillir le liquide métallique dans » un gaz qui ne contienne pas d'oxigène libre. Mais lorsque les » tubes n'ont qu'un diamètre de 5 ou 6 millimètres et au-dessous, » il serait utile d'avoir recours à cet expédient ; car, autrement, la » correction de la capillarité laisserait une assez grande incerti- » tude.

» Ainsi, le résultat obtenu par Casbois tient tout simplement à » ce que le mercure contenant en dissolution une légère propor- » tion d'oxide du même métal, est un liquide qui diffère du mer- » cure pur dans sa nature et ses propriétés physiques, et dont l'at- » traction pour le verre, comme pour ses propres molécules, n'a » plus la même intensité. »

---

§ V. *Expériences sur les mélanges.*

(137). Soient u et u' deux fractions dont la somme est l'unité. Supposons qu'on ait mêlé deux liquides différens dans la proportion de u et u'; désignons par ρ la densité du mélange, et par h la hauteur à laquelle il s'élève dans un tube capillaire d'un rayon α, préalablement mouillé par ce liquide mélangé. D'après la formule du n° 53, on aura

$$\rho\left(h + \frac{1}{3}\alpha\right) = u^2 f + uu' f_1 + u'^2 f', \qquad (a)$$

en mettant, pour plus d'exactitude, $h + \frac{1}{3}\alpha$ au lieu de h, et désignant par f, f_1, f', trois coefficiens positifs et indépendans de u et u'. Cette formule est fondée sur la supposition que la perte de chaleur qui a lieu dans le mélange, quand la température est redevenue la même qu'auparavant, n'influe pas sur l'intégrale relative aux forces moléculaires, de laquelle dépendent les phénomènes de la capillarité ; hypothèse qui s'accorde avec le décroissement de la hauteur h, proportionnellement à l'augmentation de densité, dans le cas d'un seul liquide à différentes températures. Il est intéressant de vérifier si cette hypothèse convient également au cas de deux liquides mélangés ; et, pour cela, je vais appliquer la formule (a) à des expériences que M. Gay-Lussac a faites, il y a déjà longtemps, mais qui n'avaient pas encore été publiées.

Les deux liquides sont l'eau et l'alcohol, ou l'eau et l'acide nitrique. Je supposerai que u se rapporte à la proportion de l'eau, et u' successivement à celle de l'alcohol et de l'acide nitrique, et je prendrai pour unités la densité de l'eau et le millimètre.

Relativement aux mélanges de l'eau et de l'alcohol, que je considérerai d'abord, voici les résultats de l'observation :

$$u = 1, \quad u' = 0, \quad \rho = 1,0000, \quad h = 23,16;$$

$$u = \frac{4}{5}, \quad u' = \frac{1}{5}, \quad \rho = 0,9779, \quad h = 13,77;$$

$$u = \frac{2}{3}, \quad u' = \frac{1}{3}, \quad \rho = 0,9657, \quad h = 11,31;$$

$$u = \frac{1}{2}, \quad u' = \frac{1}{2}, \quad \rho = 0,9415, \quad h = 10,00;$$

$$u = \frac{1}{3}, \quad u' = \frac{2}{3}, \quad \rho = 0,9068, \quad h = 9,56;$$

$$u = \frac{1}{5}, \quad u' = \frac{4}{5}, \quad \rho = 0,8726, \quad h = 9,40;$$

$$u = 0, \quad u' = 1, \quad \rho = 0,8196, \quad h = 9,182.$$

Dans toutes ces observations, le tube avait $1^{mm},296$ de diamètre, et la température a été de 8 à 9 degrés.

Si l'on fait successivement $u = 1$ et $u' = 0$, $u = 0$ et $u' = 1$, $u = \frac{1}{2}$ et $u' = \frac{1}{2}$, dans la formule (a) ; que l'on y substitue en même temps, pour ρ, les densités relatives à ces trois proportions d'eau et d'alcohol ; et qu'on y mette aussi 0,648 au lieu de α, on en déduit

$$f = 23,376, \quad f' = 7,703, \quad f_{\prime} = 7,395.$$

Pour des valeurs quelconques de u et u', la formule (a) deviendra donc

$$\rho\left(h + \frac{1}{3}\alpha\right) = (23,376)\,u^2 + (7,395)\,uu' + (7,703)\,u'^2.$$

J'en fais maintenant l'application à celles des expériences précédentes qui n'ont pas servi à en déterminer les coefficiens; et en désignant, pour chacune d'elles, par e l'excès de la hauteur calculée sur la hauteur observée, je trouve

$$u = \frac{4}{5},\quad u' = \frac{1}{5},\quad h = 16{,}604,\quad e = +\ 2{,}838;$$

$$u = \frac{2}{3},\quad u' = \frac{1}{3},\quad h = 13{,}131,\quad e = +\ 1{,}361;$$

$$u = \frac{1}{3},\quad u' = \frac{2}{3},\quad h = 8{,}235,\quad e = -\ 1{,}325;$$

$$u = \frac{1}{5},\quad u' = \frac{4}{5},\quad h = 7{,}865,\quad e = -\ 1{,}535.$$

Or, les grandeurs de ces valeurs de e montrent que l'hypothèse sur laquelle la formule (a) est fondée, ne convient pas aux mélanges de l'eau et de l'alcohol; ce qui est d'autant plus singulier, qu'elle convient parfaitement, comme on va le voir, aux mélanges de l'eau et de l'acide nitrique, et qu'il y a eu, dans ces deux cas, perte de chaleur et concentration.

Par rapport aux mélanges d'eau et d'acide nitrique, on a, d'après l'expérience,

$$u = 1,\quad u' = 0,\quad \rho = 1{,}0000,\quad h = 22{,}68;$$

$$u = \frac{4}{5},\quad u' = \frac{1}{5},\quad \rho = 1{,}0891,\quad h = 20{,}52;$$

$$u = \frac{2}{3},\quad u' = \frac{1}{3},\quad \rho = 1{,}1474,\quad h = 19{,}17;$$

$$u = \frac{1}{2},\quad u' = \frac{1}{2},\quad \rho = 1{,}2151,\quad h = 17{,}66;$$

$$u = \frac{1}{3},\quad u' = \frac{2}{3},\quad \rho = 1{,}2751,\quad h = 16{,}35;$$

$$u = 0,\quad u' = 1,\quad \rho = 1{,}3691,\quad h = 14{,}08;$$

le diamètre du tube étant $1^{mm},313$, et la température 10 à 12 degrés. Je détermine, comme dans le cas précédent, les valeurs de f et f', au moyen de la première et de la dernière observation, et celle de f_1, d'après la moyenne des quatre observations intermédiaires; la formule (a) devient

$$\rho\left(h + \tfrac{1}{3}\alpha\right) = (22,899)\, u^2 + (44,510)\, uu' + (19,576)\, u'^2 ;$$

en l'appliquant actuellement à ces quatre observations, et désignant toujours par e l'excès de chaque hauteur calculée sur la hauteur observée, on trouve

$$u = \tfrac{4}{5},\quad u' = \tfrac{1}{5},\quad h = 20,495,\quad e = -\ 0,024;$$
$$u = \tfrac{2}{3},\quad u' = \tfrac{1}{3},\quad h = 19,166,\quad e = -\ 0,004;$$
$$u + \tfrac{1}{2},\quad u' = \tfrac{1}{2},\quad h = 17,677,\quad e = +\ 0,017;$$
$$u = \tfrac{1}{3},\quad u' = \tfrac{2}{3},\quad h = 16,361,\quad e = +\ 0,011;$$

résultat qui présente un accord très remarquable entre la formule et l'expérience.

En comparant les densités des mélanges, on peut remarquer que ceux de l'eau et de l'alcohol éprouvent, à peu près, la même condensation que ceux de l'acide et de l'eau. Ainsi, la moyenne des densités 1,0000 et 0,8196 de l'eau et de l'alcohol, étant 0,9098, la densité du mélange par parties égales est 0,9415, ou plus grande de 0,0317 ; et, de même, la moyenne des densités de l'eau et de l'acide le plus concentré est 1,1845, quantité qui est surpassée de 0,0306 par la densité 1,2151 du mélange moyen.

---

§ VI. *Phénomène de l'Endosmose.*

(138). On doit à M. Dutrochet la découverte d'un phénomène très important, auquel il a donné le nom d'*endosmose*. Ce phénomène consiste en ce que si deux liquides différens sont séparés par une membrane, l'un des deux traverse cette cloison et va se mêler à l'autre, dont le niveau s'élève graduellement jusqu'à une hauteur considérable. M. Dutrochet a reconnu que l'endosmose peut encore avoir lieu lorsque la cloison membraneuse est remplacée par certaines matières inorganiques, telles qu'une lame mince d'ardoise, par exemple. Il s'est assuré que ce phénomène n'est jamais accompagné de signes d'électricité que le *galvanomètre* puisse rendre sensibles. En l'attribuant à l'action capillaire, qui paraît être sa véritable cause, voici comment on en peut rendre raison d'une manière générale.

Appelons A et A′ les deux liquides. Soit OO′ un canal vide et d'un très petit diamètre, qui traverse l'épaisseur entière de la cloison ; O étant l'extrémité qui répond à A, et O′ à A′. Si les deux liquides ne sont pas de nature à s'élever, en vertu de l'action capillaire, dans un tube pareil à ce canal, ils ne pénétreront pas dans l'intérieur de OO′ ; ils deviendront convexes aux deux extrémités O et O′ ; et ils y seront arrêtés, quelle que soit l'inclinaison de la membrane, comme le mercure à la surface latérale d'un baromètre portatif, où l'on a pratiqué une très petite ouverture. Dans ce cas, l'endosmose n'aura pas lieu. Si, au contraire, les deux liquides sont susceptibles de mouiller la membrane, ou de nature à s'élever dans un tube de la même matière que ce corps, ils pénétreront dans l'intérieur du canal OO′. Ils y seront d'abord l'un et l'autre concaves ; mais quand ils se seront joints, ils auront une surface commune, de sorte que l'un d'eux demeurera plus ou moins concave, et l'autre deviendra convexe. Or, le mouvement continuera de A vers A′, ou de A′ vers A, selon que ce sera A ou A′ qui restera concave ; et, dans le premier cas, par exemple, A finira par traverser la membrane entière, et viendra se mêler à A′.

Pour déterminer, autant qu'il sera possible, lequel de ces deux cas aura lieu, menons, près du contour de la surface commune aux deux liquides, deux normales en-dehors de A, l'une à cette surface, et l'autre à celle du canal OO′. Soit φ l'angle compris entre ces deux droites, lequel sera obtus ou aigu, selon que A sera concave ou convexe. Supposons que les constantes H et F du n° 49 répondent au liquide A, et désignons par H′ et F′ ce que ces quantités deviennent relativement au liquide A′. Puisque, par hypothèse, les deux liquides s'élèvent dans un tube de la même nature que OO′, les quantités F et F′ seront négatives ; je les remplacerai par $-$ E et $+$ E', et en désignant par G une autre constante positive et dépendante de la matière des deux liquides, nous aurons, d'après le n° 69,

$$E' - E = G \cos \varphi;$$

équation qui fait voir que cos φ sera négatif ou positif, et que, par conséquent, le liquide A sera concave ou convexe, selon que E sera plus grand ou plus petit que E'. Si donc, pour fixer les idées, on suppose $E > E'$, ce sera le liquide A qui traversera le canal OO' et viendra se mêler à A'. Cela posé, quand E et E' sont respectivement moindres que H et H', les poids des deux liquides qui s'élèvent dans un même tube, de la même nature que OO', sont entre eux comme E et E' (n° 49). Le liquide A est donc alors le plus ascendant; mais si chacune des quantités E et E' surpasse la quantité correspondante H ou H', les poids élevés dans ce même tube sont les mêmes que si l'on avait seulement $E = H$ et $E' = H'$: ils sont entre eux comme H et H'. Or, la différence $E - E'$ étant positive, la différence $H - H'$ peut être positive ou négative; par conséquent, le liquide A n'est plus nécessairement celui des deux qui a le plus de tendance à s'élever par l'action capillaire. Ainsi, lorsque les deux liquides, avant leur jonction, coupent sous un angle aigu la surface du canal OO', c'est-à-dire quand on a $E < H$ et $E' < H'$, c'est toujours le plus ascendant qui l'emporte et qui chasse l'autre liquide après leur jonction; mais ce peut être le moins ascendant, quand ils sont, avant de se joindre, tous les deux tangens à la surface de OO'; ce qui est le cas de $E > H$ et $E' > H'$.

Lorsqu'une partie de A se sera mêlée à A', les quantités E' et G changeront. Je désignerai par E_1 et G_1, ce qu'elles deviennent relativement à ce mélange en contact avec le liquide A qui remplira le canal OO'; et si l'on représente, en même temps, par φ_1 ce que devient l'angle φ, on aura

$$E_1 - E = G_1 \cos \varphi_1,$$

à l'extrémité O' du canal OO'. Dans cet état, le filet OO' du liquide A pourra supporter, à ses deux bouts O et O', une différence de pression proportionnelle à la différence $E_1 - E$, et en raison inverse du diamètre du canal OO'; et, conséquemment, le niveau du mélange de A et A' pourra s'élever au-dessus du niveau de A, d'une quantité qui sera aussi en raison directe de $E_1 - E$, inverse du diamètre de OO', et inverse des densités de ce mélange et de A.

Maintenant, si la membrane est traversée par un nombre extrêmement grand de canaux tels que OO', on étendra à tous ces canaux ce qu'on vient d'appliquer à l'un d'eux; et le liquide A pénétrera par toutes celles de ces ouvertures qui satisfont à la condition $E > E'$. Quoique la matière de la membrane soit homogène, il ne sera cependant point impossible qu'à raison de la disposition différente de ses molécules le long de ces différens canaux, ou pour toute autre cause, la condition contraire $E < E'$ ait lieu, du moins pour une petite partie de ces ouvertures; alors il y aura simultanément, à travers cette membrane, un transport principal du liquide A dans A', et un autre transport beaucoup moindre, de A' dans A, ainsi que l'expérience paraît l'indiquer. D'après ce qu'on vient de dire, la différence de niveau, des deux côtés de la membrane, sera, toutes choses d'ailleurs égales, en raison inverse des diamètres des ouvertures qu'elle présente; en sorte que l'intensité du phénomène diminuera de plus en plus et pourra devenir insensible, à mesure que le tissu de la membrane sera de plus en plus relâché. La condition principale et essentielle du phénomène est la différence des deux liquides; il ne se produira jamais entre deux liquides de même nature, ou entre deux liquides qui jouiraient exactement des mêmes propriétés sous le rapport de l'action capillaire. Pour que la cloison qui sépare les deux liquides ne soit pas impropre à l'endosmose, il faudra que, d'après sa contexture, elle soit traversée par des canaux très étroits, allant d'une face à l'autre; circonstance qui se rencontre plus communément dans les membranes organiques. Mais, d'un autre côté, les liquides éprouveront le long de ces canaux un frottement très considérable, à cause de la petitesse de leurs diamètres; cette force pourra balancer l'action capillaire, et empêcher les deux liquides de pénétrer assez avant pour se joindre et prendre une surface commune, qui change en convexité la concavité de l'un d'eux; et, pour cette raison, la trop grande épaisseur de la cloison peut être un obstacle à la production de l'endosmose.

Je n'insisterai pas davantage sur ces considérations générales, qui prouvent, ce me semble, que les diverses circonstances du phénomène de l'endosmose, observées par M. Dutrochet, ne sont point incompatibles avec la théorie de l'action capillaire, et qu'il n'est pas nécessaire de recourir à des forces d'une autre nature, pour en trouver une explication satisfaisante.

FIN.

POISSON, NOUVELLE THÉORIE DE L'ACTION CAPILLAIRE.

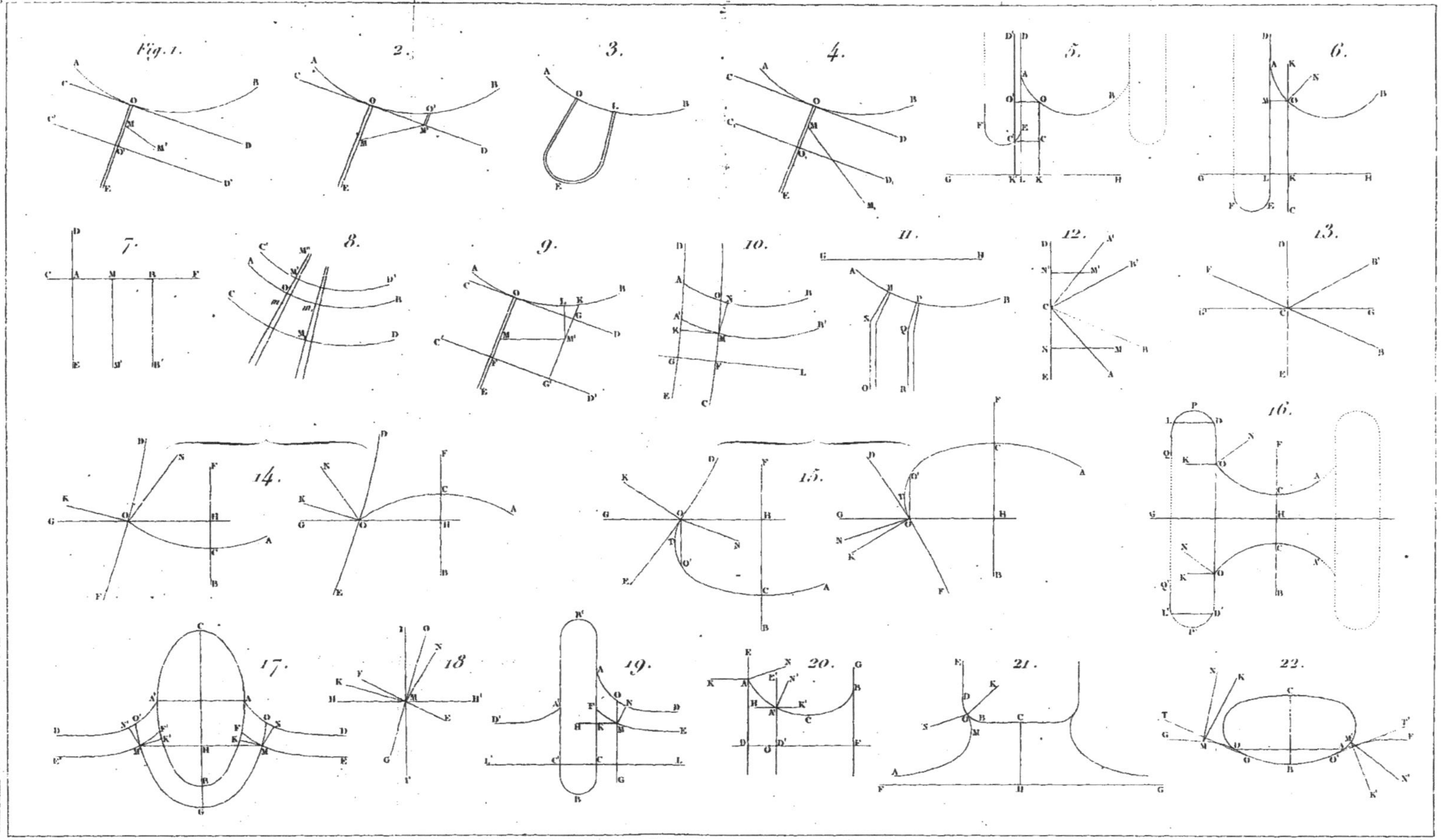

Fig. 1. 2. 3. 4. 5. 6. 7. 8. 9. 10. 11. 12. 13. 14. 15. 16. 17. 18 19. 20. 21. 22.

Dessiné par Marie.

Gravé par N. L. Rousseau père.

www.ingramcontent.com/pod-product-compliance
Ingram Content Group UK Ltd.
Pitfield, Milton Keynes, MK11 3LW, UK
UKHW012016240726
13965UKWH00002B/393